大 学 数 学 系 列 教 材

Mathematics

微 积 分

朱兴萍 彭雪梅 编

图书在版编目(CIP)数据

微积分/朱兴萍,彭雪梅编．—武汉：武汉大学出版社,2010.9(2019.8重印)
大学数学系列教材
ISBN 978-7-307-08162-8

Ⅰ.微…　Ⅱ.①朱…　②彭…　Ⅲ.微积分—高等学校—教材
Ⅳ.O172

中国版本图书馆 CIP 数据核字(2010)第 170937 号

责任编辑:顾素萍　　责任校对:王　建　　版式设计:王　晨

出版发行:**武汉大学出版社**　(430072　武昌　珞珈山)
(电子邮箱:cbs22@whu.edu.cn　网址:www.wdp.com.cn)
印刷:北京虎彩文化传播有限公司
开本:720×1000　1/16　印张:17.75　字数:315 千字　插页:1
版次:2010 年 9 月第 1 版　2019 年 8 月第 6 次印刷
ISBN 978-7-307-08162-8/O·432　定价:36.00 元

前　言

教材是实现人才培养目标的重要载体，对独立学院人才培养的质量有举足轻重的作用，然而与独立学院的建设和发展相比，独立学院的教材建设明显有些落后.目前，绝大多数独立学院都是选用普通高校的教材或高职高专的教材，而这两类教材都不太适合独立学院的学生学习.因此，编写出适合独立学院人才培养需求的教材，成为当前的重要任务.

基于上述考虑，我们编写了这本《微积分》，作为大学数学课程所用教材之一，内容涵盖了函数与极限、一元微分学、微分中值定理与导数的应用、一元积分学、多元微分学、多元积分学、微分方程、无穷级数等基本知识，虽然都是传统的内容，但在内容的处理上有以下特点：

第一，在遵循科学性、系统性、严谨性的前提下，不过分追求理论体系的完整性和运算技巧，以突出数学思想、数学方法的应用为核心.

第二，在内容叙述上做了精心安排，注重贯彻深入浅出、通俗易懂、循序渐进的教学原则与直观形象的教学方法，力求从身边的实际问题出发，自然地引出有关概念，由具体到抽象，知识过渡自然，并对重要概念、定理加以注释，或给出反例，从多角度帮助读者正确领会概念、定理的内涵.

第三，针对独立学院的人才培养更侧重于应用型和技能型特点，本书既注重对基本概念、基本定理以及它们的几何意义、物理背景和实际应用价值的剖析，又注重举例的多样性，使学生从不同侧面理解、掌握用数学知识处理实际问题的方法，提高他们分析问题、解决问题的能力.

第四，本书配有大量例题，除每节配有紧扣该节内容的习题外，每章还配有该章内容的综合练习.习题的配置注意到难度的循序渐进、知识点的覆盖面及题型的多样性.

本教材由武汉大学东湖分校组织编写，其中第一章至第五章由朱兴萍编写，第六章至第九章由彭雪梅编写，全书由朱兴萍统稿.

陈桂兴、黄象鼎两位教授仔细审阅了书稿，提出了很多宝贵的意见与建议，同时武汉大学东湖分校的领导、教务处、武汉大学出版社也给予了大力的支持与帮助,在此一并表示衷心的感谢.

由于编者水平有限,难免有错误和不妥之处,敬请广大读者批评指正.

编　者

2010 年 6 月

目　录

第一章

函数　极限　连续

1.1　函　　数

1.1.1　集合与区间

集合是数学中的一个基本概念. 例如，某班学生的全体构成一个集合，全体实数构成一个集合，等等. 一般地，具有某种特定性质的事物的总体称为**集合**. 组成这个集合的事物称为该集合的**元素**.

通常用大写拉丁字母 $A,B,C,\cdots$ 表示集合. 用小写拉丁字母 $a,b,c,\cdots$ 表示集合的元素. 如果 a 是集合 A 的元素，记为 $a \in A$，读做 a 属于 A；否则记为 $a \notin A$ 或 $a \,\overline{\in}\, A$，读做 a 不属于 A.

仅由有限个元素组成的集合称为**有限集**，含有无穷多个元素的集合称为**无限集**，不含任何元素的集合称为**空集**，记为 $\varnothing$.

表示集合的方法通常有列举法和描述法. **列举法**就是将集合中的全体元素一一列举出来，写在一个大括号内. 例如，S 是1到10的所有偶数组成的集合，S 可表示为

$$S=\{2,4,6,8,10\};$$

$\mathbf{Z}^{+}$ 是全体正整数组成的集合，表示为

$$\mathbf{Z}^{+}=\{1,2,3,\cdots\}.$$

用列举法表示集合时，必须列出集合的所有元素，不得重复和遗漏，一般对元素之间的次序没有要求. 用到省略号时，省略的部分必须满足一般的可认知性.

描述法是把集合中各元素所具有的共同性质写在大括号内来表示这一集合. 例如，由所有满足条件 $a<x<b$ 的实数 x 组成的集合 A 可以表示为

$$A=\{x\,|\,a<x<b\}.$$

数学中，常用以下字母分别表示特定的数集：

N：全体自然数；

Z：全体整数；

Q：全体有理数；

R：全体实数；

$\mathbf{Z}^+$：全体正整数；

$\mathbf{R}^+$：全体正实数.

由数组成的集合称为**数集**，其中最常用的是区间和邻域.

设 a 和 b 都是实数，且 $a<b$. 数集 $\{x\,|\,a<x<b\}$ 称为以 a,b 为端点的**开区间**，记为 (a,b)，即

$$(a,b)=\{x\,|\,a<x<b\};$$

数集 $\{x\,|\,a\leqslant x\leqslant b\}$ 称为以 a,b 为端点的**闭区间**，记为 $[a,b]$，即

$$[a,b]=\{x\,|\,a\leqslant x\leqslant b\}.$$

类似地，可以定义以 a,b 为端点的两个**半开区间**：

$$(a,b]=\{x\,|\,a<x\leqslant b\},\quad [a,b)=\{x\,|\,a\leqslant x<b\}.$$

以上的区间都是**有限区间**，$b-a$ 称为这些区间的**长度**.

除此以外，还有下面几类**无限区间**：

1) $(a,+\infty)=\{x\,|\,x>a\}$，$[a,+\infty)=\{x\,|\,x\geqslant a\}$；

2) $(-\infty,b)=\{x\,|\,x<b\}$，$(-\infty,b]=\{x\,|\,x\leqslant b\}$；

3) $(-\infty,+\infty)=\{x\,|\,x\in\mathbf{R}\}$.

注 1) 记号 $+\infty$，$-\infty$ 都只是表示无限性的一种记号，它们都不是某个确定的数.

2) 以后如果遇到所作的讨论对不同类型的区间(不论是否包含端点，以及是有限区间还是无限区间)都适用，为了避免重复讨论，就用“区间 I”代表各种类型的区间.

除了区间的概念外，为了阐述函数的局部性质，还常用到邻域的概念，它是由某点附近的所有点组成的集合.

设 a 与 δ 是两个实数，且 $\delta>0$. 数集

$$\{x\,|\,|x-a|<\delta\}$$

在数轴上是一个以点 a 为中心、长度为 2δ 的开区间 $(a-\delta,a+\delta)$，称为**点 a 的 δ 邻域**，记为 $U(a,\delta)$，即

$$U(a,\delta)=\{x\,|\,|x-a|<\delta\}=(a-\delta,a+\delta),$$

其中，点 a 称为该邻域的**中心**，δ 称为该邻域的**半径**.

例如，$U(1,2)$ 表示以点 $a=1$ 为中心、$\delta=2$ 为半径的邻域，也就是开区间 $(-1,3)$.

有时用到的邻域需要把邻域中心去掉，点 a 的 δ 邻域去掉中心 a 后，称为**点 a 的去心 δ 邻域**，记为 $\mathring{U}(a,\delta)$，即

$$\mathring{U}(a,\delta)=\{x\mid 0<|x-a|<\delta\}=(a-\delta,a)\cup(a,a+\delta).$$

例如，$\mathring{U}(1,2)$ 表示以 1 为中心、2 为半径的去心邻域，即 $(-1,1)\cup(1,3)$.

更一般地，以 a 为中心的任何开区间均是点 a 的邻域，当不需要特别辨明邻域的半径时可简记为 $U(a)$.

1.1.2　函数的概念

定义 1.1　给定两个实数集 D 和 M，若有一个对应法则 f，使 D 内每一个数 x，都有唯一的一个数 $y\in M$ 与它相对应，则称 f 是定义在数集 D 上的**函数**，y 称为 f 在 x 点处的**函数值**，记为 $y=f(x)$.

函数 f 可表示为

$$f: D\to M,\quad x\mapsto y.$$

通常简单地表示为

$$y=f(x),\quad x\in D.$$

x 称为**自变量**，y 称为**因变量**. D 称为函数 f 的**定义域**，记为 $D(f)$ 或 D_f. 当自变量 x 取遍 D 的所有值时，对应的函数值 $f(x)$ 的全体构成的集合称为函数 f 的**值域**，记为 $R(f)$，R_f 或 $f(D)$.

需要指出的是，严格地说，f 和 $f(x)$ 的含义是不同的，f 表示从自变量 x 到因变量 y 的对应法则，而 $f(x)$ 则表示与自变量 x 对应的函数值. 只是为了叙述的方便，常常用 $f(x)$ $(x\in D)$ 来表示函数. 为了减少记号，也常用 $y=y(x)$ $(x\in D)$ 表示函数，这时右边的 y 表示对应法则，左边的 y 表示与 x 对应的函数值.

关于定义域，在实际问题中应根据问题的实际意义而具体确定. 如果讨论的是纯数学问题，则取函数的表达式有意义的一切实数所构成的集合作为该函数的定义域，这种定义域又称为函数的**自然定义域**. 例如，函数 $y=\sqrt{x^2-1}$ 的(自然)定义域是 $\{x\mid |x|\geqslant 1\}$，即 $(-\infty,-1]\cup[1,+\infty)$.

在给定了一个函数 f 的解析式后，若未说明其定义域 $D(f)$，则 $D(f)$ 就是 f 的自然定义域.

上述例子中表示函数的方法称为解析法或公式法，其优点是便于理论推导和计算. 此外，常用的方法还有表格法和图形法. 表格法是将自变量和因变量的取值对应列表，它的优点在于函数值容易查得，但对应数据不完全，不便于对函数的性态作进一步研究.

图形法表示的函数也称为函数的图象或图形，优点是直观形象，一目了然，但不能进行精确的计算，也不便于理论推导.

本书表示函数的方法以公式法为主.

下面举几个函数的例子.

例 1.1 绝对值函数

$$y=|x|=\begin{cases}x, & x\geqslant 0,\\ -x, & x<0\end{cases}$$

的定义域 $D=(-\infty,+\infty)$，值域 $R_f=[0,+\infty)$，它的图形如图 1-1 所示.

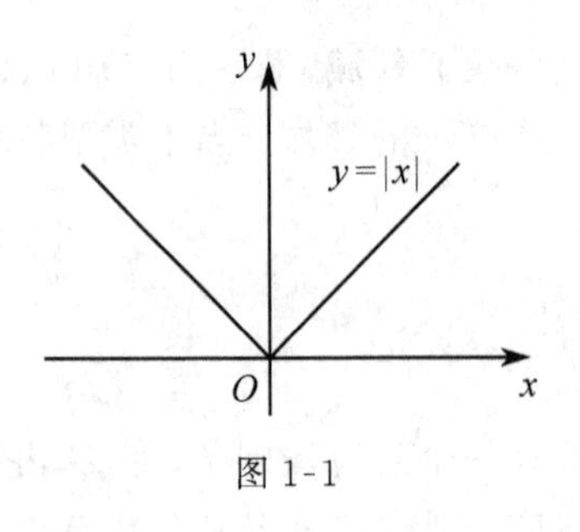

图 1-1

例 1.2 函数

$$y=\operatorname{sgn}x=\begin{cases}1, & x>0,\\ 0, & x=0,\\ -1, & x<0\end{cases}$$

称为**符号函数**. 它的定义域 $D=(-\infty,+\infty)$，值域 $R_f=\{-1,0,1\}$，它的图形如图 1-2 所示.

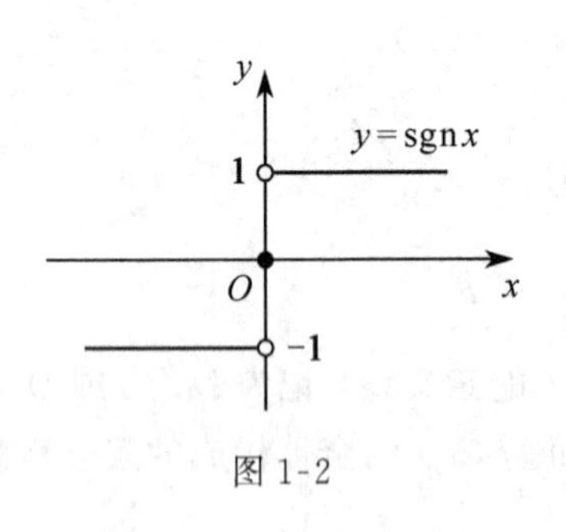

图 1-2

例 1.3 设 x 为任一实数，不超过 x 的最大整数称为 x 的整数部分，记为 $[x]$. 例如，

$$\left[\frac{1}{2}\right]=0,\quad [\pi]=3,\quad [\sqrt{3}]=1,\quad [-2.5]=-3.$$

将 x 看做变量，则函数

$$y=[x]$$

称为**取整函数**. 它的定义域 $D=(-\infty,+\infty)$，值域 $R_f=\mathbf{Z}$，它的图形如图 1-3 所示，这个图形称为**阶梯曲线**.

从上面的例子可以看出，在有些情况下一个函数不能用一个解析式表示. 这种在自变量的不同变化范围中，对应法则用不同式子来表示的函数，通常称为**分段函数**.

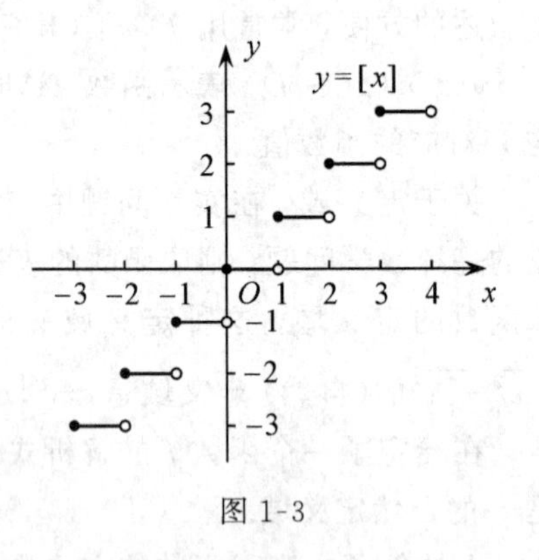

图 1-3

分段函数在实际中应用广泛，诸如个人所得税的收取办法，出租车记程收费等均可用分段函数来表示.

例 1.4 某市出租车按如下规定收费：当行驶不超过 3 km 时，一律收起步费 10 元；当行驶里程超过 3 km 时，超过部分按 2 元 /km 计费；对超过 10 km 的部分，按 3 元 /km 计费. 试写出车费 C 与行驶里程 S 之间的函数关系.

解　设 $C=C(S)$ 表示这个函数，其中 S 的单位是 km，C 的单位是元. 按上述规定，当 $0<S\leqslant 3$ 时，$C=10$；当 $3<S\leqslant 10$ 时，

$$C=10+2(S-3)=2S+4;$$

当 $C>10$ 时，

$$C=10+2(10-3)+3(S-10)=3S-6.$$

以上函数关系可写为

$$C(S)=\begin{cases}10, & 0<S\leqslant 3,\\ 2S+4, & 3<S\leqslant 10,\\ 3S-6, & S>10.\end{cases}$$

1.1.3　初等函数

定义 1.2　下列函数称为**基本初等函数**：

1）幂函数：$y=x^{\mu}$　（μ 为任何实数）；

2）指数函数：$y=a^{x}$　（$a>0$ 且 $a\neq 1$）；

3）对数函数：$y=\log_{a}x$　（$a>0$ 且 $a\neq 1$）；

4）三角函数：$y=\sin x$，$y=\cos x$，$y=\tan x$，$y=\cot x$，$y=\sec x$，$y=\csc x$；

5）反三角函数：$y=\arcsin x$，$y=\arccos x$，$y=\arctan x$，$y=\operatorname{arccot} x$.

基本初等函数的性质及图形读者已经很熟悉，在此就不再赘述.

定义 1.3　设函数 $y=f(u)$，$u\in D_1$，而函数 $u=g(x)$ 在 D 上有定义，且 $g(D)\subseteq D_1$，则由下式确定的函数

$$y=f(g(x)),\quad x\in D,$$

称为由函数 $y=f(u)$ 和函数 $u=g(x)$ 构成的**复合函数**，它的定义域为 D，变量 u 称为**中间变量**.

需要指出的是，并不是任何两个函数都能构成复合函数，函数 g 与函数 f 能构成复合函数的条件是：函数 g 的值域 $g(D)$ 必须被 f 的定义域 D_f 所包含，即 $g(D)\subseteq D_f$. 否则，不能构成复合函数. 例如，函数 $y=\sqrt{u}$ 和函数 $u=1-x^2$ 不能直接复合，需将函数 $u=1-x^2$ 的定义域限制在 $[-1,1]$ 上才行.

另外，函数的复合还可以推广到两个以上的函数的情形. 例如，函数

$y=(\ln(x^2+2))^3$ 由函数 $y=u^3$，$u=\ln v$，$v=x^2+2$ 复合而成.

定义 1.4 由常数及基本初等函数经过有限次四则运算和有限次复合所构成的，并且可以用一个式子表示的函数称为**初等函数**.

例如，$y=\sqrt{1-x^2}$，$y=\sin 3x$，$y=2+\ln(x+\sqrt{x^2+1})$ 都是初等函数. 但符号函数 $y=\operatorname{sgn} x$、取整函数 $y=[x]$ 都不是初等函数.

1.1.4 具有某些特性的函数

1. 有界函数

定义 1.5 设函数 $f(x)$ 在区间 I 上有定义. 若存在常数 $M>0$，使得对任意的 $x\in I$ 均满足

$$|f(x)|\leqslant M,$$

则称函数 $y=f(x)$ 在区间 I 上**有界**，或称 $f(x)$ 是区间 I 上的**有界函数**. 如果这样的 M 不存在，也即对任意一个正数 M（无论它多大），总存在某个 $x_0\in I$，使得

$$|f(x_0)|>M,$$

则称 $f(x)$ 在区间 I 上**无界**.

例如，函数 $y=\sin x$，$y=\cos x$ 均是$(-\infty,+\infty)$上的有界函数；函数 $y=x^2$ 在$(-\infty,+\infty)$上无界.

注 1) 如果 $f(x)$ 在 I 上有界，则使不等式 $|f(x)|\leqslant M$ 成立的常数 M 不是唯一的，如 $M+1,2M$ 等均可，有界性体现在常数的存在性.

2) 区间 I 可以是函数 $f(x)$ 的整个定义域，也可以只是定义域的一部分. 当然也可能出现这样的情况：函数在其定义域上的某一部分是有界的，而在另一部分却是无界的. 例如，$y=\dfrac{1}{x}$ 在$(0,+\infty)$上无界，在$(1,2)$上是有界的. 所以讨论函数的有界性时，应指明其区间.

2. 单调函数

定义 1.6 设函数 $y=f(x)$ 在区间 I 上有定义. 对于区间 I 内的任意两点 x_1,x_2，$x_1<x_2$，

1) 若 $f(x_1)<f(x_2)$，则称函数 $f(x)$ 在区间 I 上**单调增加**或**单调递增**；

2) 若 $f(x_1)>f(x_2)$，则称函数 $f(x)$ 在区间 I 上**单调减少**或**单调递减**.

单调增加或单调减少的函数称为**单调函数**.

与有界性一样，讨论函数的单调性时，必须指明其区间. 例如，函数

$y=\sin x$ 在 $\left[0,\frac{\pi}{2}\right]$ 上是单调增加的，而在 $\left[\frac{\pi}{2},\pi\right]$ 上是单调减少的.

3. 奇函数和偶函数

定义 1.7　设函数 $f(x)$ 的定义域 D 关于原点对称(即对任意的 $x\in D$ 必存在 $-x\in D$).

1) 若 $\forall x\in D$，有 $f(-x)=f(x)$，则称 $f(x)$ 为**偶函数**.

2) 若 $\forall x\in D$，有 $f(-x)=-f(x)$，则称 $f(x)$ 为**奇函数**.

例如，$y=x$，$y=\sin x$ 等都是奇函数；$y=x^2$，$y=\cos x$ 等都是偶函数；$y=\cos x+\sin x$ 既不是奇函数，也不是偶函数.

4. 周期函数

定义 1.8　设函数 $y=f(x)$ 的定义域为 D. 如果存在常数 $T>0$，使得 $\forall x\in D$，有 $x\pm T\in D$，且

$$f(x\pm T)=f(x),$$

则称 $f(x)$ 为**周期函数**，T 为 $f(x)$ 的**周期**，其中满足上述条件的最小正数称为 $f(x)$ 的**最小正周期**.

通常周期函数的周期是指其最小正周期. 例如，函数 $\sin x$，$\cos x$ 都是以 2π 为周期的周期函数，函数 $\tan x$ 是以 π 为周期的周期函数.

有必要指出的是，并非所有的周期函数一定存在最小正周期.

例 1.5　狄利克雷函数

$$D(x)=\begin{cases}1, & x\in\mathbf{Q},\\ 0, & x\in\mathbf{R}-\mathbf{Q},\end{cases}$$

当 x 为有理数时 $D(x)=1$，当 x 为无理数时 $D(x)=0$，$D(x)$ 是一个周期函数，任何正有理数 r 都是它的周期，但 $D(x)$ 没有最小正周期.

习　题　1.1

1. 确定下列函数的定义域：

1) $y=\dfrac{4-x^2}{x^2-x-6}$；　　2) $y=\arcsin\dfrac{2x}{1+x}$；

3) $y=\sqrt[3]{\dfrac{1}{x-2}}+\lg(2x-3)$；　　4) $y=\sqrt{3-x}+\arctan\dfrac{1}{x}$.

2. 设 $f(u)$ 的定义域是 $(0,1)$，求 $f(\sin x)$，$f(\lg x)$ 及 $f\left(\dfrac{[x]}{x}\right)$ 的定义域.

3. 设 $f(x)=\dfrac{1-x}{1+x}$，求 $f(0)$，$f(-x)$，$f(x+1)$，$f(x)+1$，$f\left(\dfrac{1}{x}\right)$，$\dfrac{1}{f(x)}$.

4. 设 $\varphi(x)=\begin{cases}|\sin x|, & |x|<\dfrac{\pi}{3},\\ 0, & |x|\geqslant\dfrac{\pi}{3},\end{cases}$ 求 $\varphi\left(\dfrac{\pi}{6}\right)$，$\varphi\left(\dfrac{\pi}{4}\right)$，$\varphi\left(-\dfrac{\pi}{4}\right)$，$\varphi(-2)$，并作出函数 $y=\varphi(x)$ 的图形.

5. 下列各函数可分别看做由哪些基本初等函数复合而成？

1) $f(x)=3^{e^{\sin 2x}}$；

2) $f(x)=\ln\cos(\tan x^{\sqrt{2}})$.

6. 若 $f(x)=\begin{cases}1, & |x|<1,\\ 0, & |x|=1,\\ -1, & |x|>1,\end{cases}$ $g(x)=10^x$，求 $f(g(x)),g(f(x))$.

7. 设 $f(x)=\dfrac{x}{1-x}$，求 $f(f(x))$ 和 $f(f(f(x)))$.

8. 证明：定义在对称区间 $(-l,l)$ 上的任意函数可表示为一个奇函数与一个偶函数之和.

9. 设下面所考虑函数的定义域关于原点对称，证明：

1) 两个偶函数的和是偶函数，两个奇函数的和是奇函数；

2) 两个偶函数的乘积是偶函数，两个奇函数的乘积是偶函数，偶函数与奇函数的乘积是奇函数.

10. 证明：$f(x)=x\sin x$ 在 $(0,+\infty)$ 上是无界函数.

1.2 数列极限

1.2.1 数列极限的概念

极限是研究变量的变化趋势的一个必不可少的基本工具. 它是人们从已知认识未知，从有限认识无限，从近似认识精确，从量变中认识质变的一种重要的数学方法. 高等数学中许多基本概念，如连续、导数、定积分、无穷级数等都是建立在极限基础上的. 本节将讨论数列极限的定义及数列极限的性质.

定义 1.9 定义域为正整数集 $\mathbf{Z}^+$ 的函数

$$f:\mathbf{Z}^+\to\mathbf{R} \quad 或 \quad f(n),\ n\in\mathbf{Z}^+$$

称为**数列**. 由于正整数集 $\mathbf{Z}^+$ 的元素可按大小顺序依次排列，所以数列 $f(n)$

也可写为

$$x_1, x_2, \cdots, x_n, \cdots$$

或简单地记为$\{x_n\}$，其中第 n 项 $x_n(=f(n))$ 称为该数列的**通项**或**一般项**.

例 1.6　以下都是数列：

1）$1,\frac{1}{2},\frac{1}{3},\cdots,\frac{1}{n},\cdots$，通项为 $x_n=\frac{1}{n}$；

2）$0,\frac{3}{2},\frac{2}{3},\frac{5}{4},\frac{4}{5},\cdots,\frac{n+(-1)^n}{n},\cdots$，通项为 $x_n=\frac{n+(-1)^n}{n}$；

3）$2,4,8,\cdots,2^n,\cdots$，通项为 $x_n=2^n$；

4）$-1,1,-1,1,\cdots,(-1)^n,\cdots$，通项为 $x_n=(-1)^n$.

对于数列，我们主要研究的是 x_n 的变化趋势，即当 n 无限增大（记为 $n\to\infty$）时，x_n 的变化趋势. 观察例 1.6 不难发现：

1）当 n 无限增大时，$\frac{1}{n}$ 逐渐减小，且无限接近于 0；

2）数列$\left\{\frac{n+(-1)^n}{n}\right\}$可化为$\left\{1+\frac{(-1)^n}{n}\right\}$，数列在点 1 的两侧无限次来回变动，但当 n 无限增大时，无限接近于 1；

3）随着 n 无限增大，2^n 也无限增大；

4）数列$\{(-1)^n\}$无限次地在 1 和 -1 中间来回取值.

故当 n 越来越大时，x_n 的变化趋势有以下三种：

（ⅰ）x_n 的值无限接近于某个固定的数，如例 1.6 中 1)，2)；

（ⅱ）x_n 的值无限增大，如例 1.6 中 3)；

（ⅲ）x_n 的值上下摆动，如例 1.6 中 4).

下面就这三种不同的变化趋势给出具体的定义：

定义 1.10　对于数列$\{x_n\}$，如果存在一个确定的常数 A，当 n 无限增大时，x_n 无限接近（或趋近）于 A，则称数列$\{x_n\}$**收敛**，A 称数列$\{x_n\}$的**极限**，或称**数列**$\{x_n\}$**收敛于** A，记为

$$\lim_{n\to\infty}x_n=A \quad \text{或} \quad x_n\to A\ (n\to\infty).$$

如果这样的常数 A 不存在，则称数列$\{x_n\}$**发散**或**不收敛**.

由定义及前面的分析可知，例 1.6 中 1)，2) 对应的数列极限存在，分别为 0，1. 此时数列为收敛数列，记为

$$\lim_{n\to\infty}\frac{1}{n}=0, \quad \lim_{n\to\infty}\frac{n+(-1)^n}{n}=1;$$

例 1.6 中 3)，4) 对应的数列为发散数列.

为了方便起见，有时也将 $n\to\infty$时，$|x_n|$无限增大的情形说成是数列

$\{x_n\}$ 的极限为∞，并记为 $\lim\limits_{n\to\infty} x_n=\infty$，但这并不表明$\{x_n\}$是收敛的. 因此，例 1.6 中的 3）也可以记为 $\lim\limits_{n\to\infty} 2^n=\infty$.

注 常数A是某数列的极限，意思是随着n的无限增大，数列的项"无限接近(或趋近)于A"，但并不一定达到A，极限的思想就是一个无限逼近的过程，并且这里的"无限接近(或趋近)"不能改成"越来越近". 比如数列

$$0,\ 1,\ 0,\ \frac{1}{2},\ 0,\ \frac{1}{3},\ \cdots,$$

其通项为 $x_n=\dfrac{1+(-1)^n}{n}$，当n无限增大时，x_n 无限接近于 0，但 x_n 的值是来回跳跃的，并不是越来越接近于 0.

在上面的例子中说数列$\{x_n\}$的极限是A，靠的是观察或直觉. 例如，对于数列$\left\{\dfrac{1+(-1)^n}{n}\right\}$，我们并不能严格说明它为什么是收敛的，其极限为什么是 0 而不是别的数，下面就来给出数列极限的精确定义，用精确的数学语言来刻画"无限接近"这一过程.

定义 1.11 对于数列$\{x_n\}$，如果存在常数A，使得对于任意给定的正数 $\varepsilon>0$（无论它多小），总存在正整数N，使得当$n>N$时，都有

$$|x_n-A|<\varepsilon$$

成立，则称数列$\{x_n\}$**收敛**，其极限为A，或称数列$\{x_n\}$收敛于A. 如果这样的常数A不存在，则称数列$\{x_n\}$**发散**.

定义 1.11 称为数列极限的"ε-N"定义，也可用符号简单地表示为

$$\lim_{n\to\infty} x_n=A \Leftrightarrow \forall\varepsilon>0,\ \exists N,\ \text{当}\ n>N\ \text{时，有}\ |x_n-A|<\varepsilon,$$

其中符号"$\forall$"表示"对于任意"或"对于任意一个"，"$\exists$"表示"存在"或"能找到". 对于它的理解需注意以下几点：

1） ε 的任意性与相对固定性

定义中的ε是一个任意给定的正数，即ε小的程度没有任何限制，这样不等式$|x_n-A|<\varepsilon$就表达了x_n与A无限接近的意思. 另一方面，ε尽管有任意性，但一经给出，就相对固定下来，即应暂时看做是固定不变的，以便根据它来求N.

2） N 的相应性

定义中的N是与ε相联系的，如果将ε换成另一个ε'，则这时一般来说，N也要换成另一个N'，所以也可将N写成$N(\varepsilon)$，表示N与ε有关，但并非ε的函数，这是因为对于同一个ε，如果满足不等式$|x_n-A|<\varepsilon$的N已经找到，那么对比N更大的数$N+1, 2N, \cdots$，不等式也成立. 换言之，使上述

不等式成立的 N 若存在，就不止一个，但只要找出一个即可.

3）几何意义

不等式 $|x_n - A| < \varepsilon$ 在数轴上表示点 x_n 位于以 A 为中心、ε 为半径的 ε 邻域 $U(A,\varepsilon)$ 中，于是"$n > N$ 时都有 $|x_n - A| < \varepsilon$"这句话是指：凡是下标大于 N 的所有 x_n，都落在 $U(A,\varepsilon)$ 中(见图 1-4)，于是，定义的几何意义是：收敛于 A 的数列 $\{x_n\}$，在 A 的任何邻域内几乎含有 $\{x_n\}$ 的全体项(最多只有有限项在邻域之外).

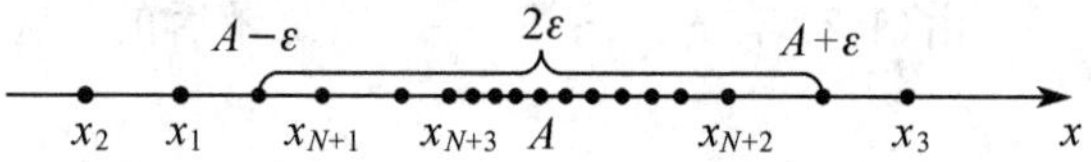

图 1-4

下面举例说明如何用 ε-N 定义来验证数列极限.

例 1.7　试证：$\lim\limits_{n \to \infty} \dfrac{1+(-1)^n}{n} = 0$.

证　由于

$$\left|\frac{1+(-1)^n}{n} - 0\right| = \frac{1+(-1)^n}{n} \leqslant \frac{2}{n},$$

$\forall \varepsilon > 0$，要使 $\left|\dfrac{1+(-1)^n}{n} - 0\right| < \varepsilon$ 成立，只要

$$\frac{2}{n} < \varepsilon,\quad 即\ n > \frac{2}{\varepsilon}.$$

取 $N = \left[\dfrac{2}{\varepsilon}\right]$，则当 $n > N$ 时，便有

$$\left|\frac{1+(-1)^n}{n} - 0\right| < \varepsilon,$$

即 $\lim\limits_{n \to \infty} \dfrac{1+(-1)^n}{n} = 0$.

1.2.2　数列极限的性质

性质 1（**唯一性**）　收敛数列的极限是唯一的，即若数列 $\{x_n\}$ 收敛，且 $\lim\limits_{n \to \infty} x_n = a$ 和 $\lim\limits_{n \to \infty} x_n = b$，则 $a = b$.

证　用反证法. 假设同时有 $\lim\limits_{n \to \infty} x_n = a$ 和 $\lim\limits_{n \to \infty} x_n = b$ 成立，且 $a \neq b$，不妨设 $a < b$. 取 $\varepsilon = \dfrac{b-a}{2} > 0$.

由 $\lim\limits_{n\to\infty} x_n = a$ 知，$\exists$ 正整数 N_1，当 $n > N_1$ 时，有

$$|x_n - a| < \frac{b-a}{2}. \tag{1.1}$$

同理，由 $\lim\limits_{n\to\infty} x_n = b$ 知，$\exists$ 正整数 N_2，当 $n > N_2$ 时，有

$$|x_n - b| < \frac{b-a}{2}. \tag{1.2}$$

取 $N = \max\{N_1, N_2\}$，则当 $n > N$ 时，(1.1)，(1.2) 两式会同时成立. 但由(1.1) 有 $x_n < \dfrac{a+b}{2}$，由(1.2) 有 $x_n > \dfrac{a+b}{2}$，这是矛盾的，从而 $a = b$. □

性质 2（收敛数列的有界性） 如果数列 $\{x_n\}$ 收敛，那么数列 $\{x_n\}$ 必有界.

由性质 2 可知，数列收敛的必要条件为有界，但其逆命题不真. 即由数列 $\{x_n\}$ 有界，不能断定数列 $\{x_n\}$ 一定收敛，例如数列

$$1, -1, 1, -1, \cdots, (-1)^{n+1}, \cdots$$

有界却发散. 然而性质 2 的逆否命题常常用来判定数列发散.

推论 数列 $\{x_n\}$ 无界，则 $\{x_n\}$ 必发散.

性质 3（收敛数列的保号性） 若 $\lim\limits_{n\to\infty} x_n = a$ 且 $a > 0$（或 $a < 0$），则存在正整数 N，使得当 $n > N$ 时，恒有 $x_n > 0$（或 $x_n < 0$）.

推论 若数列 $\{x_n\}$ 从某项起有 $x_n \geqslant 0$（或 $x_n \leqslant 0$），且 $\lim\limits_{n\to\infty} x_n = a$，则 $a \geqslant 0$（或 $a \leqslant 0$）.

习 题 1.2

1. 下列各题中，哪些数列收敛？ 哪些数列发散？ 对收敛数列，通过观察一般项 x_n 的变化趋势，写出它们的极限：

1） $x_n = 1 + \dfrac{1}{2^n}$； 2） $x_n = (-1)^n \dfrac{1}{n}$；

3） $x_n = \dfrac{n-1}{n+1}$； 4） $x_n = (-1)^n n$.

2. 利用数列极限的定义证明：

1） $\lim\limits_{n\to\infty} \dfrac{1}{n^2} = 0$； 2） $\lim\limits_{n\to\infty} \dfrac{3n+1}{2n+1} = \dfrac{3}{2}$.

3. 叙述当 $n \to \infty$ 时，数列 $\{x_n\}$ 不以 A 为极限的 ε-N 表达式.

4. 若 $\lim\limits_{n\to\infty} x_n = a$，求证：$\lim\limits_{n\to\infty} |x_n| = |a|$，并举例说明反之未必成立.

5. 设数列 $\{x_n\}$ 有界，又 $\lim\limits_{n\to\infty} y_n = 0$，求证：$\lim\limits_{n\to\infty} x_n y_n = 0$.

1.3　函数的极限

数列可以看做自变量为正整数 n 的函数：$x_n = f(n)$，数列 $\{x_n\}$ 的极限为 A 是指当自变量 n 取正整数且无限增大 $(n \to \infty)$ 时，对应的函数值 $f(n)$ 无限接近数 A. 若将数列极限概念中自变量 n 的特殊性抛开，可以由此引出函数极限的概念. 当然，函数极限与自变量 x 的变化过程是紧密相关的. 下面就分以下两种情形来讨论.

1.3.1　自变量趋于无穷大时函数的极限

如果在 $x \to \infty$ 的过程中，对应的函数值 $f(x)$ 无限接近确定的数值 A，那么就称 A 为函数 $f(x)$ 当 $x \to \infty$ 时的极限. 也即只要 $|x|$ 充分大，对应的函数值 $f(x)$ 就无限接近数 A. 这里，"$f(x)$ 就无限接近数 A"可确切地表述为"对任意给定的正数 ε（无论它多么小），$|f(x) - A| < \varepsilon$"，而"$|x|$ 充分大"可以确切地表述为"$\exists X > 0$，$|x| > X$". 故上述定义可以严格表述为：

定义 1.12　设函数 $f(x)$ 当 $|x|$ 大于某一正数时有定义. 如果存在常数 A，对于任意给定的正数 ε（无论它多么小），总存在着正数 X，使得当 x 满足不等式 $|x| > X$ 时，对应的函数值 $f(x)$ 都满足不等式

$$|f(x) - A| < \varepsilon,$$

那么常数 A 称为**函数 $f(x)$ 当 $x \to \infty$ 时的极限**，记为

$$\lim_{x\to\infty} f(x) = A \quad \text{或} \quad f(x) \to A \ (x \to \infty).$$

如果当 $x \to \infty$ 时，对应的 $|f(x)|$ 也随之无限增大，则 $\lim\limits_{x\to\infty} f(x)$ 不存在，但为了方便起见，也称 $f(x)$ 的极限是无穷大，并形式地写成

$$\lim_{x\to\infty} f(x) = \infty.$$

注　定义中 ε 刻画了 $f(x)$ 与 A 的接近程度，X 刻画了 $|x|$ 充分大的程度，X 是随 ε 而确定的.

定义可以简单地表述为

$$\lim_{x\to\infty} f(x) = A \Leftrightarrow \forall \varepsilon > 0, \ \exists X > 0, \ \text{当} |x| > X \text{时，有} |f(x) - A| < \varepsilon.$$

如果 $x>0$ 且无限增大(记为 $x\to+\infty$)，那么只要把定义中的 $|x|>X$ 改为 $x>X$，就可以得到 $\lim\limits_{x\to+\infty}f(x)=A$ 的定义. 同样，如果 $x<0$ 而 $|x|$ 无限增大(记为 $x\to-\infty$)，那么只要把定义中的 $|x|>X$ 改为 $x<-X$，就得到 $\lim\limits_{x\to-\infty}f(x)=A$ 的定义.

定理 1.1 $\lim\limits_{x\to\infty}f(x)=A$ 的充分必要条件是

$$\lim_{x\to+\infty}f(x)=\lim_{x\to-\infty}f(x)=A.$$

例如，对于函数 $y=\arctan x$，由反正切曲线的图形易知，$\lim\limits_{x\to+\infty}\arctan x=\dfrac{\pi}{2}$，而 $\lim\limits_{x\to-\infty}\arctan x=-\dfrac{\pi}{2}$，故 $\lim\limits_{x\to\infty}\arctan x$ 不存在.

例 1.8 用极限定义证明：$\lim\limits_{x\to\infty}\dfrac{\cos x}{x}=0$.

证 因为

$$\left|\frac{\cos x}{x}-0\right|=\left|\frac{\cos x}{x}\right|\leqslant\frac{1}{|x|},$$

于是，对任意给定的 $\varepsilon>0$，取 $X=\dfrac{1}{\varepsilon}$，则当 $|x|>X$ 时，恒有

$$\left|\frac{\cos x}{x}-0\right|<\varepsilon,$$

故 $\lim\limits_{x\to\infty}\dfrac{\cos x}{x}=0$.

1.3.2 自变量趋于有限值时函数的极限

如果在 $x\to x_0$ 的过程中，对应的函数值 $f(x)$ 无限接近于确定的数值 A，那么就称 A 为函数 $f(x)$ 当 $x\to x_0$ 时的极限.

同前面一样，可以将上述定义严格陈述如下：

定义 1.13 设函数 $f(x)$ 在点 x_0 的某一去心邻域内有定义. 如果存在常数 A 对任意给定的正数 ε (无论它多么小)，总存在正数 δ，使得当 x 满足不等式 $0<|x-x_0|<\delta$ 时，对应的函数值 $f(x)$ 都满足不等式

$$|f(x)-A|<\varepsilon,$$

那么常数 A 称为**函数 $f(x)$ 当 $x\to x_0$ 时的极限**，记为

$$\lim_{x\to x_0}f(x)=A \quad 或 \quad f(x)\to A\ (x\to x_0).$$

注 1) 上述定义中并不要求 $f(x)$ 在 x_0 处有定义，即函数 $f(x)$ 当 $x\to x_0$

时的极限与 $f(x)$ 在 x_0 处是否有定义无关.

2) 函数极限的这种定义方法，通常称为"ε-δ"方法，其中 ε 刻画了 $f(x)$ 与 A 的接近程度，δ 刻画了 x 与 x_0 的接近程度. δ 是随 ε 而确定的.

定义 1.13 可以简单地表述为

$\lim\limits_{x \to x_0} f(x)=A \Leftrightarrow \forall \varepsilon > 0$，$\exists \delta > 0$，当 $0 < |x - x_0| < \delta$ 时，有

$$|f(x) - A| < \varepsilon.$$

例 1.9　用极限定义证明：$\lim\limits_{x \to 2}(2x+1)=5$.

证　由于

$$|(2x+1)-5|=2|x-2|,$$

对于任意给定的 $\varepsilon > 0$，要使 $2|x-2| < \varepsilon$ 成立，只要 $|x-2| < \dfrac{\varepsilon}{2}$. 因此，取 $\delta = \dfrac{\varepsilon}{2}$，则当 $0 < |x-2| < \delta$ 时，有

$$|(2x+1)-5| < \varepsilon,$$

从而 $\lim\limits_{x \to 2}(2x+1)=5$.

上述定义在 $x \to x_0$ 的过程中，并没有限定自变量 x 位于 x_0 的某一侧. 但考虑到 $f(x)$ 的定义域或某些问题的具体情况，有时只需或只能考虑 x 从 x_0 的一侧趋向于 x_0 时 $f(x)$ 的变化趋势. 为此，通常将 $x < x_0$，$x \to x_0$ 的情况记为 $x \to x_0^-$；将 $x > x_0$，$x \to x_0$ 的情况记为 $x \to x_0^+$.

定义 1.14　设 $f(x)$ 在 x_0 的一个左(右)邻域中有定义. 如果存在常数 A，使得当 $x \to x_0^-$ (或 $x \to x_0^+$) 时，相应的函数值 $f(x)$ 无限接近于 A，则称 A 为 $f(x)$ 当 $x \to x_0^-$ (或 $x \to x_0^+$) 时的**左(右)极限**，并记为 $f(x_0^-)$ ($f(x_0^+)$)，即

$$f(x_0^-)=\lim_{x \to x_0^-} f(x)=A \quad \left(f(x_0^+)=\lim_{x \to x_0^+} f(x)=A\right).$$

有时也将 $f(x_0^-)$ 写成 $f(x_0-0)$，将 $f(x_0^+)$ 写成 $f(x_0+0)$.

左、右极限统称为函数的**单侧极限**. 单侧极限也可用 ε-δ 方法给出严格的描述.

由定义易知有

定理 1.2　当 $x \to x_0$ 时函数 $f(x)$ 以 A 为极限的充分必要条件是 $f(x)$ 在 x_0 的左、右极限都存在并均为 A，即

$$\lim_{x \to x_0} f(x)=A \Leftrightarrow \lim_{x \to x_0^-} f(x)=\lim_{x \to x_0^+} f(x)=A.$$

例 1.10 求符号函数 $y=\operatorname{sgn} x$ 当 $x\to 0$ 时的极限.

解 由于 $x<0$ 时 $\operatorname{sgn} x=-1$，而 $x>0$ 时 $\operatorname{sgn} x=1$，故

$$\lim_{x\to 0^-}\operatorname{sgn} x\neq\lim_{x\to 0^+}\operatorname{sgn} x.$$

所以 $\lim\limits_{x\to 0}\operatorname{sgn} x$ 不存在.

例 1.11 求绝对值函数 $f(x)=|x|$ 当 $x\to 0$ 时的极限.

解 由于 $f(x)=|x|=\begin{cases}x, & x\geqslant 0,\\ -x, & x<0,\end{cases}$ 故

$$\lim_{x\to 0^-}f(x)=\lim_{x\to 0^-}(-x)=0,\quad \lim_{x\to 0^+}f(x)=\lim_{x\to 0^+}x=0,$$

即 $\lim\limits_{x\to 0^-}f(x)=\lim\limits_{x\to 0^+}f(x)=0$，所以 $\lim\limits_{x\to 0}f(x)=0$.

1.3.3 函数极限的基本性质

前面我们引入了下述 6 种类型的函数极限问题：

1) $\lim\limits_{x\to\infty}f(x)$； 2) $\lim\limits_{x\to+\infty}f(x)$；

3) $\lim\limits_{x\to-\infty}f(x)$； 4) $\lim\limits_{x\to x_0}f(x)$；

5) $\lim\limits_{x\to x_0^+}f(x)$； 6) $\lim\limits_{x\to x_0^-}f(x)$.

它们具有与数列极限相类似的一些性质，现以第 4) 种类型的极限为代表叙述这些性质，其他类型极限的相应性质，只需作适当修改即可得到.

性质 1（唯一性） 若 $\lim\limits_{x\to x_0}f(x)$ 存在，则其极限是唯一的.

性质 2（局部有界性） 若 $\lim\limits_{x\to x_0}f(x)$ 存在，则存在 x_0 的某个去心邻域 $\mathring{U}(x_0)$，使得 $f(x)$ 在 $\mathring{U}(x_0)$ 内有界.

性质 3（局部保号性） 若 $\lim\limits_{x\to x_0}f(x)=A$，且 $A>0$（或 $A<0$），则对 x_0 的某一去心邻域中的所有 x，有 $f(x)>0$（或 $f(x)<0$）.

推论 若在 x_0 的某去心邻域内 $f(x)\geqslant 0$（或 $f(x)\leqslant 0$），而且 $\lim\limits_{x\to x_0}f(x)=A$，则 $A\geqslant 0$（或 $A\leqslant 0$）.

习 题 1.3

1. 利用函数图形，求下列极限：

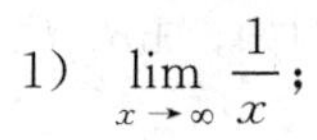

1) $\lim\limits_{x \to \infty} \frac{1}{x}$； 2) $\lim\limits_{x \to 0} \tan x$；

3) $\lim\limits_{x \to 0} \sin x$； 4) $\lim\limits_{x \to +\infty} \sin x$；

5) $\lim\limits_{x \to -\infty} e^x$； 6) $\lim\limits_{x \to +\infty} e^x$.

2. 对如图所示的函数 $f(x)$，下列陈述中哪些是对的？ 哪些是错的？

1) $\lim\limits_{x \to 0} f(x)$ 不存在；

2) $\lim\limits_{x \to 0} f(x) = 0$；

3) $\lim\limits_{x \to 0} f(x) = 1$；

4) $\lim\limits_{x \to 1} f(x) = 0$；

5) $\lim\limits_{x \to 1} f(x)$ 不存在；

6) 对任一 $x_0 \in (-1,1)$，$\lim\limits_{x \to x_0} f(x)$ 存在.

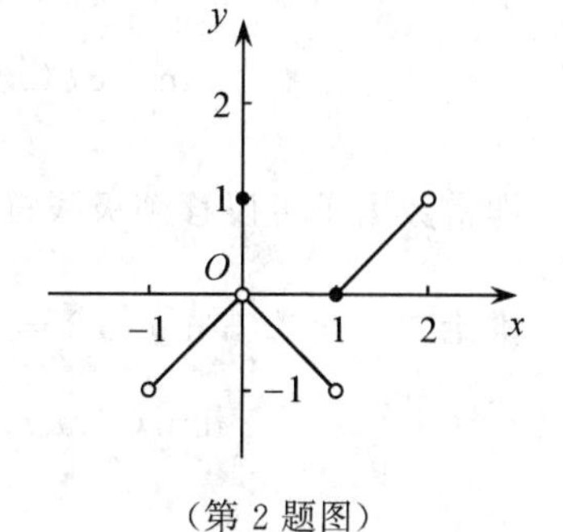

(第 2 题图)

3. 求 $f(x) = \frac{x}{x}$，$\varphi(x) = \frac{|x|}{x}$ 当 $x \to 0$ 时的左、右极限，并说明它们在 $x \to 0$ 时极限是否存在.

4. 用函数极限的定义证明：

1) $\lim\limits_{x \to 2} (5x + 2) = 12$； 2) $\lim\limits_{x \to \infty} \frac{1 + x^3}{2x^3} = \frac{1}{2}$.

5. 证明：$\lim\limits_{x \to x_0} f(x) = A$ 的充分必要条件是 $\lim\limits_{x \to x_0^-} f(x) = \lim\limits_{x \to x_0^+} f(x) = A$.

1.4 极限的运算法则

1.4.1 极限的四则运算法则

定理 1.3 如果 $\lim\limits_{x \to x_0} f(x) = A$，$\lim\limits_{x \to x_0} g(x) = B$，那么

1) $\lim\limits_{x \to x_0} (f(x) \pm g(x)) = \lim\limits_{x \to x_0} f(x) \pm \lim\limits_{x \to x_0} g(x) = A \pm B$；

2) $\lim\limits_{x \to x_0} (f(x) \cdot g(x)) = \lim\limits_{x \to x_0} f(x) \cdot \lim\limits_{x \to x_0} g(x) = A \cdot B$；

3) $B \neq 0$ 时，$\lim\limits_{x \to x_0} \frac{f(x)}{g(x)} = \frac{\lim\limits_{x \to x_0} f(x)}{\lim\limits_{x \to x_0} g(x)} = \frac{A}{B}$.

定理1.3中的1),2)还可以推广到有限个函数的情形. 例如, $\lim\limits_{x \to x_0} f(x)$, $\lim\limits_{x \to x_0} g(x)$, $\lim\limits_{x \to x_0} h(x)$ 都存在, 则有

$$\lim_{x \to x_0}(f(x)+g(x)-h(x)) = \lim_{x \to x_0} f(x) + \lim_{x \to x_0} g(x) - \lim_{x \to x_0} h(x);$$

$$\lim_{x \to x_0}(f(x)\cdot g(x)\cdot h(x)) = \lim_{x \to x_0} f(x)\cdot \lim_{x \to x_0} g(x)\cdot \lim_{x \to x_0} h(x).$$

推论1 如果 $\lim\limits_{x \to x_0} f(x)=A$, 而 c 为常数, 则

$$\lim_{x \to x_0}(cf(x)) = c\lim_{x \to x_0} f(x) = cA.$$

即常数因子可以移到极限符号外面.

推论2 如果 $\lim\limits_{x \to x_0} f(x)=A$, n 为正整数, 则

$$\lim_{x \to x_0}(f(x))^n = (\lim_{x \to x_0} f(x))^n = A^n.$$

需要指出的是, 上述结论对其他类型的极限(包括数列极限)也都是成立的.

例 1.12 求 $\lim\limits_{x \to 1}(3x+2)$.

解 $\lim\limits_{x \to 1}(3x+2) = \lim\limits_{x \to 1} 3x + \lim\limits_{x \to 1} 2 = 3\lim\limits_{x \to 1} x + 2$

$= 3\times 1 + 2 = 5.$

例 1.13 求 $\lim\limits_{x \to 2}(7x^2 - x)$.

解 $\lim\limits_{x \to 2}(7x^2 - x) = 7\lim\limits_{x \to 2} x^2 - \lim\limits_{x \to 2} x = 7\left(\lim\limits_{x \to 2} x\right)^2 - 2$

$= 7\times 2^2 - 2 = 26.$

从上面两个例子可以看出, 求有理函数(多项式)在 $x \to x_0$ 的极限时, 只要计算函数在 x_0 处的函数值就行了. 即设多项式

$$f(x) = a_n x^n + a_{n-1}x^{n-1} + \cdots + a_1 x + a_0,$$

其中 $a_i(i=1,2,\cdots,n)$ 为常数, 则

$$\begin{aligned}\lim_{x \to x_0} f(x) &= \lim_{x \to x_0}(a_n x^n + a_{n-1}x^{n-1} + \cdots + a_1 x + a_0)\\ &= a_n x_0^n + a_{n-1}x_0^{n-1} + \cdots + a_1 x_0 + a_0.\end{aligned}$$

例 1.14 求

1) $\lim\limits_{x \to -1}\dfrac{4x^2 - 3x + 1}{2x^2 - 6x + 4}$; 2) $\lim\limits_{x \to 3}\dfrac{x-3}{x^2-9}$.

解 1) 因为

$$\lim_{x\to -1}(2x^2-6x+4)=2\times(-1)^2-6\times(-1)+4=12\neq 0,$$

故

$$\lim_{x\to -1}\frac{4x^2-3x+1}{2x^2-6x+4}=\frac{\lim\limits_{x\to -1}(4x^2-3x+1)}{\lim\limits_{x\to -1}(2x^2-6x+4)}=\frac{8}{12}=\frac{2}{3}.$$

2) 因为分子、分母的极限均为0，所以不能用极限的四则运算法则来计算.

$$\lim_{x\to 3}\frac{x-3}{x^2-9}=\lim_{x\to 3}\frac{x-3}{(x-3)(x+3)}=\lim_{x\to 3}\frac{1}{x+3}=\frac{1}{6}.$$

例 1.15 求

1) $\lim\limits_{x\to\infty}\dfrac{3x^3-4x^2+2}{7x^3+5x^2-3}$；　　2) $\lim\limits_{x\to\infty}\dfrac{2x^2-5x+3}{7x^3+5x^2}$.

解 1) 先用 x^3 去除分子及分母，然后取极限，得

$$\lim_{x\to\infty}\frac{3x^3-4x^2+2}{7x^3+5x^2-3}=\lim_{x\to\infty}\frac{3-\frac{4}{x}+\frac{2}{x^3}}{7+\frac{5}{x}-\frac{3}{x^3}}=\frac{3}{7}.$$

这是因为 $\lim\limits_{x\to\infty}\dfrac{1}{x^n}=\left(\lim\limits_{x\to\infty}\dfrac{1}{x}\right)^n=0$.

2) 先用 x^3 去除分子及分母，然后取极限，得

$$\lim_{x\to\infty}\frac{2x^2-5x+3}{7x^3+5x^2}=\lim_{x\to\infty}\frac{\frac{2}{x}-\frac{5}{x^2}+\frac{3}{x^3}}{7+\frac{5}{x}}=0.$$

1.4.2 极限的复合运算法则

定理 1.4 设 $f(u)$ 与 $u=\varphi(x)$ 构成复合函数 $f(\varphi(x))$. 若

$$\lim_{x\to x_0}\varphi(x)=a,\quad \lim_{u\to a}f(u)=A,$$

且当 $x\neq x_0$ 时，$u\neq a$，则复合函数 $f(\varphi(x))$ 在 $x\to x_0$ 时的极限为

$$\lim_{x\to x_0}f(\varphi(x))=A.$$

复合函数求极限法则为利用变量代换求极限提供了理论依据.

例 1.16 求 $\lim\limits_{x\to 1}\dfrac{2-\dfrac{x-1}{\sqrt{x}-1}}{\sqrt{2}-\sqrt{\dfrac{x-1}{\sqrt{x}-1}}}$.

解 令 $u=\dfrac{x-1}{\sqrt{x}-1}$，则当 $x\to 1$ 时 $u\to 2$，故

$$\lim_{x\to 1}\frac{2-\dfrac{x-1}{\sqrt{x}-1}}{\sqrt{2}-\sqrt{\dfrac{x-1}{\sqrt{x}-1}}}=\lim_{u\to 2}\frac{2-u}{\sqrt{2}-\sqrt{u}}=\lim_{u\to 2}\frac{(\sqrt{2}-\sqrt{u})(\sqrt{2}+\sqrt{u})}{\sqrt{2}-\sqrt{u}}$$

$$=\lim_{u\to 2}(\sqrt{2}+\sqrt{u})=2\sqrt{2}.$$

习 题 1.4

1. 计算下列极限：

1) $\lim\limits_{x\to 2}(2x^2-3x+1)$；　　2) $\lim\limits_{x\to -1}\dfrac{3x+1}{x^2+1}$；

3) $\lim\limits_{x\to 1}\dfrac{x^2-1}{2x^2-x-1}$；　　4) $\lim\limits_{x\to 2}\dfrac{x^3+3x^2+2x}{x^2-x-6}$；

5) $\lim\limits_{x\to\infty}\dfrac{x^2-2x-1}{3x^2+1}$；　　6) $\lim\limits_{x\to\infty}\dfrac{x^3-3x+2}{x^4+x^2}$；

7) $\lim\limits_{x\to\infty}\dfrac{(2x-1)^{30}(3x-2)^{20}}{(2x+1)^{50}}$；

8) $\lim\limits_{x\to+\infty}(\sqrt{x^2+x+1}-\sqrt{x^2-x+1})$；

9) $\lim\limits_{n\to\infty}\dfrac{1+2+\cdots+n}{n^2}$；

10) $\lim\limits_{n\to\infty}\left[\dfrac{1}{1\cdot 2}+\dfrac{1}{2\cdot 3}+\cdots+\dfrac{1}{n(n+1)}\right]$.

2. 若 $\lim\limits_{x\to\infty}\left(\dfrac{x^2+1}{x+1}-ax-b\right)=0$，求 a,b 的值.

3. 下列陈述中，哪些是对的？哪些是错的？如果是对的，说明理由；如果是错的，试给出一个反例.

1) 如果 $\lim\limits_{x\to x_0}f(x)$ 存在，但 $\lim\limits_{x\to x_0}g(x)$ 不存在，那么 $\lim\limits_{x\to x_0}(f(x)+g(x))$ 不存在；

2) 如果 $\lim\limits_{x\to x_0}f(x)$ 和 $\lim\limits_{x\to x_0}g(x)$ 都不存在，那么 $\lim\limits_{x\to x_0}(f(x)+g(x))$ 不存在；

3) 如果 $\lim\limits_{x\to x_0}f(x)$ 存在，但 $\lim\limits_{x\to x_0}g(x)$ 不存在，那么 $\lim\limits_{x\to x_0}(f(x)\cdot g(x))$ 不存在.

1.5 极限存在准则和两个重要极限

1.5.1 夹逼准则

准则 I 如果数列$\{x_n\}$,$\{y_n\}$及$\{z_n\}$满足下列条件：

1) $y_n \leqslant x_n \leqslant z_n (n > n_0$，即 n 充分大以后)；

2) $\lim\limits_{n\to\infty} y_n = \lim\limits_{n\to\infty} z_n = a$，

那么数列$\{x_n\}$的极限存在，且$\lim\limits_{n\to\infty} x_n = a$.

证 $\forall \varepsilon > 0$，$\exists$ 公共的 $N > n_0$，$\forall n > N$，有

$$|y_n - a| < \varepsilon,\quad |z_n - a| < \varepsilon$$

同时成立，于是

$$-\varepsilon < y_n - a \leqslant x_n - a \leqslant z_n - a < \varepsilon,$$

即$|x_n - a| < \varepsilon$，故$\lim\limits_{n\to\infty} x_n = a$. □

注 利用夹逼准则求极限，关键是构造出 y_n 与 z_n，并且 y_n 与 z_n 的极限相同且容易求得.

例 1.17 求$\lim\limits_{n\to\infty}\left(\dfrac{1}{\sqrt{n^2+1}}+\dfrac{1}{\sqrt{n^2+2}}+\cdots+\dfrac{1}{\sqrt{n^2+n}}\right)$.

解 设$x_n = \dfrac{1}{\sqrt{n^2+1}}+\dfrac{1}{\sqrt{n^2+2}}+\cdots+\dfrac{1}{\sqrt{n^2+n}}$. 由于

$$\frac{n}{\sqrt{n^2+n}} < x_n < \frac{n}{\sqrt{n^2+1}},$$

且

$$\lim_{n\to\infty}\frac{n}{\sqrt{n^2+n}} = \lim_{n\to\infty}\frac{1}{\sqrt{1+\frac{1}{n}}} = 1,\quad \lim_{n\to\infty}\frac{n}{\sqrt{n^2+1}} = \lim_{n\to\infty}\frac{1}{\sqrt{1+\frac{1}{n^2}}} = 1,$$

由夹逼准则，得

$$\lim_{n\to\infty} x_n = \lim_{n\to\infty}\left(\frac{1}{\sqrt{n^2+1}}+\frac{1}{\sqrt{n^2+2}}+\cdots+\frac{1}{\sqrt{n^2+n}}\right) = 1.$$

上述关于数列极限的存在准则可以推广到函数极限的情形：

准则 Ⅰ′ 如果函数 $f(x)$, $g(x)$ 及 $h(x)$ 满足下列条件：

1) 当 $0<|x-x_0|<\delta$（或 $|x|>M$）时，$g(x)\leqslant f(x)\leqslant h(x)$；

2) $\lim\limits_{\substack{x\to x_0\\(x\to\infty)}} g(x)=\lim\limits_{\substack{x\to x_0\\(x\to\infty)}} h(x)=A$，

那么极限 $\lim\limits_{\substack{x\to x_0\\(x\to\infty)}} f(x)$ 存在，且等于 A.

例 1.18 证明极限 $\lim\limits_{x\to 0}\cos x=1$.

证 因为

$$0<1-\cos x=2\sin^2\frac{x}{2}<2\left(\frac{x}{2}\right)^2=\frac{x^2}{2},$$

且 $\lim\limits_{x\to 0}\dfrac{x^2}{2}=0$，故由准则 Ⅰ′，得 $\lim\limits_{x\to 0}(1-\cos x)=0$，即 $\lim\limits_{x\to 0}\cos x=1$.

利用准则 Ⅰ′，可以证明一个重要的极限：

$$\lim_{x\to 0}\frac{\sin x}{x}=1.$$

事实上，如图 1-5 所示，单位圆中设圆心角 $\angle AOB=x$（以弧度为单位），$0<x<\dfrac{\pi}{2}$，$AD\perp OA$，$BC\perp OA$，则显然有

$$\triangle AOB\text{ 的面积}<\text{扇形 }AOB\text{ 的面积}<\triangle AOD\text{ 的面积}.$$

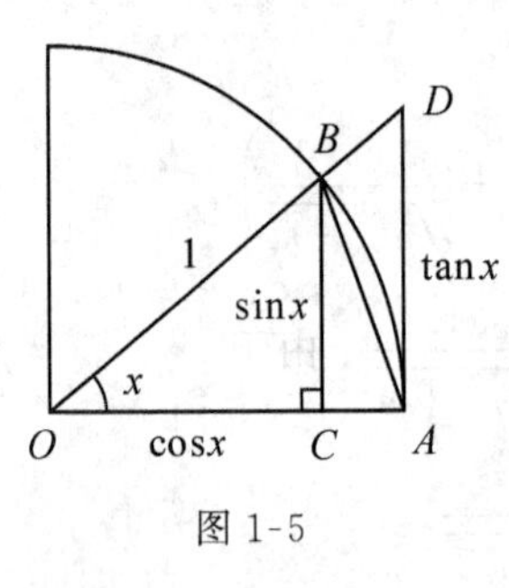

图 1-5

而 $BC=\sin x$，$AD=\tan x$，所以

$$\triangle AOB\text{ 的面积}=\frac{1}{2}OA\cdot BC=\frac{1}{2}\sin x,$$

$$\text{扇形 }AOB\text{ 的面积}=\frac{1}{2}OA^2\cdot x=\frac{1}{2}x,$$

$$\triangle AOD\text{ 的面积}=\frac{1}{2}OA\cdot AD=\frac{1}{2}\tan x.$$

从而有

$$\frac{1}{2}\sin x<\frac{1}{2}x<\frac{1}{2}\tan x\quad\left(0<x<\frac{\pi}{2}\right),$$

即 $\sin x<x<\tan x$. 整理得

$$\cos x<\frac{\sin x}{x}<1\quad\left(0<x<\frac{\pi}{2}\right).$$

由于 $\dfrac{\sin x}{x}$ 和 $\cos x$ 都是偶函数，故上式当 $-\dfrac{\pi}{2}<x<0$ 时也成立. 再由准则 Ⅰ′，即得

$$\lim_{x\to 0}\frac{\sin x}{x}=1.$$

此极限有两个特征：

1） 当 $x\to 0$ 时，分子、分母同时趋于零；

2） 由复合函数求极限法则，分子 sin 记号后的变量与分母在形式上完全一致，即只要 $\lim\limits_{x\to x_0} f(x)=0$，就有

$$\lim_{x\to x_0}\frac{\sin f(x)}{f(x)}=1.$$

在应用过程中就是要设法凑成这一重要极限的形式.

再利用这一个重要极限，可以求得一系列涉及三角函数的极限.

例 1.19 求下列极限：

1） $\lim\limits_{x\to 0}\dfrac{\sin 5x}{3x}$； 2） $\lim\limits_{x\to 0}\dfrac{\tan x}{x}$；

3） $\lim\limits_{x\to 1}\dfrac{\sin(x-1)}{x-1}$； 4） $\lim\limits_{x\to 0}\dfrac{1-\cos x}{x^2}$.

解 1） $\lim\limits_{x\to 0}\dfrac{\sin 5x}{3x}=\lim\limits_{x\to 0}\dfrac{\sin 5x}{5x}\cdot\dfrac{5x}{3x}=\dfrac{5}{3}\lim\limits_{x\to 0}\dfrac{\sin 5x}{5x}=\dfrac{5}{3}$.

2） $$\lim_{x\to 0}\frac{\tan x}{x}=\lim_{x\to 0}\frac{\sin x}{x}\cdot\frac{1}{\cos x}=\left(\lim_{x\to 0}\frac{\sin x}{x}\right)\left(\lim_{x\to 0}\frac{1}{\cos x}\right)$$
$$=1\times 1=1.$$

3） 令 $t=x-1$，则 $x\to 1$ 时，有 $t\to 0$，

$$\lim_{x\to 1}\frac{\sin(x-1)}{x-1}=\lim_{t\to 0}\frac{\sin t}{t}=1.$$

4） 由于 $1-\cos x=2\sin^2\dfrac{x}{2}$，故

$$\lim_{x\to 0}\frac{1-\cos x}{x^2}=\lim_{x\to 0}\frac{2\sin^2\frac{x}{2}}{x^2}=\frac{1}{2}\lim_{x\to 0}\left(\frac{\sin\frac{x}{2}}{\frac{x}{2}}\right)^2=\frac{1}{2}\left(\lim_{x\to 0}\frac{\sin\frac{x}{2}}{\frac{x}{2}}\right)^2$$
$$=\frac{1}{2}\times 1^2=\frac{1}{2}.$$

1.5.2 单调有界准则

对于数列 $\{x_n\}$，如果 $x_1\leqslant x_2\leqslant\cdots\leqslant x_n\leqslant\cdots$，则称 $\{x_n\}$ 为**单调递增数列**；如果 $x_1\geqslant x_2\geqslant\cdots\geqslant x_n\geqslant\cdots$，则称 $\{x_n\}$ 为**单调递减数列**，它们统称为**单调数列**.

准则 Ⅱ 单调有界数列必有极限.

对准则 Ⅱ 我们不作证明，而给出如下几何解释.

从数轴上看，对应于单调数列的点 x_n 只可能向一个方向移动，所以只有两种情形：或者点 x_n 沿数轴移向无穷远($x_n \to +\infty$或 $x_n \to -\infty$)，或者点 x_n 无限趋近于某一定点A（见图1-6），也就是数列$\{x_n\}$极限存在. 但现在假定数列是有界的，而有界数列的点都落在数轴上某一区间$[-M,M]$内，那么上述第一种情形就不可能发生了. 这就表明这个数列的极限存在.

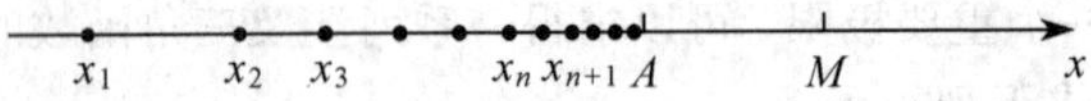

x_1 x_2 x_3 x_n x_{n+1} A M x

图 1-6

利用准则 Ⅱ，可以得到极限

$$\lim_{n\to\infty}\left(1+\frac{1}{n}\right)^n = \mathrm{e},$$

这个数 e 是无理数，它的值是 e＝2.718 281 828 459 045 …，在前面提到的指数函数 $y=\mathrm{e}^x$ 以及自然对数 $y=\ln x$ 中的底 e 就是这个常数.

相应的函数极限有

$$\lim_{x\to\infty}\left(1+\frac{1}{x}\right)^x = \mathrm{e},$$

作代换 $t=\dfrac{1}{x}$，利用复合函数的极限运算法则可将上式写成另一种形式：

$$\lim_{t\to 0}(1+t)^{\frac{1}{t}} = \lim_{x\to 0}(1+x)^{\frac{1}{x}} = \mathrm{e}.$$

上面两式可以用来求一系列涉及幂指函数的极限，这里的幂指函数具有以下特征：

1） 底是两项之和，第一项是常数 1，第二项极限为零；

2） 指数极限为无穷大，且与底中的第二项互为倒数.

例 1.20 求下列极限：

1） $\displaystyle\lim_{n\to\infty}\left(1+\frac{1}{n}\right)^{n+3}$；　　2） $\displaystyle\lim_{x\to 0}(1-x)^{\frac{2}{x}}$；

3） $\displaystyle\lim_{x\to\infty}\left(\frac{2-x}{3-x}\right)^{x+2}$；　　4） $\displaystyle\lim_{x\to 0}(1+3\tan^2 x)^{\cot^2 x}$.

解 1）
$$\begin{aligned}\lim_{n\to\infty}\left(1+\frac{1}{n}\right)^{n+3} &= \lim_{n\to\infty}\left[\left(1+\frac{1}{n}\right)^n\cdot\left(1+\frac{1}{n}\right)^3\right]\\ &= \lim_{n\to\infty}\left(1+\frac{1}{n}\right)^n\cdot\lim_{n\to\infty}\left(1+\frac{1}{n}\right)^3\\ &= \mathrm{e}\cdot 1 = \mathrm{e}.\end{aligned}$$

2) $\lim\limits_{x\to 0}(1-x)^{\frac{2}{x}}=\lim\limits_{x\to 0}[1+(-x)]^{-\frac{1}{x}\cdot(-2)}$

$$=\lim_{x\to 0}\left\{[1+(-x)]^{-\frac{1}{x}}\right\}^{-2}=\mathrm{e}^{-2}.$$

3) $\lim\limits_{x\to\infty}\left(\dfrac{2-x}{3-x}\right)^{x+2}=\lim\limits_{x\to\infty}\left(1+\dfrac{1}{x-3}\right)^{x-3+5}$

$$=\lim_{x\to\infty}\left[\left(1+\frac{1}{x-3}\right)^{x-3}\cdot\left(1+\frac{1}{x-3}\right)^{5}\right]$$

$$=\lim_{x\to\infty}\left(1+\frac{1}{x-3}\right)^{x-3}\cdot\lim_{x\to\infty}\left(1+\frac{1}{x-3}\right)^{5}$$

$$=\mathrm{e}\cdot 1=\mathrm{e}.$$

4) 令 $\tan^2 x=u$，则 $x\to 0$ 等价于 $u\to 0$，故

$$\lim_{x\to 0}(1+3\tan^2 x)^{\cot^2 x}=\lim_{u\to 0}(1+3u)^{\frac{1}{u}}=\lim_{u\to 0}(1+3u)^{\frac{1}{3u}\cdot 3}$$

$$=\lim_{u\to 0}[(1+3u)^{\frac{1}{3u}}]^3=\mathrm{e}^3.$$

以上计算，利用了复合函数极限法则或极限的四则运算法则.

例 1.21　连续复利问题.

将本金 A_0 存于银行，年利率为 r，则一年后本息之和为 $A_0(1+r)$. 如果年利率仍为 r，但半年计一次息，且利息不取，前期的本息之和作为下期的本金再计算以后的利息，这样利息又生利息. 由于半年的利率为 $\dfrac{r}{2}$，故一年后的本息之和为 $A_0\left(1+\dfrac{r}{2}\right)^2$，这种计算利息的方法称为**复式计息法**.

如果一年计息 n 次，利息按复式计算，则一年后本息之和为 $A_0\left(1+\dfrac{r}{n}\right)^n$. 如果计算复利的次数无限增大，即 $n\to\infty$，其极限称为**连续复利**，这时一年后的本息之和为

$$A(r)=\lim_{n\to\infty}A_0\left(1+\frac{r}{n}\right)^n=A_0\mathrm{e}^r.$$

假设 $r=7\%$，而 $n=12$，即一个月计息一次，则一年后本息之和为

$$A_0\left(1+\frac{0.07}{12}\right)^{12}=A_0(1.005\,833)^{12}\approx 1.072\,286A_0.$$

若 $n=1\,000$，则一年后本息之和为

$$A_0\left(1+\frac{0.07}{1\,000}\right)^{1\,000}\approx 1.072\,506A_0.$$

若 $n=10\,000$，则一年后本息之和为

$$A_0\left(1+\frac{0.07}{10\,000}\right)^{10\,000}\approx 1.072\,508A_0.$$

由此可见，随着 n 的无限增大，一年后本息之和会不断增大，但不会无限增大，其极限值为

$$\lim_{n \to \infty} A_0\left(1+\frac{r}{n}\right)^n = A_0 e^r = A_0 e^{0.07}.$$

由于 e 在银行业务中的重要性，故有“银行家常数”之称.

注 连续复利的计算公式在其他许多问题中也常有应用，如细胞分裂、树木增长等问题.

习 题 1.5

1. 求极限：

1) $\lim\limits_{x \to 0} \dfrac{\sin 3x}{x}$； 2) $\lim\limits_{x \to 0} \dfrac{1-\cos 2x}{x^2}$；

3) $\lim\limits_{x \to 0^+} \dfrac{x}{\sqrt{1-\cos x}}$； 4) $\lim\limits_{x \to \infty} x \sin \dfrac{2}{x}$；

5) $\lim\limits_{x \to \pi} \dfrac{\sin x}{\pi - x}$； 6) $\lim\limits_{n \to \infty} 2^n \sin \dfrac{x}{2^n}$.

2. 求极限：

1) $\lim\limits_{x \to \infty}\left(1+\dfrac{5}{x}\right)^{2x}$； 2) $\lim\limits_{x \to 0}(1-x)^{\frac{1}{x}}$；

3) $\lim\limits_{x \to \infty}\left(\dfrac{2x+3}{2x+1}\right)^{x+1}$； 4) $\lim\limits_{x \to \frac{\pi}{2}}(1+\cos x)^{-\sec x}$.

3. 已知 $\lim\limits_{x \to \infty}\left(\dfrac{x+c}{x-c}\right)^{\frac{x}{2}}=3$，求 c 的值.

4. 设 $x_1=\sqrt{6}$，$x_{n+1}=\sqrt{6+x_n}$ $(n=1,2,\cdots)$，试证数列 $\{x_n\}$ 极限存在，并求此极限.

5. 设 $0<x_1<3$，$x_{n+1}=\sqrt{x_n(3-x_n)}$ $(n=1,2,\cdots)$，试证数列 $\{x_n\}$ 极限存在，并求此极限.

6. 利用极限存在准则证明：

1) $\lim\limits_{n \to \infty} n\left(\dfrac{1}{n^2+\pi}+\dfrac{1}{n^2+2\pi}+\cdots+\dfrac{1}{n^2+n\pi}\right)=1$；

2) $\lim\limits_{n \to \infty}\left(\dfrac{1}{n^2+n+1}+\dfrac{2}{n^2+n+2}+\cdots+\dfrac{n}{n^2+n+n}\right)=\dfrac{1}{2}$.

7. 有 2000 元存入银行，按年利率为 6% 进行连续复利计算，问 20 年后的本利之和为多少？

8. 有一笔按 6.5% 的年利率投资的资金，16 年后得 1 200 元，问当初的资金有多少？

1.6 无穷小(量)和无穷大(量)

1.6.1　无穷小(量)

定义 1.15　如果函数 $f(x)$ 当 $x \to x_0$ $(x \to \infty)$ 时的极限为零，那么称函数 $f(x)$ 为当 $x \to x_0(x \to \infty)$ 时的**无穷小(量)**.

例如，$\lim\limits_{x \to 2}(x-2)=0$，所以函数 $f(x)=x-2$ 是 $x \to 2$ 时的无穷小；又 $\lim\limits_{x \to \infty} \dfrac{1}{x}=0$，所以函数 $f(x)=\dfrac{1}{x}$ 是 $x \to \infty$时的无穷小.

注　1) 无穷小与自变量的变化过程不能分开，说一个函数是无穷小，必须指明自变量的变化过程. 例如，函数 $f(x)=x-2$ 是 $x \to 2$ 时的无穷小，而当 $x \to 1$ 时就不是无穷小，因此不能说"$f(x)=x-2$ 是无穷小".

2) 无穷小是"极限为零的函数"，不要把它与"很小的数"混为一谈. 例如，10^{-100} 是一个很小的数，但它的极限仍然是它本身，因此不是无穷小.

3) 零是唯一能够作为无穷小的常数.

由极限定义我们可得如下重要定理：

定理 1.5　在自变量的同一变化过程 $x \to x_0(x \to \infty)$ 中，函数 $f(x)$ 具有极限 A 的充分必要条件是 $f(x)=A+\alpha$，其中 α 是该变化过程的无穷小.

证　仅就 $\lim\limits_{x \to x_0} f(x)=A$ 的情形加以证明.

必要性. 设 $\lim\limits_{x \to x_0} f(x)=A$，即 $\forall \varepsilon>0$，$\exists \delta>0$，当 $0<|x-x_0|<\delta$ 时，有

$$|f(x)-A|<\varepsilon.$$

令 $\alpha=f(x)-A$，则当 $0<|x-x_0|<\delta$ 时，有 $|\alpha|=|\alpha-0|<\varepsilon$，即

$$\lim_{x \to x_0} \alpha=0.$$

这就得到 $f(x)=A+\alpha$，其中 α 当 $x \to x_0$ 时为无穷小量.

充分性. 设 $f(x)=A+\alpha$，其中 $\lim\limits_{x \to x_0} \alpha=0$. 于是，$\forall \varepsilon>0$，$\exists \delta>0$，使当 $0<|x-x_0|<\delta$ 时，

$$|\alpha|=|f(x)-A|<\varepsilon.$$

由定义有 $\lim\limits_{x \to x_0} f(x)=A$.　□

这个定理表明，有极限的变量可以表示为它的极限与一个无穷小量的和.

根据极限定义与极限的四则运算法则，不难理解无穷小具有如下一些性质：

定理 1.6 1) 有限个无穷小量的和仍为无穷小量.

2) 有限个无穷小量的积仍为无穷小量.

3) 有界函数与无穷小量的乘积仍为无穷小量.

定理中所谈到的无穷小量指的是在自变量的同一变化过程的无穷小量.

例 1.22 求极限 $\lim\limits_{x\to 0} x\sin\frac{1}{x}$.

解 因为 $\lim\limits_{x\to 0} x=0$，而 $\left|\sin\frac{1}{x}\right|\leqslant 1$，有界，所以有

$$\lim_{x\to 0} x\sin\frac{1}{x}=0.$$

1.6.2 无穷大(量)

定义 1.16 如果当 $x\to x_0\ (x\to\infty)$ 时，对应函数的绝对值 $|f(x)|$ 无限增大，那么称函数 $f(x)$ 为当 $x\to x_0\ (x\to\infty)$ 时的**无穷大(量)**，记为

$$\lim_{x\to x_0} f(x)=\infty \quad \left(\text{或} \lim_{x\to\infty} f(x)=\infty\right).$$

确切地说，$f(x)$ 是当 $x\to x_0$ 时的无穷大，是指对任意给定的正数 M (无论它多么大)，总存在正数 δ，当 $0<|x-x_0|<\delta$ 时，$f(x)$ 总满足

$$|f(x)|>M.$$

如果将上面的 $|f(x)|>M$ 改为 $f(x)>M$ (或 $f(x)<-M$) 就可得到正(负) 无穷大的定义，分别记为

$$\lim_{x\to x_0} f(x)=+\infty \quad (\text{或} \lim_{x\to x_0} f(x)=-\infty).$$

对自变量的其他变化过程中的(正、负) 无穷大也可作类似定义.

注 1) 同无穷小量一样，无穷大量与自变量的变化过程分不开，不能脱离自变量的变化过程谈无穷大.

2) 无穷大不是一个数，不能把它与一个很大的数(如 10^{100}) 混为一谈.

3) 无穷大量一定是无界函数，而无界函数不一定是无穷大量.

1.6.3 无穷大量与无穷小量的关系

下面的定理给出了无穷大量和无穷小量的关系.

定理 1.7 在自变量的同一变化过程中，无穷大量的倒数是无穷小量；非零无穷小量的倒数是无穷大量.

下面举例来说明如何利用上面的定理计算极限.

例 1.23 求极限 $\lim\limits_{x \to 1} \dfrac{1}{\ln x}$.

解 因为 $\lim\limits_{x \to 1} \ln x = 0$，根据无穷小和无穷大的关系知

$$\lim_{x \to 1} \frac{1}{\ln x} = \infty.$$

例 1.24 求极限 $\lim\limits_{x \to \infty} \dfrac{x^4}{x^3 + 5}$.

解 因为 $\lim\limits_{x \to \infty} \dfrac{x^3+5}{x^4} = \lim\limits_{x \to \infty} \left(\dfrac{1}{x} + \dfrac{5}{x^4}\right) = 0$，根据无穷小和无穷大的关系知

$$\lim_{x \to \infty} \frac{x^4}{x^3 + 5} = \infty.$$

1.6.4 无穷小的比较

根据无穷小的性质，两个无穷小的和、差、积仍是无穷小. 但两个无穷小的商，却会出现不同的情况. 例如，当 $x \to 0$ 时，$x, x^2, \sin x$ 都是无穷小，而

$$\lim_{x \to 0} \frac{x^2}{x} = 0, \quad \lim_{x \to 0} \frac{x}{x^2} = \infty, \quad \lim_{x \to 0} \frac{\sin x}{x} = 1.$$

研究无穷小的商，在微分学中有重要的意义. 无穷小之比的极限不同，反映了无穷小趋于零的快慢程度不同：x^2 比 x 快些，x 比 x^2 慢些，$\sin x$ 与 x 大致相同.

定义 1.17 设 α 和 β 是自变量同一变化过程中的两个无穷小量，且 $\beta \neq 0$（下面仅以 $x \to x_0$ 来定义，其余极限过程类似）.

1） 如果 $\lim\limits_{x \to x_0} \dfrac{\alpha}{\beta} = 0$，则称 α 是 β 当 $x \to x_0$ 时的**高阶无穷小**，记为

$$\alpha = o(\beta) \quad (x \to x_0).$$

2） 如果 $\lim\limits_{x \to x_0} \dfrac{\alpha}{\beta} = \infty$，则称 α 是 β 当 $x \to x_0$ 时的**低阶无穷小**.

3） 如果 $\lim\limits_{x \to x_0} \dfrac{\alpha}{\beta} = C\ (C \neq 0)$，则称 α 是 β 当 $x \to x_0$ 时的**同阶无穷小**；特别地，当 $C = 1$ 时，称 α 是 β 当 $x \to x_0$ 时的**等价无穷小**，记为

$$\alpha \sim \beta \quad (x \to x_0).$$

如果 α 是 β 当 $x\to x_0$ 时的高阶无穷小，即 $\lim\limits_{x\to x_0}\dfrac{\alpha}{\beta}=0$，由无穷小与无穷大的关系知，$\lim\limits_{x\to x_0}\dfrac{\beta}{\alpha}=\infty$，所以相应地有 β 是 α 当 $x\to x_0$ 时的低阶无穷小. 就前述三个无穷小 $x, x^2, \sin x$ $(x\to 0)$ 而言，x^2 是 x 高阶的无穷小，x 是 x^2 低阶的无穷小，而 $\sin x$ 与 x 是等价无穷小.

例 1.25 证明：当 $n\to\infty$ 时，$\sqrt{n+1}-\sqrt{n}$ 与 $\dfrac{1}{\sqrt{n}}$ 是同阶无穷小.

证 由于

$$\lim_{n\to\infty}\frac{\sqrt{n+1}-\sqrt{n}}{\frac{1}{\sqrt{n}}}=\lim_{n\to\infty}\frac{(\sqrt{n+1}-\sqrt{n})(\sqrt{n+1}+\sqrt{n})}{\frac{\sqrt{n+1}+\sqrt{n}}{\sqrt{n}}}$$

$$=\lim_{n\to\infty}\frac{1}{\sqrt{1+\frac{1}{n}}+1}=\frac{1}{2},$$

故当 $n\to\infty$ 时，$\sqrt{n+1}-\sqrt{n}$ 与 $\dfrac{1}{\sqrt{n}}$ 是同阶的无穷小量.

例 1.26 证明：当 $x\to 0$ 时，$\ln(1+x)\sim x$.

证 由于

$$\lim_{x\to 0}\frac{\ln(1+x)}{x}=\lim_{x\to 0}\ln(1+x)^{\frac{1}{x}}=\ln\left(\lim_{x\to 0}(1+x)^{\frac{1}{x}}\right)$$

$$=\ln \mathrm{e}=1,$$

故当 $x\to 0$ 时，$\ln(1+x)\sim x$.

注 在同一极限过程中的两个无穷小量，并不是总能比较的. 例如，由 $\lim\limits_{x\to 0}x\sin\dfrac{1}{x}=0$ 知，$x\sin\dfrac{1}{x}$ 是 $x\to 0$ 时的无穷小量，而

$$\lim_{x\to 0}\frac{x\sin\frac{1}{x}}{x}=\lim_{x\to 0}\sin\frac{1}{x}$$

不存在，故不能比较 $x\sin\dfrac{1}{x}$ 与 x.

关于等价无穷小，有下面这个定理.

定理 1.8 设 $\alpha\sim\alpha'$，$\beta\sim\beta'$ $(x\to x_0)$，且 $\lim\limits_{x\to x_0}\dfrac{\beta'}{\alpha'}$ 存在，则

$$\lim_{x\to x_0}\frac{\beta}{\alpha}=\lim_{x\to x_0}\frac{\beta'}{\alpha'}.$$

证 $$\lim_{x\to x_0}\frac{\beta}{\alpha}=\lim_{x\to x_0}\left(\frac{\beta}{\beta'}\cdot\frac{\beta'}{\alpha'}\cdot\frac{\alpha'}{\alpha}\right)=\lim_{x\to x_0}\frac{\beta}{\beta'}\cdot\lim_{x\to x_0}\frac{\beta'}{\alpha'}\cdot\lim_{x\to x_0}\frac{\alpha'}{\alpha}$$
$$=\lim_{x\to x_0}\frac{\beta'}{\alpha'}.$$ □

上述定理表明，在求两个无穷小之比的极限时，分子及分母都可以用各自的等价无穷小来替换. 因此，只要无穷小的替换运用适当，往往可以极大地简化运算，加快计算速度.

下面给出当 $x\to 0$ 时的等价无穷小：$\sin x\sim x$；$\tan x\sim x$；$\arcsin x\sim x$；$\arctan x\sim x$；$1-\cos x\sim\frac{1}{2}x^2$；$\ln(1+x)\sim x$；$e^x-1\sim x$.

例 1.27 求 $\lim\limits_{x\to 0}\dfrac{\tan 3x}{\sin 5x}$.

解 当 $x\to 0$ 时，$\tan 3x\sim 3x$，$\sin 5x\sim 5x$，所以
$$\lim_{x\to 0}\frac{\tan 3x}{\sin 5x}=\lim_{x\to 0}\frac{3x}{5x}=\frac{3}{5}.$$

例 1.28 求 $\lim\limits_{x\to 0}\dfrac{\sin x}{x^3+3x}$.

解 当 $x\to 0$ 时，$\sin x\sim x$，无穷小 x^3+3x 与它本身显然是等价的，所以
$$\lim_{x\to 0}\frac{\sin x}{x^3+3x}=\lim_{x\to 0}\frac{x}{x^3+3x}=\lim_{x\to 0}\frac{1}{x^2+3}=\frac{1}{3}.$$

例 1.29 求 $\lim\limits_{x\to 0}\dfrac{\tan x-\sin x}{x^3}$.

解 $$\lim_{x\to 0}\frac{\tan x-\sin x}{x^3}=\lim_{x\to 0}\frac{\sin x(1-\cos x)}{\cos x\cdot x^3}$$
$$=\lim_{x\to 0}\frac{1}{\cos x}\cdot\lim_{x\to 0}\frac{\sin x(1-\cos x)}{x^3}$$
$$=\lim_{x\to 0}\frac{x\cdot\frac{1}{2}x^2}{x^3}$$
$$=\frac{1}{2}.$$

对此例作如下计算是错误的：
$$\lim_{x\to 0}\frac{\tan x-\sin x}{x^3}=\lim_{x\to 0}\frac{x-x}{x^3}=0.$$

也就是说，在加减运算中一般是不能用它们各自的等价无穷小替换的，只有在乘除运算中，乘积因子可以用其等价无穷小替换.

习 题 1.6

1. 下列函数在什么情况下是无穷小量？在什么情况下是无穷大量？

1) $y=\dfrac{1}{x^3}$；　　2) $y=\dfrac{1}{x+1}$；

3) $y=e^x$；　　4) $y=\ln x$.

2. 设 $a_n\neq 0$, $b_m\neq 0$ 均为常数，m,n 为正整数，求极限

$$\lim_{x\to\infty}\frac{a_nx^n+a_{n-1}x^{n-1}+\cdots+a_1x+a_0}{b_mx^m+b_{m-1}x^{m-1}+\cdots+b_1x+b_0}.$$

3. 求极限：

1) $\lim\limits_{x\to\infty}\dfrac{5x}{x^2+1}$；　　2) $\lim\limits_{x\to\infty}\dfrac{x^3+2x^2+1}{3x}$；

3) $\lim\limits_{x\to 2}\dfrac{x^3+2x^2}{(x-2)^2}$；　　4) $\lim\limits_{x\to\infty}(2x^3-x+1)$.

4. 函数 $y=x\cos x$ 在$(-\infty,+\infty)$内是否有界？当 $x\to\infty$时，函数是否为无穷大？为什么？

5. 当 $x\to 0$ 时，$2x-x^2$ 与 x^2-x^3 相比，哪一个是高阶无穷小？

6. 证明：当 $x\to\dfrac{1}{2}$ 时，$\arcsin(1-2x)$ 与 $4x^2-1$ 是同阶无穷小.

7. 证明：

1) 当 $x\to 0$ 时，$1-\cos x\sim\dfrac{x^2}{2}$；

2) 当 $x\to 1$ 时，$\dfrac{1-x}{1+x}\sim 1-\sqrt{x}$.

8. 利用等价无穷小的性质，求下列极限：

1) $\lim\limits_{x\to 0}\dfrac{\arctan 3x}{5x}$；　　2) $\lim\limits_{x\to 0}\dfrac{\ln(1+3x\sin x)}{\tan x^2}$；

3) $\lim\limits_{x\to 1}\dfrac{\arcsin(1-x)}{\ln x}$；　　4) $\lim\limits_{x\to 0}\dfrac{\sin x^3\tan x}{1-\cos x^2}$；

5) $\lim\limits_{x\to 0}\dfrac{\sin x^n}{(\sin x)^m}$ (m,n 为正整数)；　　6) $\lim\limits_{x\to 0}\dfrac{2\sin x-\sin 2x}{x^3}$.

9. 证明等价无穷小具有下列性质：

1) 自反性：$\alpha\sim\alpha$.

2) 对称性：若 $\alpha\sim\beta$，则 $\beta\sim\alpha$.

3) 传递性：若 $\alpha\sim\beta$，$\beta\sim\gamma$，则 $\alpha\sim\gamma$.

1.7 函数的连续性

客观世界的许多现象和事物不仅是运动变化的，而且其运功变化的过程往往是连续不断的，如气温的变化、植物的生长以及人体身高的变化等. 这种变化的特点是：时间变化很小时，气温的变化、植物生长的变化以及人体身高的改变也很微小. 这种现象反映在数学上就是函数的连续性，它是微分学的一个重要概念.

1.7.1 函数的连续性概念

定义 1.18 设函数 $y=f(x)$ 在点 x_0 的一个邻域内有定义，且

$$\lim_{x\to x_0} f(x)=f(x_0) \quad (\text{即 } f(x)\to f(x_0),\ x\to x_0),$$

则称函数 $y=f(x)$ 在**点 x_0 处连续**.

定义 1.18 表明函数 $y=f(x)$ 在点 x_0 处连续必须满足三个条件：

1) $f(x)$ 在点 x_0 处有定义；

2) $f(x)$ 在点 x_0 处有极限，即 $\lim\limits_{x\to x_0} f(x)$ 存在；

3) $\lim\limits_{x\to x_0} f(x)$ 等于点 x_0 处的函数值.

例 1.30 试证：$f(x)=\begin{cases} x\sin\dfrac{1}{x}, & x\neq 0, \\ 0, & x=0 \end{cases}$ 在 $x=0$ 处连续.

证 因为 $\lim\limits_{x\to 0} f(x)=\lim\limits_{x\to 0} x\sin\dfrac{1}{x}=0$，且 $f(0)=0$，故有

$$\lim_{x\to 0} f(x)=f(0),$$

即函数 $f(x)$ 在 $x=0$ 处连续.

需要注意的是，在讨论极限 $\lim\limits_{x\to x_0} f(x)$ 是否存在时，只要求 $f(x)$ 在点 x_0 去心邻域中有定义，但讨论 $f(x)$ 在点 x_0 处连续时，$f(x)$ 必须在点 x_0 的邻域(包括 x_0) 有定义.

若记 $\Delta x=x-x_0$，则称 Δx 为**自变量 x 在 x_0 处的增量**(**或称改变量**)，记 $\Delta y=f(x_0+\Delta x)-f(x_0)$，$\Delta y$ 称为**函数 $f(x)$ 在 x_0 处的增量**.

注意增量 Δx 不是 Δ 与 x 的积，而是一个不可分割的记号. 它可以是正的，也可以是负的.

在引入增量的定义以后，马上发现 $x \to x_0$ 就等价于 $\Delta x \to 0$，$f(x)=f(x_0+\Delta x) \to f(x_0)$ 就等价于 $\Delta y \to 0$，那么函数 $y=f(x)$ 在点 x_0 处连续也可以作如下定义：

定义 1.18′ 设函数 $y=f(x)$ 在点 x_0 的一个邻域内有定义. 如果当自变量在点 x_0 处的增量 Δx 趋于零时，对应的函数增量也趋于零，即

$$\lim_{\Delta x \to 0} \Delta y = 0,$$

则称函数 $y=f(x)$ **在点 x_0 处连续**.

由定义可以看出，函数在一点连续的本质特征是：自变量变化很小时，对应的函数值的变化也很小. 例如，函数 $y=x^2$ 在 $x_0=2$ 处是连续的，这是因为

$$\begin{aligned}\lim_{\Delta x \to 0} \Delta y &= \lim_{\Delta x \to 0} (f(2+\Delta x)-f(2)) = \lim_{\Delta x \to 0} [(2+\Delta x)^2 - 2^2] \\ &= \lim_{\Delta x \to 0} [4\Delta x + (\Delta x)^2] = 0.\end{aligned}$$

定义 1.19 若函数 $f(x)$ 在 $(a, x_0]$ 内有定义，且

$$f(x_0-0) = \lim_{x \to x_0^-} f(x) = f(x_0),$$

则称 $f(x)$ 在点 x_0 处**左连续**.

定义 1.20 若函数 $f(x)$ 在 $[x_0, b)$ 内有定义，且

$$f(x_0+0) = \lim_{x \to x_0^+} f(x) = f(x_0),$$

则称 $f(x)$ 在点 x_0 处**右连续**.

由函数在一点的极限与左、右极限之间的关系，可知函数在点 x_0 连续与在点 x_0 左、右连续之间有如下关系：

定理 1.9 函数 $f(x)$ 在点 x_0 处连续的充分必要条件是 $f(x)$ 在点 x_0 处左连续并且右连续.

例 1.31 已知函数 $f(x)=\begin{cases} x^2+1, & x<0, \\ 2x+a, & x \geqslant 0 \end{cases}$ 在点 $x=0$ 处连续，求 a 的值.

解 $\lim\limits_{x \to 0^-} f(x) = \lim\limits_{x \to 0^-} (x^2+1) = 1$，$\lim\limits_{x \to 0^+} f(x) = \lim\limits_{x \to 0^+} (2x+a) = a$，且 $f(0)=a$. 因为 $f(x)$ 在点 $x=0$ 处连续，故

$$\lim_{x \to 0^-} f(x) = \lim_{x \to 0^+} f(x) = f(0),$$

即 $a=1$.

定义 1.21 如果函数 $y=f(x)$ 在区间 I 上的每一点都连续，则称函数

$y=f(x)$ 在**区间 I 上连续**，也称 $f(x)$ 为区间 I 上的**连续函数**. 如果区间 I 包括端点，那么函数在区间的左端点处右连续，在区间的右端点处左连续.

连续函数的图形是一条连续而不间断的曲线.

例 1.32　证明：函数 $y=\sin x$ 在区间$(-\infty,+\infty)$ 内连续.

证　任取 $x\in(-\infty,+\infty)$，则

$$\Delta y=\sin(x+\Delta x)-\sin x=2\sin\frac{\Delta x}{2}\cdot\cos\left(x+\frac{\Delta x}{2}\right).$$

由 $\left|\cos\left(x+\frac{\Delta x}{2}\right)\right|\leqslant 1$，得

$$|\Delta y|\leqslant 2\left|\sin\frac{\Delta x}{2}\right|<|\Delta x|,$$

所以，当 $\Delta x\to 0$ 时，$\Delta y\to 0$，即对任意 $x\in(-\infty,+\infty)$ 有

$$\lim_{\Delta x\to 0}\Delta y=0.$$

故函数 $y=\sin x$ 在$(-\infty,+\infty)$ 内都是连续的.

类似地，可以证明基本初等函数在其定义域内都是连续的.

1.7.2　间断点及其分类

定义 1.22　如果函数 $f(x)$ 在点 x_0 处不连续，则称 $f(x)$ 在点 x_0 处**间断**，称点 x_0 为函数 $f(x)$ 的**间断点**或**不连续点**.

由函数在某点连续的定义可知，如果 $f(x)$ 在点 x_0 处满足下列三个条件之一，则 x_0 为 $f(x)$ 的间断点：

1）$f(x)$ 在点 x_0 处没有定义；

2）$\lim\limits_{x\to x_0}f(x)$ 不存在；

3）在点 x_0 处 $f(x)$ 有定义，且 $\lim\limits_{x\to x_0}f(x)$ 存在，但是

$$\lim_{x\to x_0}f(x)\neq f(x_0).$$

根据不同情况，可将间断点作如下分类：

1）设 x_0 为 $f(x)$ 的间断点，但 $f(x_0-0)$ 及 $f(x_0+0)$ 都存在，则称 x_0 为 $f(x)$ 的**第一类间断点**.

当 $f(x_0-0)\neq f(x_0+0)$ 时，称 x_0 为 $f(x)$ 的**跳跃间断点**.

当 $f(x_0-0)=f(x_0+0)\neq f(x_0)$（包括 $f(x)$ 在 x_0 处无定义）时，称 x_0 为 $f(x)$ 的**可去间断点**.

2）$f(x_0-0)$ 和 $f(x_0+0)$ 至少有一个不存在，则称 x_0 为 $f(x)$ 的**第二类间断点**.

常见的第二类间断点有**无穷间断点**(如 $\lim\limits_{x\to x_0} f(x)=\infty$)和**振荡间断点**(在 $x\to x_0$ 的过程中,$f(x)$ 无限振荡,极限不存在).

例 1.33 判断下列函数在指定点的间断情况:

1) $f(x)=\dfrac{1}{x}$ 在 $x=0$;

2) $f(x)=\operatorname{sgn} x$ 在 $x=0$;

3) $f(x)=\begin{cases}\dfrac{x^2-1}{x+1}, & x\neq -1,\\ 1, & x=-1\end{cases}$ 在 $x=-1$;

4) $f(x)=\sin\dfrac{1}{x}$ 在 $x=0$.

解 1) 因为 $\lim\limits_{x\to 0} f(x)=\infty$,所以 $x=0$ 为函数的第二类间断点,且为无穷间断点.

2) $f(0-0)=-1$,$f(0+0)=1$,故 $x=0$ 是函数的第一类间断点,且为跳跃间断点.

3) $\lim\limits_{x\to -1} f(x)=\lim\limits_{x\to -1}\dfrac{x^2-1}{x+1}=\lim\limits_{x\to -1}(x-1)=-2$,

$$f(-1)=1\neq \lim_{x\to -1} f(x),$$

故 $x=-1$ 是函数的第一类间断点,且为可去间断点.

4) 因为 $\lim\limits_{x\to 0}\sin\dfrac{1}{x}$ 不存在,所以 $x=0$ 为函数的第二类间断点,且为振荡间断点.

1.7.3 初等函数的连续性

从前面的例子已经知道,基本初等函数在定义域内都是连续的. 随之自然会问:一般的初等函数的连续性如何?

定理 1.10 设函数 $f(x)$ 和 $g(x)$ 在点 x_0 处连续,则 $f(x)\pm g(x)$,$f(x)\cdot g(x)$,$\dfrac{f(x)}{g(x)}$ $(g(x_0)\neq 0)$ 在点 x_0 处也连续.

例如,$\sin x$,$\cos x$ 在 $(-\infty,+\infty)$ 内连续,故 $\tan x=\dfrac{\sin x}{\cos x}$,$\cot x=\dfrac{\cos x}{\sin x}$,$\sec x=\dfrac{1}{\cos x}$,$\csc x=\dfrac{1}{\sin x}$ 在它们的定义域内都是连续的.

定理 1.11 设函数 $u=\varphi(x)$ 在点 x_0 处连续，$y=f(u)$ 在点 $u_0=\varphi(x_0)$ 处连续，那么复合函数 $y=f(\varphi(x))$ 在点 x_0 处连续.

定理告诉我们，连续函数经过复合运算(只要有意义)仍是连续函数. 这为我们求复合函数的极限提供了一个方法. 例如，$y=\sin u$，$u=x^2$ 都是连续函数，所以它们复合而成的函数 $y=\sin x^2$ 也是连续函数，从而

$$\lim_{x\to\sqrt{\frac{\pi}{2}}}\sin x^2=\sin\left(\sqrt{\frac{\pi}{2}}\right)^2=\sin\frac{\pi}{2}=1.$$

综上所述，可以得到关于初等函数连续性的重要定理.

定理 1.12 初等函数在其定义区间内连续.

注 这里所说的定义区间是指包含在定义域内的区间.

定理的结论非常重要，这是因为微积分的研究对象主要是连续或分段连续的函数. 而一般应用中所遇到的函数基本上是初等函数，其连续性的条件总是满足的，从而使微积分具有广阔的应用前景. 此外，它还提供了一种求极限的方法，今后在求初等函数定义区间内各点的极限时，只要计算它在该点处的函数值即可.

例 1.34 求 $\lim\limits_{x\to1}\dfrac{x^2+\ln(2-x)}{4\arctan x}$.

解 由于 $f(x)=\dfrac{x^2+\ln(2-x)}{4\arctan x}$ 是初等函数，它在点 $x=1$ 处有定义，从而在该点连续，故

$$\lim_{x\to1}\frac{x^2+\ln(2-x)}{4\arctan x}=f(1)=\frac{1^2+\ln(2-1)}{4\arctan 1}=\frac{1}{\pi}.$$

例 1.35 求 $\lim\limits_{x\to0}\dfrac{\sqrt{x+1}-1}{x}$.

解 函数 $f(x)=\dfrac{\sqrt{x+1}-1}{x}$ 是初等函数，但它在 $x=0$ 处无定义，因而在该点不连续，先将分子有理化，有

$$\lim_{x\to0}\frac{\sqrt{x+1}-1}{x}=\lim_{x\to0}\frac{x}{x(\sqrt{x+1}+1)}=\lim_{x\to0}\frac{1}{\sqrt{x+1}+1}$$
$$=\frac{1}{\sqrt{0+1}+1}=\frac{1}{2}.$$

1.7.4 闭区间上连续函数的性质

闭区间上的连续函数具有一些重要的性质，这些性质有助于我们进一步

分析函数. 下面介绍几个闭区间上连续函数的基本性质，但略去其严格证明，只借助几何直观来理解.

定理 1.13（**最值定理**） 在闭区间上连续的函数一定有最大值和最小值.

定理表明：若函数 $f(x)$ 在闭区间$[a,b]$上连续，则至少存在一点 $\xi_1 \in [a,b]$，使 $f(\xi_1)$ 是 $f(x)$ 在闭区间$[a,b]$上的最大值，即对任一 $x \in [a,b]$，有

$$f(x) \leqslant f(\xi_1);$$

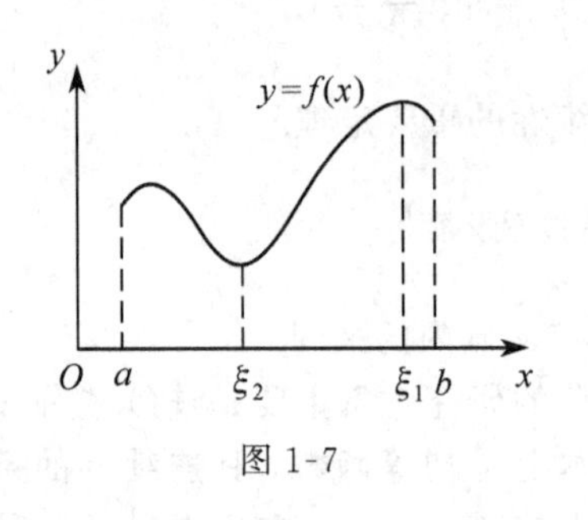

图 1-7

又至少存在一点 $\xi_2 \in [a,b]$，使 $f(\xi_2)$ 是 $f(x)$ 在闭区间$[a,b]$上的最小值，即对任一 $x \in [a,b]$，有

$$f(x) \geqslant f(\xi_2)$$

（见图 1-7）.

如果函数在开区间连续或闭区间上有间断点，那么函数在该区间上不一定有最大值和最小值. 例如，函数 $y=x^2$ 在$(-2,2)$内连续，有最小值但无最大值（见图 1-8）；又如函数 $y=\frac{1}{|x|}$ 在闭区间$[-1,1]$上有间断点 $x=0$，它在该区间内也不存在最大值（见图 1-9）.

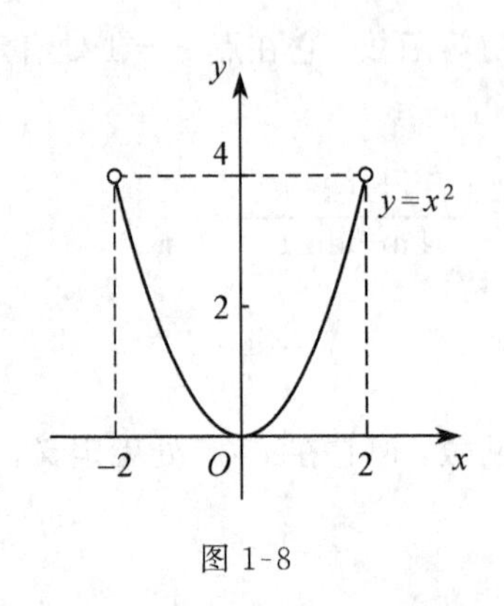

图 1-8

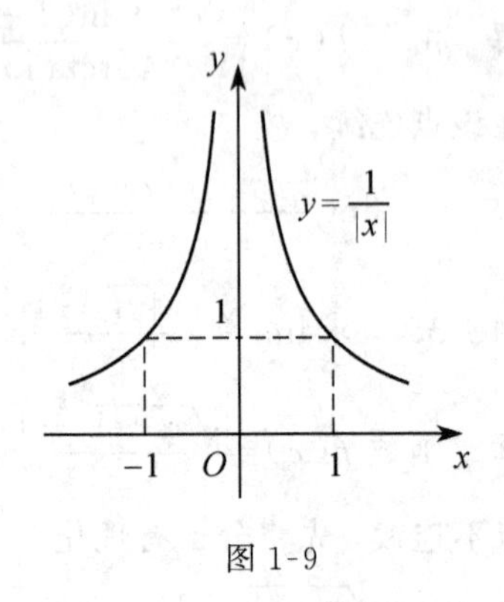

图 1-9

注 这两个条件只是最值的充分而非必要条件.

推论 闭区间上连续的函数一定在该区间上有界.

定理 1.14（**介值定理**） 若函数 $f(x)$ 在闭区间上连续，且 $f(a) \neq f(b)$，则对于介于 $f(a)$ 与 $f(b)$ 之间的任何一个数 μ，至少存在一点 $c \in (a,b)$，使得 $f(c)=\mu$.

定理表明：连续曲线弧 $y=f(x)$ 与水平直线 $y=\mu$ 至少相交于一点(见图1-10).

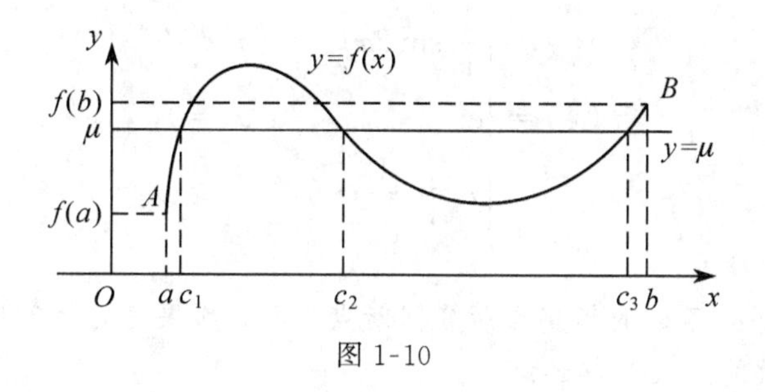

图 1-10

推论　在闭区间上连续的函数必取得介于最小值 m 和最大值 M 之间的任何值.

定理 1.15 (零点定理)　若函数 $f(x)$ 在闭区间 $[a,b]$ 上连续，且 $f(a)\cdot f(b)<0$，则至少存在一点 $c\in(a,b)$，使 $f(c)=0$.

例 1.36　证明：方程 $x^5-3x=1$ 在(1,2)内至少有一个实根.

证　设 $f(x)=x^5-3x-1$，则 $f(x)$ 在[1,2]上连续，且

$$f(1)=-3<0,\quad f(2)=25>0.$$

由零点定理知，至少存在一点 $c\in(1,2)$，使 $f(c)=0$，即方程 $x^5-3x=1$ 在(1,2)内至少有一个实根.

注　零点定理虽然说明了函数零点的存在性，但没有给出寻求零点的方法.尽管如此，它仍然有重要的理论价值.在许多实际问题中，常常会遇到方程求根的问题，如果能预先判定方程在某区间中必有根，就可以用这个定理通过计算机程序算出根的近似值.

习　题　1.7

1. 讨论函数 $f(x)=\begin{cases}3x-2, & x\geqslant 0,\\ \dfrac{\sin x}{x}, & x<0\end{cases}$ 在 $x=0$ 处的连续性.

2. 讨论函数 $f(x)=\begin{cases}x-1, & x<0,\\ 1, & x=0,\\ 3x-1, & x>0\end{cases}$ 在 $x=0$ 处的连续性.

3. 设 $f(x)=\begin{cases}e^x, & x<0,\\ a+x, & x\geqslant 0.\end{cases}$ a 取何值可以使 $f(x)$ 成为 $(-\infty,+\infty)$ 内

的连续函数？

4. 确定 a,b 的值，使函数

$$f(x)=\begin{cases}\dfrac{1}{x}\sin 2x, & x<0,\\ a, & x=0,\\ x\sin\dfrac{1}{x}+b, & x>0\end{cases}$$

在 $x=0$ 处连续.

5. 判断下列函数的指定点所属间断点类型，如果是可去间断点，则请补充或改变函数的定义使其连续：

1) $y=\dfrac{x^2-1}{x^2-3x+2}$, $x=1$, $x=2$;

2) $y=\dfrac{1}{x}\ln(1-x)$, $x=0$;

3) $y=\cos^2\dfrac{1}{x}$, $x=0$;

4) $y=\arctan\dfrac{1}{x-1}$, $x=1$.

6. 求极限：

1) $\lim\limits_{x\to\frac{\pi}{9}}\ln(2\cos 3x)$;　　2) $\lim\limits_{x\to\frac{\pi}{4}}(\sin 2x)^3$.

7. 证明：方程 $e^x-x=2$ 在 $(0,2)$ 内至少有一个实根.

8. 证明：方程 $x\cdot 2^x=1$ 至少有一个小于 1 的正根.

9. 若 $f(x)$ 在 $[a,b]$ 上连续，$\{x_k\}$ $(1\leqslant k\leqslant n)$ 是 $[a,b]$ 中任意 n 个点，求证：在 (a,b) 内必有 ξ，使

$$f(\xi)=\frac{1}{n}(f(x_1)+f(x_2)+\cdots+f(x_n)).$$

总 习 题 一

1. 填空题

1) 设 $f(x)=\dfrac{1-x}{1+x}$，则 $f\left(\dfrac{1}{x}\right)=$ ________.

2) $f(x)=\dfrac{1-\sqrt{1-2x}}{1+\sqrt{1-2x}}$ 的反函数是 ________.

3) 设 $f(x)=\begin{cases}x^2-x-1, & x\leqslant 1,\\ 2x-x^2, & x>1.\end{cases}$ 若 $a>0$，则 $f(1+a)-f(1-a)$

$=$__________.

4） 已知 $f(x)=\begin{cases} e^x(\sin x+\cos x), & x>0, \\ 2x+a, & x\leqslant 0 \end{cases}$ 是$(-\infty,+\infty)$上的连续函数，则 $a=$__________.

5） 已知 $\lim\limits_{n\to\infty}\dfrac{n^{2010}}{n^k-(n-1)^k}=A$ $(A\neq 0, A\neq\infty)$，则 $A=$__________，$k=$__________.

6） $f(x)=\dfrac{x^2-x}{|x|(x^2-1)}$ 的间断点是__________，其中可去间断点是__________，跳跃间断点是__________.

7） $\lim\limits_{x\to\infty}\dfrac{\sin x}{x}=$__________，$\lim\limits_{x\to 0}\dfrac{\sin x}{x}=$__________，$\lim\limits_{x\to\infty}x\sin\dfrac{1}{x}=$__________.

2. 选择题

1） 函数 $f(x)=\dfrac{1}{x}$ 在（　　）内有界.

A. $(-\infty,0)$　　B. $(0,+\infty)$　　C. $(0,2)$　　D. $(2,+\infty)$

2） 若 $\lim\limits_{x\to x_0}f(x)=\infty$，$\lim\limits_{x\to x_0}g(x)=\infty$，则必有（　　）.

A. $\lim\limits_{x\to x_0}(f(x)+g(x))=\infty$　　B. $\lim\limits_{x\to x_0}(f(x)-g(x))=\infty$

C. $\lim\limits_{x\to x_0}kf(x)=\infty$（$k$ 为非零常数）　D. $\lim\limits_{x\to x_0}\dfrac{1}{f(x)+g(x)}=0$

3） $f(x)$ 在点 $x=x_0$ 处有定义是 $f(x)$ 在 $x=x_0$ 处连续的（　　）.

A. 必要而非充分条件　　B. 充分而非必要条件

C. 充分必要条件　　D. 无关的条件

4） 当 $x\to 0$ 时，$(1-\cos x)^2$ 是 $\sin^2 x$ 的（　　）.

A. 高阶无穷小　　B. 低阶无穷小

C. 同阶无穷小，但不等价　　D. 等价无穷小

5） 当 $x\to 0$ 时，$(1-\cos x)\ln(1+x^2)$ 是比 $x\sin x^n$ 高阶的无穷小，而 $x\sin x^n$ 是比 $e^{x^2}-1$ 高阶的无穷小，则 $n=$（　　）.

A. 4　　B. 3　　C. 2　　D. 1

6） 当 $x\to 1$ 时，函数 $\dfrac{x^2-1}{x-1}\dfrac{1}{e^{x-1}}$ 的极限为（　　）.

A. 2　　B. 0

C. ∞　　D. 不存在也不能记为∞

3. 求下列极限：

1) $\lim\limits_{x\to1}\left(\dfrac{1}{1-x}-\dfrac{1}{1-x^3}\right)$； 2) $\lim\limits_{x\to0}\dfrac{\sqrt{1+x\sin x}-1}{e^{x^2}-1}$；

3) $\lim\limits_{x\to4}\dfrac{\sqrt{2x+1}-3}{\sqrt{x-2}-\sqrt{2}}$； 4) $\lim\limits_{x\to0}\dfrac{\ln(1+x)+\ln(1-x)}{e^{x^2}-1}$；

5) $\lim\limits_{x\to\infty}x\ln\dfrac{1+x}{x}$； 6) $\lim\limits_{x\to0}\dfrac{x^2\sin\dfrac{1}{x}}{\sin 2x}$；

7) $\lim\limits_{n\to\infty}\dfrac{1^2+2^2+\cdots+n^2}{n^3}$； 8) $\lim\limits_{n\to\infty}\cos\dfrac{x}{2}\cos\dfrac{x}{2^2}\cdots\cos\dfrac{x}{2^n}\ (x\neq0)$.

4. 设

$$f(x)=\begin{cases}\dfrac{\sin ax}{\sqrt{1-\cos x}}, & -\pi<x<0,\\ b, & x=0,\\ \dfrac{1}{x}(\ln x-\ln(x^2+x)), & x>0\end{cases}$$

连续，求 a,b.

5. 设

$$f(x)=\begin{cases}\dfrac{1}{1+e^{\frac{1}{x}}}, & x\neq0,\\ 0, & x=0.\end{cases}$$

讨论 $f(x)$ 在点 $x=0$ 处的左连续性与右连续性.

6. 设 $f(x),g(x)$ 在$[a,b]$上均连续，且 $f(a)<g(a)$，$f(b)>g(b)$. 证明：方程 $f(x)=g(x)$ 在(a,b)内必有实根.

7. 证明：方程 $x=a\sin x+b\ (a>0,b>0)$ 至少有一个不超过 $a+b$ 的正根.

第二章

导数与微分

数学中研究导数、微分及其应用的部分称为**微分学**，研究不定积分、定积分及其应用的部分称为**积分学**. 微分学与积分学统称为**微积分学**. 微积分学是高等数学最基本、最重要的组成部分，是现代数学许多分支的基础，本章及下一章将介绍一元函数微分学.

2.1 导数的概念

2.1.1 导数的概念

导数的思想最初是法国数学家费马为解决极大、极小问题而引入的，但导数作为微分学中最主要的概念，却是英国数学家牛顿和德国数学家莱布尼茨分别在研究力学与几何学过程中建立的.

下面我们以速度问题为背景引入导数概念.

已知自由落体的运动方程为

$$s=\frac{1}{2}gt^2, \quad t\in[0,T].$$

试讨论落体在时刻 $t_0(0<t_0<T)$ 的速度.

取一邻近于 t_0 的时刻 t（见图 2-1），这时落体在 t_0 到 t 这一段时间内的平均速度

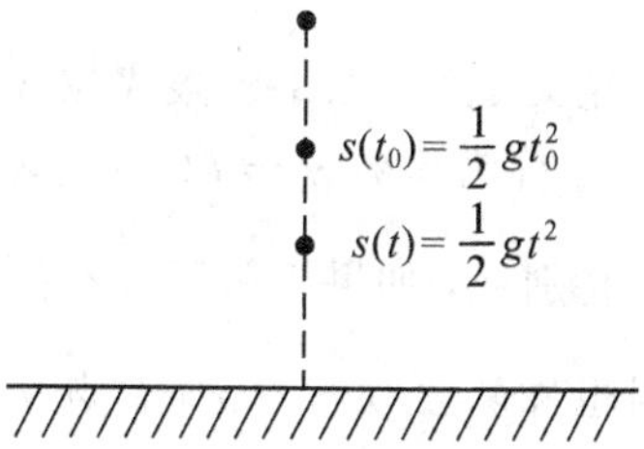

图 2-1

$$\bar{v}=\frac{s(t)-s(t_0)}{t-t_0}=\frac{\frac{1}{2}gt^2-\frac{1}{2}gt_0^2}{t-t_0}=\frac{1}{2}g(t+t_0). \tag{2.1}$$

它近似地反映了落体在时刻 t_0 的快慢程度. 而且当 t 越接近 t_0 时，它反映得

也越准确. 若令 $t \to t_0$，则(2.1)的极限 gt_0 就刻画了落体在 t_0 时刻的速度(或瞬时速度)，即

$$v=\lim_{t\to t_0}\frac{s(t)-s(t_0)}{t-t_0}=\lim_{t\to t_0}\frac{1}{2}g(t+t_0)=gt_0. \tag{2.2}$$

事实上，在计算诸如曲线的切线斜率、产品的边际成本、电流强度等问题中，尽管它们的具体背景各不相同，但最终都归结为讨论形如(2.2)的极限. 也正是由于这类问题的研究促使导数概念的诞生.

定义 2.1 设函数 $y=f(x)$ 在点 x_0 的某邻域 $U(x_0)$ 内有定义，当自变量 x 在点 x_0 处取得增量 Δx ($x_0+\Delta x\in U(x_0)$) 时，相应地，函数 y 取得增量

$$\Delta y=f(x_0+\Delta x)-f(x_0).$$

如果当 $\Delta x\to 0$ 时，极限

$$\lim_{\Delta x\to 0}\frac{\Delta y}{\Delta x}=\lim_{\Delta x\to 0}\frac{f(x_0+\Delta x)-f(x_0)}{\Delta x} \tag{2.3}$$

存在，则称此极限值为函数 $y=f(x)$ 在点 x_0 处的**导数**(或**微商**)，并称函数 $y=f(x)$ 在点 x_0 处**可导**，记为

$$f'(x_0),\ y'\Big|_{x=x_0},\ \frac{\mathrm{d}y}{\mathrm{d}x}\Big|_{x=x_0}\ \text{或}\ \frac{\mathrm{d}f(x)}{\mathrm{d}x}\Big|_{x=x_0}.$$

函数 $f(x)$ 在点 x_0 处可导有时也称为函数 $f(x)$ 在点 x_0 处**具有导数**或**导数存在**.

导数的定义还可以采用不同的表达式. 例如，在(2.3)中，令 $h=\Delta x$，则

$$f'(x_0)=\lim_{h\to 0}\frac{f(x_0+h)-f(x_0)}{h}. \tag{2.4}$$

又如，若记 $x=x_0+\Delta x$，则 $\Delta x\to 0$ 等价于 $x\to x_0$，即

$$f'(x_0)=\lim_{x\to x_0}\frac{f(x)-f(x_0)}{x-x_0}. \tag{2.5}$$

定义 2.2 如果极限式(2.3)不存在，则称函数 $y=f(x)$ 在点 x_0 处**不可导**，x_0 称为函数 $y=f(x)$ 的**不可导点**.

特别地，如果极限不存在的原因是当 $\Delta x\to 0$ 时，$\frac{\Delta y}{\Delta x}\to\infty$，为方便起见，有时也称函数 $y=f(x)$ 在点 x_0 处的**导数为无穷大**，并记为 $f'(x_0)=\infty$.

例 2.1 求函数 $f(x)=x^3$ 在 $x=1$ 处的导数.

解 由于

$$\begin{aligned}\lim_{\Delta x\to 0}\frac{f(1+\Delta x)-f(1)}{\Delta x}&=\lim_{\Delta x\to 0}\frac{(1+\Delta x)^3-1}{\Delta x}\\&=\lim_{\Delta x\to 0}\frac{1+3\Delta x+3(\Delta x)^2+(\Delta x)^3-1}{\Delta x}\end{aligned}$$

$$= \lim_{\Delta x \to 0} [3 + 3\Delta x + (\Delta x)^2] = 3,$$

所以 $f'(1) = 3$.

例 2.2　证明：函数

$$f(x) = \begin{cases} x \sin \dfrac{1}{x}, & x \neq 0, \\ 0, & x = 0 \end{cases}$$

在 $x = 0$ 处不可导.

解　由于

$$\frac{f(0 + \Delta x) - f(0)}{\Delta x} = \sin \frac{1}{\Delta x},$$

当 $\Delta x \to 0$ 时，上式极限不存在，所以 $f(x)$ 在 $x = 0$ 处不可导.

在求函数 $y = f(x)$ 在点 x_0 处的导数时，$x \to x_0$ 的方式是任意的. 如果 x 仅从 x_0 的左侧趋于 x_0（即 $x \to x_0^-$ 或 $\Delta x \to 0^-$）时，极限

$$\lim_{\Delta x \to 0^-} \frac{\Delta y}{\Delta x} = \lim_{\Delta x \to 0^-} \frac{f(x_0 + \Delta x) - f(x_0)}{\Delta x}$$

存在，则称该极限值为函数 $y = f(x)$ 在点 x_0 处的**左导数**，记为 $f'_-(x_0)$，即

$$f'_-(x_0) = \lim_{\Delta x \to 0^-} \frac{\Delta y}{\Delta x} = \lim_{\Delta x \to 0^-} \frac{f(x_0 + \Delta x) - f(x_0)}{\Delta x}$$

$$= \lim_{x \to x_0^-} \frac{f(x) - f(x_0)}{x - x_0}.$$

类似地，可以定义函数 $y = f(x)$ 在点 x_0 的**右导数**：

$$f'_+(x_0) = \lim_{\Delta x \to 0^+} \frac{\Delta y}{\Delta x} = \lim_{\Delta x \to 0^+} \frac{f(x_0 + \Delta x) - f(x_0)}{\Delta x}$$

$$= \lim_{x \to x_0^+} \frac{f(x) - f(x_0)}{x - x_0}.$$

左导数和右导数统称为**单侧导数**. 与极限情形一样，导数与单侧导数有如下关系：

定理 2.1　若函数 $y = f(x)$ 在点 x_0 的某邻域内有定义，则 $f'(x_0)$ 存在的充分必要条件 $f'_+(x_0)$ 与 $f'_-(x_0)$ 都存在且相等.

这个定理常常用于判定分段函数在分段点处是否可导.

例 2.3　求函数 $f(x) = \begin{cases} \sin x, & x < 0, \\ x, & x \geqslant 0 \end{cases}$ 在 $x = 0$ 处的导数.

解　当 $\Delta x < 0$ 时，$\Delta y = f(0 + \Delta x) - f(0) = \sin \Delta x - 0 = \sin \Delta x$，故

$$f'_{-}(0)=\lim_{\Delta x\to 0^-}\frac{\Delta y}{\Delta x}=\lim_{\Delta x\to 0^-}\frac{\sin\Delta x}{\Delta x}=1.$$

当 $\Delta x>0$ 时，$\Delta y=f(0+\Delta x)-f(0)=\Delta x-0=\Delta x$，故

$$f'_{+}(0)=\lim_{\Delta x\to 0^+}\frac{\Delta y}{\Delta x}=\lim_{\Delta x\to 0^+}\frac{\Delta x}{\Delta x}=1.$$

由于 $f'_{-}(0)=f'_{+}(0)=1$，所以 $f'(0)=1$.

2.1.2 导数的几何意义

如果函数 $y=f(x)$ 在点 x_0 处可导，则 $f'(x_0)$ 在几何上就是曲线 $y=f(x)$ 在点 $M(x_0,y_0)$ 处的切线的斜率，即

$$f'(x_0)=\tan\alpha,$$

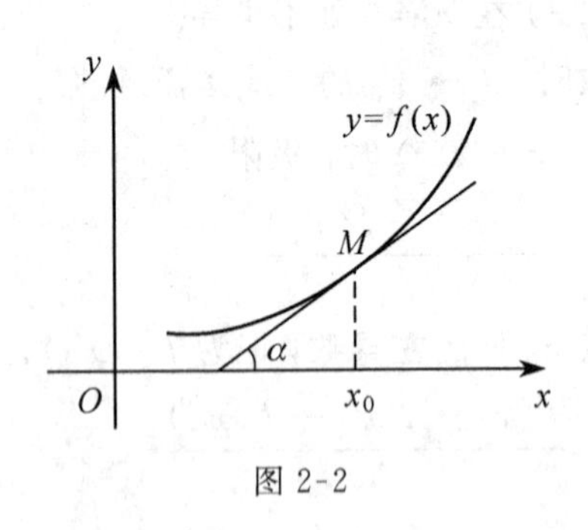

图 2-2

其中 α 是曲线 $y=f(x)$ 在点 M 处的切线的倾角(见图 2-2). 于是，由直线的点斜式方程知，曲线 $y=f(x)$ 在点 $M(x_0,y_0)$ 处的切线方程为

$$y-y_0=f'(x_0)(x-x_0).$$

法线方程为

$$y-y_0=-\frac{1}{f'(x_0)}(x-x_0).$$

如果 $f'(x_0)=0$，则切线方程为 $y=y_0$，即切线平行于 x 轴.

如果 $f'(x_0)=\infty$，则切线方程为 $x=x_0$，即切线垂直于 x 轴.

例 2.4 求曲线 $y=x^{\frac{3}{2}}$ 在点(1,1)处的切线方程和法线方程.

解 因为 $y'=\frac{3}{2}x^{\frac{1}{2}}$，$y'\big|_{x=1}=\frac{3}{2}$，所以所求切线方程为

$$y-1=\frac{3}{2}(x-1),$$

即 $3x-2y-1=0$. 所求法线方程为

$$y-1=-\frac{2}{3}(x-1),$$

即 $2x+3y-5=0$.

例 2.5 问曲线 $y=\ln x$ 上哪一点的切线平行于直线 $y=2x+1$?

解 因为$(\ln x)'=\frac{1}{x}$，令$\frac{1}{x}=2$得 $x=\frac{1}{2}$，再将 $x=\frac{1}{2}$ 代入 $y=\ln x$ 得 $y=-\ln 2$，即曲线 $y=\ln x$ 在点$\left(\frac{1}{2},-\ln 2\right)$处的切线平行于直线 $y=2x+1$.

2.1.3　可导与连续的关系

函数 $y=f(x)$ 在点 x_0 处可导是指 $\lim\limits_{\Delta x\to 0}\dfrac{\Delta y}{\Delta x}$ 存在，而连续是指 $\lim\limits_{\Delta x\to 0}\Delta y=0$，那么这两种极限有什么关系呢？下面的定理回答了这个问题.

定理 2.2　如果函数 $y=f(x)$ 在点 x_0 处可导，则它在点 x_0 处连续.

证　因为 $y=f(x)$ 在点 x_0 处可导，故有

$$\lim_{\Delta x\to 0}\frac{\Delta y}{\Delta x}=f'(x_0).$$

于是

$$\lim_{\Delta x\to 0}\Delta y=\lim_{\Delta x\to 0}\frac{\Delta y}{\Delta x}\cdot\Delta x=\lim_{\Delta x\to 0}\frac{\Delta y}{\Delta x}\cdot\lim_{\Delta x\to 0}\Delta x=f'(x_0)\cdot 0=0.$$

所以，$f(x)$ 在点 x_0 处连续. □

然而，该定理的逆命题不成立，即函数在点 x_0 处连续，但在该点处不一定可导.

例 2.6　讨论函数

$$f(x)=\begin{cases}x\sin\dfrac{1}{x}, & x\neq 0,\\ 0, & x=0\end{cases}$$

在 $x=0$ 处的连续性和可导性.

解　$\Delta y=f(0+\Delta x)-f(0)=f(\Delta x)-f(0)=\Delta x\sin\dfrac{1}{\Delta x}$，于是

$$\lim_{\Delta x\to 0}\Delta y=\lim_{\Delta x\to 0}\Delta x\sin\frac{1}{\Delta x}=0,$$

所以，$f(x)$ 在点 $x=0$ 处连续. 而由例 2.2 知 $f(x)$ 在点 $x=0$ 处不可导.

2.1.4　导函数

定义 2.3　若函数 $y=f(x)$ 在区间 I 上每一点都可导(对于区间端点，则只要求它存在左(或右)导数)，则称 $f(x)$ **在区间 I 上可导**. 这时，对于每一个 $x\in I$，都有一个导数 $f'(x)$ (在区间端点处，则是单侧导数) 与之对应. 这样就确定了一个定义在 I 上的函数，称为 $f(x)$ 在 I 上的**导函数**，也简称**导数**. 记为 y'，$f'(x)$，$\dfrac{dy}{dx}$ 或 $\dfrac{d}{dx}f(x)$.

把(2.3) 或(2.4) 中的 x_0 换成 x，即得导数的定义式

$$f'(x)=\lim_{\Delta x\to 0}\frac{f(x+\Delta x)-f(x)}{\Delta x},$$

或

$$\frac{\mathrm{d}y}{\mathrm{d}x}=\lim_{h\to 0}\frac{f(x+h)-f(x)}{h}.$$

注 1) 在上面两式中，虽然 x 可以取区间 I 内的任何值，但在取极限的过程中，x 是常量，Δx（或 h）是变量.

2) $\frac{\mathrm{d}y}{\mathrm{d}x}$ 是一个整体，“$\frac{\mathrm{d}}{\mathrm{d}x}$”表示对 x 求导，$\frac{\mathrm{d}y}{\mathrm{d}x}$ 表示 y 作为 x 的函数对 x 求导.

3) $f(x)$ 在点 x_0 处的导数 $f'(x_0)$ 就是导函数 $f'(x)$ 在点 x_0 处的函数值，即

$$f'(x_0)=f'(x)\Big|_{x=x_0}.$$

一般地，我们常将函数在一点处的导数值和函数在某个区间内的导函数均称为导数，在后面提到的导数中，可以根据问题的实际意义区分具体是导数值还是导函数.

下面我们根据导数的定义来计算部分基本初等函数的导数.

例 2.7 求函数 $y=C$（C 为常数）的导数.

解 由于

$$f'(x)=\lim_{\Delta x\to 0}\frac{f(x+\Delta x)-f(x)}{\Delta x}=\lim_{\Delta x\to 0}\frac{C-C}{\Delta x}=0,$$

故 $(C)'=0$.

例 2.8 求函数 $y=x^n$（n 为正整数）的导数.

解 由于

$$\begin{aligned}\frac{\mathrm{d}y}{\mathrm{d}x}&=\lim_{h\to 0}\frac{(x+h)^n-x^n}{h}\\&=\lim_{h\to 0}\left[nx^{n-1}+\frac{n(n-1)}{2}x^{n-2}h+\cdots+h^{n-1}\right]\\&=nx^{n-1},\end{aligned}$$

故 $(x^n)'=nx^{n-1}$.

更一般地，$(x^\mu)'=\mu x^{\mu-1}$（$\mu\in\mathbf{R}$）.

例如，

$$(\sqrt{x})'=(x^{\frac{1}{2}})'=\frac{1}{2}x^{\frac{1}{2}-1}=\frac{1}{2\sqrt{x}},$$

$$\left(\frac{1}{x}\right)'=(x^{-1})'=-x^{-2}=-\frac{1}{x^2}.$$

例 2.9　求函数 $y=\sin x$ 的导数.

解　由于

$$\frac{dy}{dx}=\lim_{\Delta x\to 0}\frac{\sin(x+\Delta x)-\sin x}{\Delta x}$$

$$=\lim_{\Delta x\to 0}\frac{2\cos\dfrac{(x+\Delta x)+x}{2}\sin\dfrac{(x+\Delta x)-x}{2}}{\Delta x}$$

$$=\lim_{\Delta x\to 0}\cos\left(x+\frac{\Delta x}{2}\right)\frac{\sin\dfrac{\Delta x}{2}}{\dfrac{\Delta x}{2}}=\cos x,$$

故 $(\sin x)'=\cos x$.

同理可得 $(\cos x)'=-\sin x$.

例 2.10　求函数 $y=\log_a x\ (a>0,\ a\neq 1)$ 的导数.

解　由于

$$y'=\lim_{\Delta x\to 0}\frac{\log_a(x+\Delta x)-\log_a x}{\Delta x}=\lim_{\Delta x\to 0}\log_a\left(1+\frac{\Delta x}{x}\right)^{\frac{1}{\Delta x}}$$

$$=\log_a\left(\lim_{\Delta x\to 0}\left(1+\frac{\Delta x}{x}\right)^{\frac{x}{\Delta x}\cdot\frac{1}{x}}\right)=\log_a e^{\frac{1}{x}}$$

$$=\frac{1}{x\ln a},$$

故 $(\log_a x)'=\dfrac{1}{x\ln a}$.

特别地，$(\ln x)'=\dfrac{1}{x}$.

习　题　2.1

1. 用定义求下列函数在指定点的导数：

1）$y=10x^2$，$x=-1$；　　2）$y=\ln x$，$x=e$；

3）$y=x^2+3x+2$，$x=x_0$；　　4）$y=\sin(3x+1)$，$x=x_0$.

2. 若 $f'(x_0)$ 存在且不为零，求下列极限：

1）$\displaystyle\lim_{\Delta x\to 0}\frac{f(x_0+\Delta x)-f(x_0-\Delta x)}{\Delta x}$；

2）$\displaystyle\lim_{\Delta x\to 0}\frac{f(x_0-\Delta x)-f(x_0)}{\Delta x}$；

3）$\displaystyle\lim_{h\to 0}\frac{h}{f(x_0+2h)-f(x_0-h)}$.

3. 求曲线 $y=e^x$ 在点(0,1)处的切线方程和法线方程.

4. 设曲线 $y=ax^2$ 在 $x=1$ 处有切线 $y=3x+b$，求 a 与 b 的值.

5. 设 $f(x)=\begin{cases}x^2, & x \geqslant 0, \\ -x, & x<0,\end{cases}$ 求 $f'_+(0), f'_-(0)$，又 $f'(0)$ 是否存在？

6. 函数 $f(x)=\begin{cases}x, & x<0, \\ \ln(1+x), & x \geqslant 0\end{cases}$ 在 $x=0$ 处是否可导？

7. 判断下列函数在点 $x=0$ 处的连续性与可导性：

1) $f(x)=|\sin x|$；

2) $f(x)=\begin{cases}\ln(1+x), & -1<x \leqslant 0, \\ \sqrt{1+x}-\sqrt{1-x}, & 0<x<1.\end{cases}$

8. 若 $f(x)$ 为偶函数，且 $f'(0)$ 存在，求证：$f'(0)=0$.

2.2 函数的求导法则

上一节我们由定义出发求出了一些简单函数的导数，对于一般函数的导数，当然也可以按定义来求，但极为繁琐. 本节将引入一些求导法则，利用这些法则，能较简单地求出初等函数的导数.

2.2.1 函数的和、差、积、商的求导法则

定理 2.3 设函数 $u(x)$ 和 $v(x)$ 在点 x 处都可导，则它们的和、差、积、商(分母不为零)在点 x 处也可导，且

1) $(u(x) \pm v(x))'=u'(x) \pm v'(x)$；

2) $(u(x)v(x))'=u'(x)v(x)+u(x)v'(x)$；

3) $\left(\dfrac{v(x)}{u(x)}\right)'=\dfrac{v'(x)u(x)-v(x)u'(x)}{u^2(x)} \quad (u(x) \neq 0)$.

证 下面只给出乘法法则的证明，其他的读者可以自己验证.

$$
\begin{aligned}
&(u(x)v(x))' \\
&=\lim_{\Delta x \to 0} \frac{u(x+\Delta x)v(x+\Delta x)-u(x)v(x)}{\Delta x} \\
&=\lim_{\Delta x \to 0}\left(\frac{u(x+\Delta x)-u(x)}{\Delta x} v(x+\Delta x)+u(x) \frac{v(x+\Delta x)-v(x)}{\Delta x}\right)
\end{aligned}
$$

$$=\lim_{\Delta x\to 0}\frac{u(x+\Delta x)-u(x)}{\Delta x}\cdot\lim_{\Delta x\to 0}v(x+\Delta x)$$
$$+u(x)\lim_{\Delta x\to 0}\frac{v(x+\Delta x)-v(x)}{\Delta x}$$
$$=u'(x)v(x)+u(x)v'(x),$$

其中 $\lim\limits_{\Delta x\to 0}v(x+\Delta x)=v(x)$ 是由于 $v'(x)$ 存在，故 $v(x)$ 在点 x 处连续. □

定理 2.3 中的 1),2) 都可以推广到有限多个函数运算的情形. 例如，设 $u=u(x)$，$v=v(x)$，$w=w(x)$ 都在点 x 处可导，则有

$$(u-v+w)'=u'-v'+w',$$
$$(uvw)'=u'vw+uv'w+uvw'.$$

推论 1　若 $v(x)=c$（常数），则 $(cu)'=cu'$.

推论 2　若 $v(x)=1$，则 $\left(\dfrac{1}{u(x)}\right)'=-\dfrac{u'(x)}{u^2(x)}$.

例 2.11　设 $y=3x^4-5x^2+e^x+8$，求 y'.

解　$y'=(3x^4-5x^2+e^x+8)'=(3x^4)'-(5x^2)'+(e^x)'+8'$
$=12x^3-10x+e^x$.

例 2.12　设 $y=t^2\ln t$，求 $\dfrac{dy}{dt}$.

解　$\dfrac{dy}{dt}=(t^2)'\ln t+t^2(\ln t)'=2t\ln t+t^2\cdot\dfrac{1}{t}=2t\ln t+t$.

例 2.13　设 $y=\tan x$，求 y'.

解　$y'=(\tan x)'=\left(\dfrac{\sin x}{\cos x}\right)'=\dfrac{(\sin x)'\cos x-\sin x(\cos x)'}{\cos^2 x}$
$=\dfrac{\cos^2 x+\sin^2 x}{\cos^2 x}=\dfrac{1}{\cos^2 x}=\sec^2 x$，

即 $(\tan x)'=\sec^2 x$.

类似地，可以证明 $(\cot x)'=-\csc^2 x$.

例 2.14　设 $y=\sec x$，求 y'.

解　$y'=(\sec x)'=\left(\dfrac{1}{\cos x}\right)'=-\dfrac{(\cos x)'}{\cos^2 x}=\dfrac{\sin x}{\cos^2 x}$
$=\sec x\tan x$，

即 $(\sec x)'=\sec x\tan x$.

类似地，可以证明 $(\csc x)'=-\csc x\cot x$.

2.2.2 反函数的求导法则

定理 2.4 设函数 $y=f(x)$ 是函数 $x=\varphi(y)$ 的反函数. 如果函数 $\varphi(y)$ 在某区间 I 严格单调，可导且 $\varphi'(y)\neq 0$，则函数 $f(x)$ 在与 I 对应的区间内也可导，且有

$$f'(x)=\frac{1}{\varphi'(y)} \quad 或 \quad \frac{\mathrm{d}y}{\mathrm{d}x}=\frac{1}{\frac{\mathrm{d}x}{\mathrm{d}y}},$$

即反函数的导数等于直接函数导数的倒数.

注 $f'(x)$ 是对 x 求导，而 $\varphi'(y)$ 是对 y 求导.

例 2.15 求 $y=\arcsin x$ 的导数.

解 因为 $x=\sin y$ 在 $\left(-\frac{\pi}{2},\frac{\pi}{2}\right)$ 内单调增加，可导，且 $\frac{\mathrm{d}x}{\mathrm{d}y}=\cos y>0$，故其反函数 $y=\arcsin x$ 在 $(-1,1)$ 上可导，且

$$(\arcsin x)'=\frac{1}{(\sin y)'}=\frac{1}{\cos y}=\frac{1}{\sqrt{1-\sin^2 y}}=\frac{1}{\sqrt{1-x^2}},$$

即 $(\arcsin x)'=\frac{1}{\sqrt{1-x^2}}$.

同理可证，

$$(\arccos x)'=-\frac{1}{\sqrt{1-x^2}},$$

$$(\arctan x)'=\frac{1}{1+x^2},$$

$$(\operatorname{arccot} x)'=-\frac{1}{1+x^2}.$$

例 2.16 求 $y=a^x$ $(a>0$ 且 $a\neq 1)$ 的导数.

解 因为 $x=\log_a y$ 在 $(0,+\infty)$ 内单调，可导，且 $\frac{\mathrm{d}x}{\mathrm{d}y}=\frac{1}{y\ln a}\neq 0$，故其反函数 $y=a^x$ 在 $(-\infty,+\infty)$ 内可导，且

$$(a^x)'=\frac{1}{(\log_a y)'}=\frac{1}{\frac{1}{y\ln a}}=y\ln a=a^x\ln a,$$

即 $(a^x)'=a^x\ln a$.

特别地，$(\mathrm{e}^x)'=\mathrm{e}^x$.

2.2.3　复合函数的求导法则

定理2.5　设函数 $u=\varphi(x)$ 在点 x 处可导，函数 $y=f(u)$ 在点 $u=\varphi(x)$ 处可导，则复合函数 $y=f(\varphi(x))$ 在点 x 处也可导，且有

$$(f(\varphi(x)))'=f'(u)\cdot\varphi'(x)\quad 或\quad \frac{dy}{dx}=\frac{dy}{du}\cdot\frac{du}{dx}.$$

定理给出的复合函数求导法则通常称为**链式法则**，也就是由外层到内层逐层求导的方法. 也可以推广到有限多个函数复合的情形. 例如，如果 $y=f(u)$，$u=g(v)$，$v=h(x)$ 都可导，则它们的复合函数 $y=f(g(h(x)))$ 也可导，且

$$\frac{dy}{dx}=\frac{dy}{du}\cdot\frac{du}{dv}\cdot\frac{dv}{dx}=f'(u)\cdot g'(v)\cdot h'(x).$$

因此在运用法则时必须明确是哪个变量对哪个变量求导. 特别对于有多个函数复合的情形尤其要注意.

例 2.17　设 $y=\ln\sin x$，求 $\frac{dy}{dx}$.

解　设 $y=\ln u$，$u=\sin x$，则

$$\frac{dy}{dx}=\frac{dy}{du}\cdot\frac{du}{dx}=\frac{1}{u}\cdot\cos x=\frac{1}{\sin x}\cdot\cos x=\cot x.$$

例 2.18　设 $y=(1+2x)^{10}$，求 $\frac{dy}{dx}$.

解　设 $y=u^{10}$，$u=1+2x$，则

$$\frac{dy}{dx}=\frac{dy}{du}\cdot\frac{du}{dx}=10u^9\cdot 2=20(1+2x)^9.$$

熟练以后也可以不用写出中间变量，如上例也可写为：

解　$\frac{dy}{dx}=10(1+2x)^9\cdot(1+2x)'=20(1+2x)^9.$

例 2.19　求函数 $x=e^{\sin t^3}$ 的导数 $\frac{dx}{dt}$.

解　$$\frac{dx}{dt}=e^{\sin t^3}\cdot(\sin t^3)'=e^{\sin t^3}\cdot\cos t^3\cdot(t^3)'$$
$$=e^{\sin t^3}\cdot\cos t^3\cdot 3t^2=3t^2\cos t^3\, e^{\sin t^3}.$$

例 2.20　设 $y=\frac{x}{\sqrt{1+x^2}}$，求 y'.

解　$$y'=\frac{(x)'\sqrt{1+x^2}-x(\sqrt{1+x^2})'}{(\sqrt{1+x^2})^2}$$

$$=\frac{\sqrt{1+x^2}-x\cdot\frac{1}{2}\cdot\frac{2x}{\sqrt{1+x^2}}}{1+x^2}=\frac{1}{(1+x^2)^{\frac{3}{2}}}.$$

为了方便查阅，我们将基本初等函数的导数公式和导数运算法则归纳如下：

基本初等函数导数公式

1）$(C)'=0$（C 为常数）；

2）$(x^{\mu})'=\mu x^{u-1}$ （$\mu\in\mathbf{R}$）；

3）$(a^x)'=a^x\ln a$；$(e^x)'=e^x$；

4）$(\log_a x)'=\dfrac{1}{x\ln a}$；$(\ln x)'=\dfrac{1}{x}$；

5）$(\sin x)'=\cos x$；$(\cos x)'=-\sin x$；

$(\tan x)'=\sec^2 x$；$(\cot x)'=-\csc^2 x$；

$(\sec x)'=\sec x\ \tan x$；$(\csc x)'=-\csc x\ \cot x$；

6）$(\arcsin x)'=\dfrac{1}{\sqrt{1-x^2}}$；$(\arccos x)'=-\dfrac{1}{\sqrt{1-x^2}}$；

$(\arctan x)'=\dfrac{1}{1+x^2}$；$(\text{arccot}\, x)'=-\dfrac{1}{1+x^2}$.

函数的和、差、积、商的求导法则

设 $u=u(x)$，$v=v(x)$ 可导，则

1）$(u\pm v)'=u'\pm v'$；

2）$(uv)'=u'v+uv'$；

3）$\left(\dfrac{v}{u}\right)'=\dfrac{v'u-vu'}{u^2}$ （$u\neq 0$）.

反函数的求导法则

$$\frac{dy}{dx}=\frac{1}{\frac{dx}{dy}}.$$

复合函数的求导法则

设 $y=f(u)$，$u=g(x)$，则$\dfrac{dy}{dx}=\dfrac{dy}{du}\cdot\dfrac{du}{dx}$.

习 题 2.2

1. 求下列函数的导数：

1） $y=5x^3-2^x+3e^x+4$； 2） $y=\dfrac{4}{x^5}+\dfrac{7}{x^4}-\dfrac{2}{x}+12$；

3) $y=(\sqrt{x}+1)\left(\frac{1}{\sqrt{x}}-1\right)$；　　4) $y=(x+1)(x+2)(x+3)$；

5) $y=\frac{\ln x}{x}$；　　6) $y=\frac{x\sin x+\cos x}{x\sin x-\cos x}$.

2. 求曲线 $y=2\sin x+x^2$ 上横坐标为 $x=0$ 的点处的切线和法线方程.

3. 求下列函数的导数：

1) $y=(2x+5)^4$；　　2) $y=\ln(1+x^2)$；

3) $y=\tan x^2$；　　4) $y=\left(\arcsin\frac{x}{2}\right)^2$；

5) $y=\mathrm{e}^{-3x^2}$；　　6) $y=\ln\sqrt{x}+\sqrt{\ln x}$；

7) $y=\mathrm{e}^{\sqrt{1+x^2}}$；　　8) $y=\sin^n x\ \cos nx$；

9) $y=x\sqrt{a^2-x^2}+\frac{x}{\sqrt{a^2-x^2}}$；　　10) $y=\arcsin\sqrt{\frac{1-x}{1+x}}$；

11) $y=x^2\arctan\frac{2x}{1-x^2}$；　　12) $y=10^{x\tan 2x}$.

4. 设 $f(x)$ 为可导函数，求 $\frac{\mathrm{d}y}{\mathrm{d}x}$：

1) $y=f(x^2)$；　　2) $y=f(f(x))$；

3) $y=\arctan f(x)$；　　4) $y=f(\arctan x)$；

5) $y=\sqrt{f(x)+f^2(x)}$；　　6) $y=f(\mathrm{e}^x)\mathrm{e}^{f(x)}$.

5. 设 $f(u)$ 为可导函数，且 $f(x+3)=x^5$，求 $f'(x+3)$ 和 $f'(x)$.

2.3 隐函数及由参数方程所确定函数的导数

2.3.1 隐函数的导数

函数 $y=f(x)$ 表示两个变量 x 与 y 之间的对应关系，这种对应关系可以用各种不同的方式来表达. 直接给出由自变量 x 的取值求因变量的对应值 y 的规律(计算公式)的函数称为**显函数**，如 $y=\sin x$，$y=\ln(x+\sqrt{1+x^2})$. 有些函数的变量 y 与 x 之间的关系是通过一个二元方程 $F(x,y)=0$ 来确定的，这样的函数称为**隐函数**，如 $x+y^3-1=0$，$\mathrm{e}^x-\mathrm{e}^y-xy=0$.

有些隐函数可以化为显函数，如 $x+y^3-1=0$，可化为 $y=\sqrt[3]{1-x}$. 但在一般情况下，隐函数是不容易或无法显化的，如 $\mathrm{e}^x-\mathrm{e}^y-xy=0$ 就无法从

中解出 x 或 y 来. 因而我们希望有一种方法能直接通过方程来确定隐函数的导数，且这个过程与隐函数的显化无关.

假设由方程 $F(x,y)=0$ 所确定的函数为 $y=y(x)$，将它代回方程 $F(x,y)=0$ 中，得恒等式

$$F(x,f(x))=0.$$

利用复合函数求导法则，在上式两边同时对 x 求导，再解出所求导数 $\frac{dy}{dx}$，这就是**隐函数求导法**.

例 2.21 设方程 $e^x - e^y - xy = 0$ 确定了函数 $y=y(x)$，求 $\frac{dy}{dx}$.

解 在方程两边同时对 x 求导，得

$$e^x - e^y \cdot y' - (y + xy') = 0,$$

即 $(e^y + x)y' = e^x - y$，从而

$$\frac{dy}{dx} = y' = \frac{e^x - y}{e^y + x}.$$

从上例可以看出，用隐函数求导法在方程两边同时对自变量 x 求导的过程中，凡遇到含 y 的项，都把 y 当做中间变量看待，即 y 是 x 的函数，然后利用复合函数的求导法则求之.

例 2.22 求曲线 $y^5 + 3x^2y + 5x^4 + x = 1$ 在点 $(0,1)$ 处的切线方程.

解 在曲线方程 $y^5 + 3x^2y + 5x^4 + x = 1$ 两边同时对 x 求导，得

$$5y^4 \cdot y' + 3(2xy + x^2y') + 20x^3 + 1 = 0.$$

由此解得

$$y' = -\frac{1 + 6xy + 20x^3}{5y^4 + 3x^2},$$

从而 $y'\big|_{(0,1)} = -\frac{1}{5}$. 因此，曲线在点 $(0,1)$ 处的切线方程为

$$y - 1 = -\frac{1}{5}(x - 0),$$

即 $x + 5y - 5 = 0$.

下面来看隐函数求导法的一个典型应用 —— 对数求导法. 所谓**对数求导法**是指先在函数两边取对数，然后在等式两边同时对自变量 x 求导，最后解出所求导数. 主要适用于求幂指函数以及多个函数乘积的导数.

例 2.23 设 $y = x^{\sin x}$ $(x > 0)$，求 y'.

解 在等式两边取对数，得

$$\ln y = \sin x \cdot \ln x.$$

上式两边同时对 x 求导，得 $\frac{1}{y}y'=\cos x\cdot\ln x+\sin x\cdot\frac{1}{x}$. 所以

$$y'=y\left(\cos x\cdot\ln x+\frac{\sin x}{x}\right)=x^{\sin x}\left(\cos x\cdot\ln x+\frac{\sin x}{x}\right).$$

例 2.24　设 $y=\frac{(x+1)\cdot\sqrt[3]{x-1}}{(x+4)^2\mathrm{e}^x}\ (x>1)$，求 y'.

解　在等式两边取对数，得

$$\ln y=\ln(x+1)+\frac{1}{3}\ln(x-1)-2\ln(x+4)-x.$$

上式两边同时对 x 求导，得

$$\frac{1}{y}y'=\frac{1}{x+1}+\frac{1}{3(x-1)}-\frac{2}{x+4}-1.$$

所以

$$\begin{aligned}y'&=y\left[\frac{1}{x+1}+\frac{1}{3(x-1)}-\frac{2}{x+4}-1\right]\\&=\frac{(x+1)\cdot\sqrt[3]{x-1}}{(x+4)^2\mathrm{e}^x}\left[\frac{1}{x+1}+\frac{1}{3(x-1)}-\frac{2}{x+4}-1\right].\end{aligned}$$

2.3.2　由参数方程所确定函数的导数

有些函数关系可以由参数方程

$$\begin{cases}x=\varphi(t),\\y=\chi(t)\end{cases}\quad(\alpha\leqslant t\leqslant\beta)\tag{2.6}$$

来确定. 例如，以原点为圆心、以 2 为半径的圆可由参数方程

$$\begin{cases}x=2\cos t,\\y=2\sin t\end{cases}\quad(0\leqslant t\leqslant 2\pi)$$

来表示，其中参数 t 是圆上的点 $M(x,y)$ 与圆点连线 OM 与 x 轴正向的夹角，通过参数 t 确定了变量 x 与 y 之间的函数关系.

对于由参数方程所确定的函数(2.6)的求导问题，一个自然的想法是从方程中消去参数 t，化为直接由 x,y 确定的方程再求导，这就变成我们所熟悉的问题了. 但是一般情况下消去参数 t 是很困难的(或者没有必要)，因此我们希望有一种方法能直接由参数方程(2.6)求出它所确定函数的导数.

假定 $\varphi'(t),\chi'(t)$ 都存在，$\varphi'(t)\neq 0$，并且函数 $x=\varphi(t)$ 存在可导的反函数 $t=\varphi^{-1}(x)$. 则 y 通过 t 成为 x 的复合函数：

$$y=\chi(t)=\chi(\varphi^{-1}(x)).$$

由复合函数求导法则知

$$\frac{dy}{dx}=\frac{dy}{dt}\cdot\frac{dt}{dx}.$$

再由反函数求导法则知

$$\frac{dt}{dx}=\frac{1}{\frac{dx}{dt}}.$$

从而得参数方程所确定函数(2.6)的求导公式

$$\frac{dy}{dx}=\frac{\frac{dy}{dt}}{\frac{dx}{dt}}=\frac{\chi'(t)}{\varphi'(t)}.$$

例 2.25 设$\begin{cases}x=t+\dfrac{1}{t},\\ y=t-\dfrac{1}{t}\end{cases}$ 确定了函数 $y=y(x)$，求$\dfrac{dy}{dx}$.

解 $\dfrac{dy}{dx}=\dfrac{\frac{dy}{dt}}{\frac{dx}{dt}}=\dfrac{1+\frac{1}{t^2}}{1-\frac{1}{t^2}}=\dfrac{t^2+1}{t^2-1}.$

例 2.26 已知椭圆的参数方程为

$$\begin{cases}x=a\cos t,\\ y=b\sin t,\end{cases}\quad 0\leqslant t\leqslant 2\pi,$$

求椭圆在 $t=\dfrac{\pi}{4}$ 处的切线方程.

解 $t=\dfrac{\pi}{4}$ 时，椭圆上的相应点 $M_0(x_0,y_0)$ 的坐标是

$$x_0=a\cos\frac{\pi}{4}=\frac{\sqrt{2}}{2}a,\quad y_0=b\sin\frac{\pi}{4}=\frac{\sqrt{2}}{2}b,$$

而$\dfrac{dy}{dx}=\dfrac{\frac{dy}{dt}}{\frac{dx}{dt}}=\dfrac{b\cos t}{-a\sin t}=-\dfrac{b}{a}\cot t$,

$$\left.\frac{dy}{dx}\right|_{t=\frac{\pi}{4}}=-\frac{b}{a}\cot\frac{\pi}{4}=-\frac{b}{a},$$

从而椭圆在点 M_0 处的切线方程为

$$y-\frac{\sqrt{2}}{2}b=-\frac{b}{a}\left(x-\frac{\sqrt{2}}{2}a\right),$$

即 $bx+ay-\sqrt{2}ab=0$.

习　题　2.3

1. 求下列方程所确定的隐函数的导数$\dfrac{dy}{dx}$：

1）$x^2+xy+y^2=100$；　　2）$y=\cos(x+y)$；

3）$xy=e^{x+y}$；　　4）$x^3+y^3-3a^2xy=0$.

2. 求由方程$\sin(xy)+\ln(y-x)=x$所确定的隐函数$y=y(x)$在$x=0$处的导数$\left.\dfrac{dy}{dx}\right|_{x=0}$.

3. 利用对数求导法则求下列函数的导数：

1）$y=(\sin x)^{\ln x}$；　　2）$y=\sqrt{x\sin x\sqrt{1-e^x}}$；

3）$y=x^{x^x}$；　　4）$y=\dfrac{(x+1)^2\sqrt[3]{3x-2}}{\sqrt[3]{(x-3)^2}}$.

4. 求由下列参数方程所确定的函数导数：

1）$\begin{cases}x=2e^t,\\y=e^{-t};\end{cases}$　　2）$\begin{cases}x=\theta(1-\sin\theta),\\y=\theta\cos\theta;\end{cases}$

3）$\begin{cases}x=\ln(1+t^2),\\y=t-\arctan t;\end{cases}$　　4）$\begin{cases}x=a\cos^3t,\\y=b\sin^3t,\end{cases}$在$t=\dfrac{\pi}{4}$处.

5. 求曲线$\begin{cases}x=t^3+4t,\\y=6t^2\end{cases}$上的切线与直线$\begin{cases}x=-7t,\\y=12t-5\end{cases}$平行的点.

2.4　高阶导数

若函数$y=f(x)$在区间I内可导，则导函数$f'(x)$仍是x的函数. 因此对导函数$f'(x)$仍可研究它的可导性问题. 如果$f'(x)$仍可导，它再对x求导，称为$f(x)$的**二阶导数**，记为$f''(x)$，y''，$\dfrac{d^2y}{dx^2}$或$\dfrac{d^2f(x)}{dx^2}$，即

$$f''(x)=\lim_{\Delta x\to 0}\frac{f'(x+\Delta x)-f'(x)}{\Delta x}.$$

也就是说，二阶导数是通过一阶导数来定义的. 可简记为

$$y''=(y')' \quad 或 \quad \frac{d^2y}{dx^2}=\frac{d}{dx}\left(\frac{dy}{dx}\right).$$

类似地，二阶导数$f''(x)$作为x的函数，再对x求导，即二阶导数的导

数，称为 $f(x)$ 的**三阶导数**，记为 $f'''(x)$，y'''，$\frac{d^3y}{dx^3}$ 或 $\frac{d^3f(x)}{dx^3}$. 如此可以定义 $f(x)$ 对 x 的 4 阶、5 阶导数……$f(x)$ 对 x 的 n **阶导数**记为 $f^{(n)}(x)$，$y^{(n)}$，$\frac{d^ny}{dx^n}$ 或 $\frac{d^nf(x)}{dx^n}$，它表示 $f(x)$ 对 x 的 $n-1$ 阶导数的导数，即

$$y^{(n)}=(y^{(n-1)})' \quad 或 \quad \frac{d^ny}{dx^n}=\frac{d}{dx}\left(\frac{d^{n-1}y}{dx^{n-1}}\right).$$

二阶和二阶以上的导数统称为**高阶导数**. 相应地，$f'(x)$ 也可称为**一阶导数**.

由此可见，求函数的高阶导数，就是对函数逐次求导，直至所要求的阶数为止. 因此，前面讲述的各种求导方法仍可运用.

例 2.27 设 $y=ax+b$，求 y''.

解 $y'=a$，$y''=0$.

例 2.28 设 $y=e^{-x}\cos x$，求 y'' 及 y'''.

解 $y'=-e^{-x}\cos x+e^{-x}(-\sin x)=-e^{-x}(\cos x+\sin x)$，

$y''=e^{-x}(\cos x+\sin x)-e^{-x}(-\sin x+\cos x)=2e^{-x}\sin x$，

$y'''=2(-e^{-x}\sin x+e^{-x}\cos x)=2e^{-x}(\cos x-\sin x)$.

例 2.29 求指数函数 $y=e^x$ 的 n 阶导数.

解 $y'=e^x$，$y''=e^x$，$y'''=e^x$，$y^{(4)}=e^x$，一般地，可得

$$y^{(n)}=e^x,$$

即 $(e^x)^{(n)}=e^x$.

例 2.30 求幂函数 $y=x^{\mu}$ $(\mu\in\mathbf{R})$ 的 n 阶导数.

解 $y'=\mu x^{\mu-1}$，$y''=\mu(\mu-1)x^{\mu-2}$，$y'''=\mu(\mu-1)(\mu-2)x^{\mu-3}$，一般地，可得

$$y^{(n)}=\mu(\mu-1)\cdots(\mu-n+1)x^{\mu-n},$$

即 $(x^{\mu})^{(n)}=\mu(\mu-1)\cdots(\mu-n+1)x^{\mu-n}$.

特别地，若 $\mu=-1$，则有

$$\left(\frac{1}{x}\right)^{(n)}=(-1)^n\frac{n!}{x^{n+1}}.$$

若 μ 为自然数，则有

$$(x^n)^{(n)}=n(n-1)\cdots(n-n+1)=n!, \quad (x^n)^{(n+1)}=0.$$

例 2.31 求对数函数 $y=\ln x$ 的 n 阶导数.

解 $y'=\frac{1}{x}$，而 $\left(\frac{1}{x}\right)^{(n)}=(-1)^n\frac{n!}{x^{n+1}}$，故

$$y^{(n)}=\left(\frac{1}{x}\right)^{(n-1)}=(-1)^{n-1}\frac{(n-1)!}{x^n},$$

即$(\ln x)^{(n)}=(-1)^{n-1}\dfrac{(n-1)!}{x^n}$.

例 2.32　求三角函数 $y=\sin x$ 的 n 阶导数.

解　$y'=\cos x=\sin\left(x+\dfrac{\pi}{2}\right)$,

$$y''=\cos\left(x+\frac{\pi}{2}\right)=\sin\left(x+\frac{\pi}{2}+\frac{\pi}{2}\right)=\sin\left(x+2\cdot\frac{\pi}{2}\right),$$

$$y'''=\cos\left(x+2\cdot\frac{\pi}{2}\right)=\sin\left(x+2\cdot\frac{\pi}{2}+\frac{\pi}{2}\right)=\sin\left(x+3\cdot\frac{\pi}{2}\right),$$

一般地，可得 $y^{(n)}=\sin\left(x+n\cdot\dfrac{\pi}{2}\right)$，即

$$(\sin x)^{(n)}=\sin\left(x+n\cdot\frac{\pi}{2}\right).$$

类似地，可求得

$$(\cos x)^{(n)}=\cos\left(x+n\cdot\frac{\pi}{2}\right).$$

下面来看隐函数以及由参数方程所确定函数的高阶导数的求法.

例 2.33　求由方程 $x^4+y^4=16$ 所确定的隐函数 $y=y(x)$ 的二阶导数.

解　方程两边同时对 x 求导，得

$$4x^3+4y^3\cdot y'=0,$$

即 $x^3+y^3\cdot y'=0$，从而解得

$$y'=-\frac{x^3}{y^3}.$$

再在上式两边同时对 x 求导，得

$$y''=-\frac{3x^2y^3-x^3\cdot 3y^2\cdot y'}{(y^3)^2}.$$

将 $y'=-\dfrac{x^3}{y^3}$ 代入上式右端，得

$$y''=-\frac{3x^2y^3-3x^3y^2\left(-\dfrac{x^3}{y^3}\right)}{y^6}=-\frac{3x^2(x^4+y^4)}{y^7}.$$

注意到 x,y 满足 $x^4+y^4=16$，故 $y''=-\dfrac{48x^2}{y^7}$.

在得到 y' 的表达式后，也可以在 $x^3+y^3\cdot y'=0$ 两边同时对 x 求导，得到同样的结果.

例 2.34 求由参数方程$\begin{cases} x=a\cos t, \\ y=b\sin t \end{cases}$所确定函数的二阶导数$\dfrac{\mathrm{d}^2 y}{\mathrm{d}x^2}$.

解 $$\frac{\mathrm{d}y}{\mathrm{d}x}=\frac{\dfrac{\mathrm{d}y}{\mathrm{d}t}}{\dfrac{\mathrm{d}x}{\mathrm{d}t}}=\frac{b\cos t}{-a\sin t}=-\frac{b}{a}\cot t,$$

$$\frac{\mathrm{d}^2 y}{\mathrm{d}x^2}=\frac{\mathrm{d}}{\mathrm{d}x}\left(\frac{\mathrm{d}y}{\mathrm{d}x}\right)=\frac{\mathrm{d}}{\mathrm{d}t}\left(\frac{\mathrm{d}y}{\mathrm{d}x}\right)\cdot\frac{\mathrm{d}t}{\mathrm{d}x}=\frac{\dfrac{\mathrm{d}}{\mathrm{d}t}\left(\dfrac{\mathrm{d}y}{\mathrm{d}x}\right)}{\dfrac{\mathrm{d}x}{\mathrm{d}t}}=\frac{\left(-\dfrac{b}{a}\cot t\right)'}{(a\cos t)'}$$

$$=\frac{-\dfrac{b}{a}\cdot(-\csc^2 t)}{-a\sin t}=-\frac{b}{a^2\sin^3 t}.$$

一般地，对由参数方程$\begin{cases} x=\varphi(t), \\ y=\chi(t) \end{cases}$ $(\alpha\leqslant t\leqslant\beta)$ 表示的函数有

$$\frac{\mathrm{d}y}{\mathrm{d}x}=\frac{\chi'(t)}{\varphi'(t)}.$$

如果二阶导数存在，注意到$\dfrac{\mathrm{d}y}{\mathrm{d}x}$仍为 t 的函数，因此

$$\frac{\mathrm{d}^2 y}{\mathrm{d}x^2}=\frac{\mathrm{d}}{\mathrm{d}t}\left(\frac{\mathrm{d}y}{\mathrm{d}x}\right)\cdot\frac{1}{\dfrac{\mathrm{d}x}{\mathrm{d}t}}=\frac{\chi''(t)\varphi'(t)-\chi'(t)\varphi''(t)}{(\varphi'(t))^2}\cdot\frac{1}{\varphi'(t)}$$

$$=\frac{\chi''(t)\varphi'(t)-\chi'(t)\varphi''(t)}{(\varphi'(t))^3}. \tag{2.7}$$

注 虽然$\dfrac{\mathrm{d}y}{\mathrm{d}x}=\dfrac{\chi'(t)}{\varphi'(t)}$，但$\dfrac{\mathrm{d}^2 y}{\mathrm{d}x^2}\neq\dfrac{\chi''(t)}{\varphi''(t)}$，而且$\dfrac{\mathrm{d}^2 y}{\mathrm{d}x^2}\neq\left(\dfrac{\chi'(t)}{\varphi'(t)}\right)'_t$. 因为$\dfrac{\mathrm{d}^2 y}{\mathrm{d}x^2}$是$\dfrac{\mathrm{d}y}{\mathrm{d}x}$再对 x 求导，而不是对 t 求导，这里 t 仍是中间变量，x 是自变量.

有了公式(2.7)，例 2.34 又可以按下面的方式来求解.

解 设 $\varphi(t)=a\cos t$，$\chi(t)=b\sin t$，则

$$\varphi'(t)=-a\sin t,\quad \varphi''(t)=-a\cos t,$$
$$\chi'(t)=b\cos t,\quad \chi''(t)=-b\sin t.$$

由(2.7)有

$$\frac{\mathrm{d}^2 y}{\mathrm{d}x^2}=\frac{(-b\sin t)(-a\sin t)-b\cos t\,(-a\cos t)}{(-a\sin t)^3}$$

$$=-\frac{ab}{a^3\sin^3 t}=-\frac{b}{a^2\sin^3 t}.$$

习　题　2.4

1. 求下列函数的二阶导数：

1）$y=2x^3+\ln x$；　　2）$y=\tan x$；

3）$y=(1+x^2)\arctan x$；　　4）$y=xe^{x^2}$；

5）$y=\ln\left(x+\sqrt{x^2+1}\right)$；　　6）$y=\dfrac{\arcsin x}{\sqrt{1-x^2}}$.

2. 求下列各函数的二阶导数，其中 $f(u)$ 为二阶可导：

1）$f(x^2)$；　　2）$f(e^{-x})$；

3）$f(\ln x)$；　　4）$\ln f(x)$.

3. 求由下列方程所确定隐函数的二阶导数：

1）$x^2-y^2=1$；　　2）$xy+\ln x+\ln y=5$；

3）$y=1+xe^y$；　　4）$\arctan\dfrac{y}{x}=\ln\sqrt{x^2+y^2}$.

4. 求由下列参数方程确定函数的二阶导数：

1）$\begin{cases}x=\dfrac{t^2}{2},\\ y=1-t;\end{cases}$　　2）$\begin{cases}x=a(t-\sin t),\\ y=a(1-\cos t).\end{cases}$

5. 验证函数 $y=e^x\sin x$ 满足关系式 $y''-2y'+2y=0$.

6. 求下列函数在指定阶的导数：

1）$y=x^3+2x^2+6x+7$，求 y'''；2）$y=\dfrac{1}{x(x-1)}$，求 $y^{(4)}(2)$；

3）$y=\dfrac{1}{1+2x}$，求 $y^{(6)}$；　　4）$y=e^x(x^2-1)$，求 $y^{(24)}$.

7. 求下列函数的 n 阶导数：

1）$y=xe^x$；　　2）$y=\sin^2 x$；

3）$y=\ln(2+x-x^2)$；　　4）$y=\sin ax\ \sin bx$.

2.5　函数的微分

2.5.1　微分的概念

先分析一个具体问题. 设有一块边长为 x_0 的正方形金属薄片，由于受到

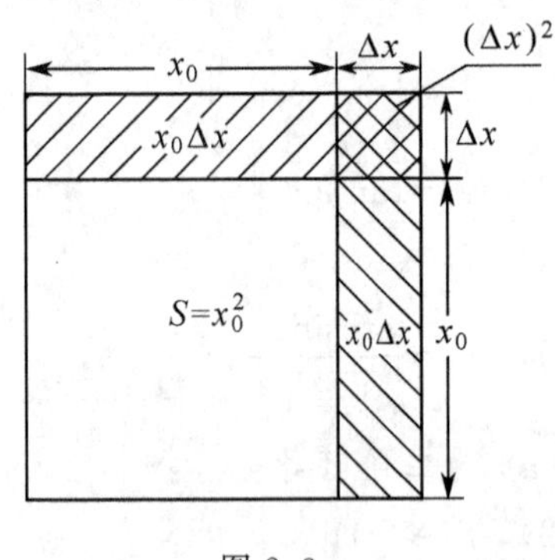

图 2-3

温度变化的影响，边长从 x_0 变到 $x_0+\Delta x$，问此金属薄片的面积改变了多少？

如图 2-3 所示，此金属薄片原面积 $S=x_0{}^2$，受温度变化的影响后，面积变为 $(x_0+\Delta x)^2$，因此面积的改变量为

$$\Delta S=(x_0+\Delta x)^2-x_0{}^2$$
$$=2x_0\Delta x+(\Delta x)^2.$$

从上式可以看出，ΔS 由两部分组成：第一部分 $2x_0\Delta x$ 是 Δx 的线性函数(即图 2-3 中带单斜线的部分)；第二部分 $(\Delta x)^2$ 是图中带交叉斜线的部分，当 $\Delta x\to 0$ 时，$(\Delta x)^2$ 是比 Δx 高阶的无穷小(即 $(\Delta x)^2=o(\Delta x)$). 由此可见，当边长有微小的改变时，所引起的正方形面积的改变 ΔS 可以近似地用第一部分——Δx 的线性函数 $2x_0\Delta x$ 来代替. 由此产生的误差是比 Δx 高阶的无穷小.

是否所有函数在某一点的改变量都能表示为一个该点自变量改变量的线性函数与一个自变量改变量的高阶无穷小的和呢？ 这个线性部分是什么？如何求？ 下面具体来讨论这些问题.

定义 2.4 设函数 $y=f(x)$ 在点 x_0 的一个邻域 $U(x_0)$ 中有定义，Δx 是 x 在 x_0 点的改变量(也称增量)，$x_0+\Delta x\in U(x_0)$. 如果相应的函数改变量(即增量)$\Delta y=f(x_0+\Delta x)-f(x_0)$ 可表示为

$$\Delta y=A\Delta x+o(\Delta x)\quad(\Delta x\to 0),\tag{2.8}$$

其中 A 是与 Δx 无关的常数，则称函数 $y=f(x)$ 在点 x_0 处**可微**，并且称 $A\Delta x$ 为函数 $y=f(x)$ 在点 x_0 的**微分**. 记为 $\mathrm{d}y\Big|_{x=x_0}$(简记为 $\mathrm{d}y$) 或 $\mathrm{d}f(x_0)$，即

$$\mathrm{d}y=A\Delta x\quad 或\quad \mathrm{d}f(x_0)=A\Delta x.\tag{2.9}$$

由定义可知

$$\Delta y=\mathrm{d}y+o(\Delta x).$$

这就是说函数的微分与增量仅相差一个比 Δx 高阶的无穷小量. 由于 $\mathrm{d}y$ 是 Δx 的线性函数，所以当 $A\neq 0$ 时，也说微分 $\mathrm{d}y$ 是增量 Δy 的**线性主部**. Δy 主要由 $\mathrm{d}y$ 来决定.

接下来一个很自然的问题是，什么样的条件下，函数在某一点才可微呢？ (2.9) 中的与 Δx 无关的常数 A 该如何求？ 要解决这个问题首先设函数 $y=f(x)$ 在点 x_0 处可微，即有

$$\Delta y = A \cdot \Delta x + o(\Delta x).$$

两边除以 Δx，得

$$\frac{\Delta y}{\Delta x} = A + \frac{o(\Delta x)}{\Delta x}.$$

于是当 $\Delta x \to 0$ 时，由上式就得到

$$A = \lim_{\Delta x \to 0} \frac{\Delta y}{\Delta x} = f'(x_0),$$

即函数 $y = f(x)$ 在点 x_0 处可导，且 $A = f'(x_0)$.

反之，设函数 $y = f(x)$ 在点 x_0 处可导，即有

$$\lim_{\Delta x \to 0} \frac{\Delta y}{\Delta x} = f'(x_0).$$

根据极限与无穷小的关系，得

$$\frac{\Delta y}{\Delta x} = f'(x_0) + \alpha,$$

其中 $\alpha \to 0$ $(\Delta x \to 0)$. 由此得到

$$\Delta y = f'(x_0)\Delta x + \alpha \cdot \Delta x.$$

由于 $\alpha \cdot \Delta x = o(\Delta x)$，且 $f'(x_0)$ 不依赖 Δx，根据微分的定义知，函数 $y = f(x)$ 在点 x_0 处可微. 综合上面的讨论，我们得到：

定理 2.6 函数 $y = f(x)$ 在点 x_0 处可微的充分必要条件是函数 $y = f(x)$ 在点 x_0 处可导，这时(2.9) 中的 A 等于 $f'(x_0)$.

本定理不仅揭示了函数 $y = f(x)$ 在点 x_0 处的可导性与可微性等价，还给出了函数 $f(x)$ 在 x_0 处的微分与导数的关系式，即

$$\mathrm{d}f(x_0) = f'(x_0)\Delta x.$$

若函数 $y = f(x)$ 在区间 I 上每点都可微，则称 f 为 I 上的**可微函数**. 函数 $y = f(x)$ 在 I 上的**微分**记为

$$\mathrm{d}y = f'(x)\Delta x. \tag{2.10}$$

设 $y = \varphi(x) = x$，则 $\varphi'(x) = 1$，所以

$$\mathrm{d}y = \mathrm{d}x = \varphi'(x)\Delta x = \Delta x.$$

由此我们规定自变量的微分 $\mathrm{d}x$ 就等于自变量的增量 Δx，于是(2.10) 可以改写为

$$\mathrm{d}y = f'(x)\mathrm{d}x, \tag{2.11}$$

即函数的微分等于函数的导数与自变量微分的乘积. 例如，

$$\mathrm{d}(\sin x) = \cos x \ \mathrm{d}x,$$

$$d(x^3)=3x^2dx.$$

如果将(2.11)改写成

$$\frac{dy}{dx}=f'(x),$$

那么函数的导数就等于函数的微分与自变量微分的商. 因此，导数又称为“微商”. 以前，我们总把$\frac{dy}{dx}$作为一个运算记号的整体来看待. 有了微分的概念以后，也可以把它看做一个分式了.

例 2.35 已知 $y=x^4+3x^2-8x+6$，求 dy.

解 $y'=4x^3+6x-8$，由导数和微分的关系知

$$dy=(4x^3+6x-8)dx.$$

例 2.36 求函数 $y=\arctan 2x$ 在 $x=1$ 处的微分.

解 由于

$$y'\Big|_{x=1}=\frac{2}{1+(2x)^2}\Big|_{x=1}=\frac{2}{1+4}=\frac{2}{5},$$

故函数在 $x=1$ 处的微分为 $dy=\frac{2}{5}dx$.

2.5.2 微分的几何意义

在直角坐标系中，函数 $y=f(x)$ 的图形是一条曲线. 设点 $M(x_0,y_0)$ 是该曲线上的一个定点，当自变量 x 在点 x_0 处取增量 Δx 时，就得到曲线上另一个点 $N(x_0+\Delta x,y_0+\Delta y)$. 从图 2-4 可知

$$|MQ|=\Delta x,\quad |QN|=\Delta y.$$

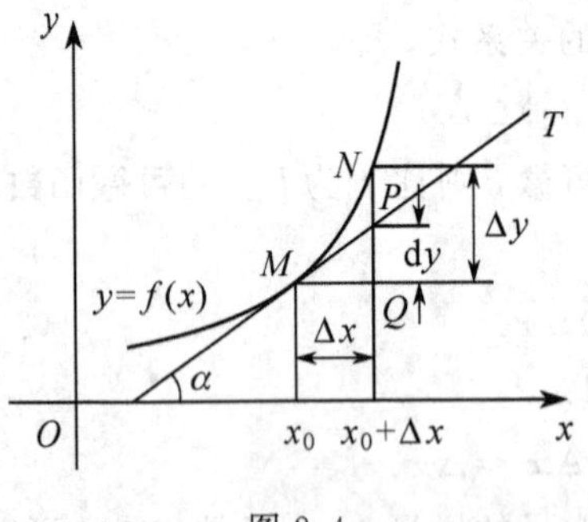

图 2-4

过点 M 作曲线的切线 MT，它的倾角为 α，则

$$|QP|=|MQ|\cdot\tan\alpha=\Delta x\cdot f'(x_0),$$

即 $dy=|QP|$.

由此可见，对于可微函数 $y=f(x)$ 而言，当 Δy 是曲线 $y=f(x)$ 上点的纵坐标的增量时，dy 就是曲线在该点的切线上的点的纵坐标的增量，当 $|\Delta x|$ 很小时，$|\Delta y-dy|$ 比 $|\Delta x|$ 小得多. 因此在点 M 的邻近，我们可以用切线段 $|MP|$ 来近似代替曲线段 $|\overset{\frown}{MN}|$.

2.5.3　微分的运算

因为函数 $y=f(x)$ 的微分为 $\mathrm{d}y=f'(x)\mathrm{d}x$，所以由基本初等函数的求导公式及求导法则，可以得到相应的微分公式和微分运算法则.

1. 基本初等函数的微分公式

1）$\mathrm{d}c=0$（c 为常数）；　　2）$\mathrm{d}(x^\mu)=\mu x^{\mu-1}\mathrm{d}x$；

3）$\mathrm{d}(a^x)=a^x\ln a\ \mathrm{d}x$；　　4）$\mathrm{d}(\mathrm{e}^x)=\mathrm{e}^x\mathrm{d}x$；

5）$\mathrm{d}(\log_a x)=\dfrac{1}{x\ln a}\mathrm{d}x$；　　6）$\mathrm{d}(\ln x)=\dfrac{1}{x}\mathrm{d}x$；

7）$\mathrm{d}(\sin x)=\cos x\ \mathrm{d}x$；　　8）$\mathrm{d}(\cos x)=-\sin x\ \mathrm{d}x$；

9）$\mathrm{d}(\tan x)=\sec^2 x\ \mathrm{d}x$；　　10）$\mathrm{d}(\cot x)=-\csc^2 x\ \mathrm{d}x$；

11）$\mathrm{d}(\arcsin x)=\dfrac{1}{\sqrt{1-x^2}}\mathrm{d}x$；　　12）$\mathrm{d}(\arccos x)=-\dfrac{1}{\sqrt{1-x^2}}\mathrm{d}x$；

13）$\mathrm{d}(\arctan x)=\dfrac{1}{1+x^2}\mathrm{d}x$；　　14）$\mathrm{d}(\mathrm{arccot}\, x)=-\dfrac{1}{1+x^2}\mathrm{d}x$.

2. 函数和、差、积、商的微分法则

设 $u=u(x)$，$v=v(x)$ 可微，则有

$$\mathrm{d}(u\pm v)=\mathrm{d}u\pm\mathrm{d}v;\quad \mathrm{d}(cu)=c\,\mathrm{d}u;$$

$$\mathrm{d}(uv)=u\,\mathrm{d}v+v\,\mathrm{d}u;\quad \mathrm{d}\left(\frac{v}{u}\right)=\frac{u\,\mathrm{d}v-v\,\mathrm{d}u}{u^2}\quad (u\neq 0).$$

3. 复合函数的微分法则

设 $y=f(x)$ 及 $u=g(x)$ 都可导，则复合函数 $y=f(g(x))$ 的微分为

$$\mathrm{d}y=\frac{\mathrm{d}y}{\mathrm{d}x}\cdot\mathrm{d}x=f'(u)\cdot g'(x)\mathrm{d}x.$$

由于 $g'(x)\mathrm{d}x=\mathrm{d}u$，所以复合函数 $y=f(g(x))$ 的微分公式也可以写成

$$\mathrm{d}y=f'(u)\mathrm{d}u\quad 或\quad \mathrm{d}y=\frac{\mathrm{d}y}{\mathrm{d}u}\mathrm{d}u.$$

由此可见，无论 u 是自变量还是另一个变量的可微函数，微分形式 $\mathrm{d}y=f'(u)\mathrm{d}u$ 保持不变. 这一性质称为**一阶微分形式不变性**. 这一性质表明当变换自变量时，微分形式 $\mathrm{d}y=f'(u)\mathrm{d}u$ 并不改变.

例 2.37　设 $y=\mathrm{e}^{\sin x}$，求 $\mathrm{d}y$.

解法 1　用公式 $\mathrm{d}y=f'(x)\mathrm{d}x$ 得

$$\mathrm{d}y=(\mathrm{e}^{\sin x})'\mathrm{d}x=\mathrm{e}^{\sin x}\cos x\ \mathrm{d}x.$$

解法 2 用一阶微分形式不变性得

$$dy = d\,e^{\sin x} = e^{\sin x} d(\sin x) = e^{\sin x}\cos x\ dx.$$

例 2.38 求由方程 $e^{xy} = 2x + y^3$ 所确定的隐函数 $y = y(x)$ 的微分 dy.

解 对方程两边求微分，得

$$d(e^{xy}) = d(2x + y^3),$$

$$e^{xy} d(xy) = d(2x) + d(y^3),$$

$$e^{xy}(y\,dx + x\,dy) = 2dx + 3y^2 dy,$$

于是 $dy = \dfrac{2 - ye^{xy}}{xe^{xy} - 3y^2}dx$.

2.5.4 微分在近似计算中的应用

若函数 $y = f(x)$ 在点 x_0 处可微，则

$$\Delta y = f'(x_0)\Delta x + o(\Delta x) = dy + o(\Delta x) \quad (\Delta x \to 0).$$

当 $|\Delta x|$ 很小时，有 $\Delta y \approx dy$，即

$$f(x_0 + \Delta x) - f(x_0) \approx f'(x_0)\Delta x, \tag{2.12}$$

或

$$f(x_0 + \Delta x) \approx f(x_0) + f'(x_0)\Delta x. \tag{2.13}$$

也就是说，为求得 $f(x)$ 的近似值，可找一个邻近于 x 的值 x_0，只要 $f(x_0)$ 和 $f'(x_0)$ 易于计算，那么 x 代替(2.13)中的 $x_0 + \Delta x$ 就可得到 $f(x)$ 的近似值：

$$f(x) \approx f(x_0) + f'(x_0)\Delta x.$$

例 2.39 用微分求 $\sqrt{102}$ 与 $\sqrt{98}$ 的近似值.

解 令 $f(x) = \sqrt{x}$，取 $x_0 = 100$，$x_0 + \Delta x = 102$，即 $\Delta x = 2$，且 $f'(x_0) = \dfrac{1}{2\sqrt{x_0}} = \dfrac{1}{2\sqrt{100}}$，由(2.13)有

$$\sqrt{102} \approx \sqrt{100} + \frac{1}{2\sqrt{100}} \cdot 2 = 10.1.$$

同理，$x_0 + \Delta x = 98$ 时 $\Delta x = -2$，由(2.13)有

$$\sqrt{98} \approx \sqrt{100} + \frac{1}{2\sqrt{100}} \cdot (-2) = 9.9.$$

特别地，(2.13)中取 $x_0 = 0$ 有

$$f(x) \approx f(0) + f'(0)x \quad (|x| \ll 1).$$

由此可以得到工程上常用的几个近似公式：$\sin x \approx x$，$\tan x \approx x$，$\arcsin x \approx x$，$\ln(1+x) \approx x$，$e^x \approx 1 + x$，$(1+x)^\mu \approx 1 + \mu x$.

习　题　2.5

1. 填空(在下列各题中填入适当的常数或函数)：

1) d(________)$=\cos 2x\ dx$；

2) d(________)$=3x\,dx$；

3) d(________)$=e^{-2x}\,dx$；

4) d(________)$=\dfrac{1}{1+2x}dx$；

5) d(________)$=\sec^2 3x\ dx$；

6) d(________)$=\dfrac{1}{\sqrt{1-4x^2}}dx$.

2. 求下列函数的微分：

1) $y=5x^3+3x+1$；

2) $y=\dfrac{1}{x}+2\sqrt{x}$；

3) $y=x\sin 2x$；

4) $y=2\ln^2 x+x$；

5) $y=x^2e^{2x}$；

6) $y=\dfrac{\cos 2x}{1+\sin x}$.

3. 求下列函数在指定点处的微分：

1) $y=\dfrac{1}{x}+\ln\dfrac{x-1}{x}$，在 $x=-1$；

2) $y=\arctan\dfrac{\ln x}{x}$，在 $x=\dfrac{1}{e}$；

3) $y=\dfrac{(2x-1)^3\cdot\sqrt{2+3x}}{(5x+4)^2\cdot\sqrt[3]{1-x}}$，在 $x=0$；

4) $y=\dfrac{x^2\cdot 2^x}{x^x}$，在 $x=2$.

4. 求下列方程确定的隐函数 $y=y(x)$ 的微分 dy：

1) $x^3y^2-\sin y^4=0$；

2) $\tan y=x+y$；

3) $\arctan\dfrac{y}{x}=\ln\sqrt{x^2+y^2}$；

4) $x^y=y^x$.

5. 求下列各式的近似值：

1) $\ln 1.01$；

2) $e^{-0.02}$.

6. 一个外直径为 10 cm 的球，球壳的厚度为 $\dfrac{1}{8}$ cm，试求球壳体积的近似值.

总习题二

1. 填空题

1) 可导函数 ________ 连续，连续函数 ________ 可导.

2) 函数 $f(x)$ 在点 x_0 处可导是 $f(x)$ 在点 x_0 处可微的 ________ 条件.

3) 若 $f(x)$ 为可导的奇函数且 $f'(x_0)=5$，则 $f'(-x_0)=$ ________.

4) 设 $f(x)=\mathrm{e}^{mx}$，则 $f^{(n)}(x)=$ ________.

5) 设 $\mathrm{d}f(x)=\left(\dfrac{1}{1+x^2}+\cos 2x+\mathrm{e}^{3x}\right)\mathrm{d}x$，则 $f(x)$ ________.

6) 已知 $f(x)=\begin{cases}\mathrm{e}^{2x}+b, & x\leqslant 0,\\ \sin ax, & x>0\end{cases}$ 在 $x=0$ 处可导，则 $a=$ ________，$b=$ ________.

2. 选择题

1) 设 $f(x)$ 为可导函数，且满足条件 $\lim\limits_{x\to 0}\dfrac{f(1)-f(1-x)}{2x}=-1$，则曲线 $y=f(x)$ 在点 $(1,f(1))$ 处的切线斜率为(　　).

A. 2　　B. -1　　C. $\dfrac{1}{2}$　　D. -2

2) 函数 $f(x)=(x^2-x-2)|x^3-x|$ 不可导的个数是(　　).

A. 3　　B. 2　　C. 1　　D. 0

3) 设 $f(x)$ 为不恒等于零的奇函数，且 $f'(0)$ 存在，则函数 $g(x)=\dfrac{f(x)}{x}$ (　　).

A. 在 $x=0$ 处左极限不存在　　B. 有跳跃间断点 $x=0$

C. 在 $x=0$ 处右极限不存在　　D. 有可去间断点 $x=0$

4) 已知 $y=x\ln x$，则 $y'''=$(　　).

A. $\dfrac{1}{x^2}$　　B. $\dfrac{1}{x}$　　C. $-\dfrac{1}{x^2}$　　D. $\dfrac{2}{x^3}$

5) 设 $y=f(u)$ 是可微函数，u 是 x 的可微函数，则 $\mathrm{d}y=$(　　).

A. $f'(u)u\mathrm{d}x$　　B. $f'(u)\mathrm{d}u$　　C. $f'(u)\mathrm{d}x$　　D. $f'(u)u'\mathrm{d}u$

6) 设给半径为 R 的球加热，如果球的半径伸长 ΔR，则球的体积增加了(　　).

A. $\dfrac{4}{3}\pi R^3\Delta R$　　B. $4\pi R^2\Delta R$　　C. $4\Delta R$　　D. $4\pi R\Delta R$

3. 设 $f(x)=x(x+1)\cdots(x+100)$，求 $f'(0)$.

4. 设 $f(x)=\pi^x+x^\pi+x^x$，求 $f'(x)$.

5. 设 $f(x)=\left|(x-1)^2(x+1)^3\right|$，求 $f'(x)$.

6. 已知 $f'(x_0)$ 存在，求 $\lim\limits_{h\to 0}\dfrac{f(x_0+3h^2)-f(x_0)}{h\sin h}$.

7. 设曲线方程为 $\begin{cases} x=t+\arctan t+1, \\ y=t^3+6t-2. \end{cases}$

1） 求 $x=1$ 处的切线与法线方程.

2） 求 $\left.\dfrac{\mathrm{d}^2 y}{\mathrm{d}x^2}\right|_{x=1}$.

8. 已知 $y=\sqrt{1+x^2}$，求 y 对 $\sqrt{1-x^2}$ 的导数.

9. 设扇形的圆心角 $\alpha=60°$，半径 $R=100$ cm. 如果 R 不变，α 减少 $30'$，问扇形的面积大约会改变多少？ 又如果 α 不变，R 增加 1 cm，问扇形的面积大约会改变多少？

第三章

微分中值定理与导数的应用

导数只是反映函数在一点附近的局部特性，要应用导数来研究函数在区间上的整体性态，还需借助微分学基本定理 —— 微分中值定理.

本章首先介绍微分中值定理，然后以之为基础介绍导数的几个重要应用：未定式极限的求法，函数的单调性的判别及函数的极值和最值的求法等.

3.1 微分中值定理

3.1.1 罗尔定理

观察图 3-1，设函数 $y=f(x)$ 在区间$[a,b]$上的图象是一条连续的曲线弧，这条曲线的两个端点 A 和 B 等高，即其连线 AB 是水平的，也即

$$f(a)=f(b),$$

且曲线在区间(a,b)内每一点都存在不垂直于 x 轴的切线，则可以发现在曲线弧上的最高点或最低点处，曲线有水平切线，即有

$$f'(\xi)=0.$$

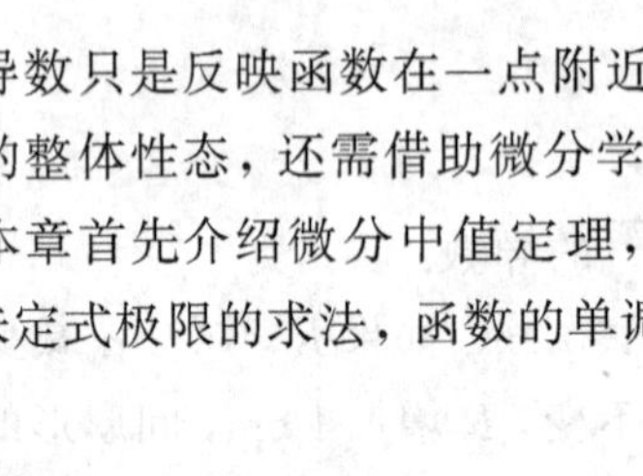

图 3-1

如果用分析的语言把这个几何现象指出来，就可得到下面的罗尔定理.

定理 3.1（罗尔定理） 如果函数 $y=f(x)$ 满足

1) 在闭区间$[a,b]$上连续；

2) 在开区间(a,b)内可导；

3) 在端点处的函数值相等，即 $f(a)=f(b)$，

那么在(a,b)内至少有一点 ξ $(a<\xi<b)$，使得 $f'(\xi)=0$.

通常称导数 $f'(x)$ 等于零的点为函数 $f(x)$ 的**驻点**(**或稳定点**、**临界点**).

例 3.1　证明：方程 $x^5+x-1=0$ 只有一个正根.

证　设 $f(x)=x^5+x-1$，则 $f(x)$ 在 $[0,1]$ 上连续，且

$$f(0)=-1,\quad f(1)=1,\quad f(0)\cdot f(1)<0,$$

由零点定理知至少存在一点 $x_0\in(0,1)$，使 $f(x_0)=0$，即方程 $x^5+x-1=0$ 有一个正根 x_0.

再证 x_0 是方程的唯一正根. 用反证法. 设另有 $x_1\in(0,1)$，$x_1\neq x_0$，$f(x_1)=0$. 易见函数 $f(x)$ 在以 x_0,x_1 为端点的区间上满足罗尔定理的条件，故至少存在一点 ξ（介于 x_0,x_1 之间），使得 $f'(\xi)=0$. 但

$$f'(x)=5x^4+1>0,$$

矛盾. 故方程 $x^5+x-1=0$ 只有一个正根.

3.1.2　拉格朗日中值定理

罗尔定理中的条件 $f(a)=f(b)$ 很特殊，一般的函数不满足这个条件，因此使罗尔定理的应用受到了很大限制. 法国数学家拉格朗日在罗尔定理的基础上作了进一步研究，取消了罗尔定理中这个条件的限制，得到了微分学中具有重要地位的拉格朗日中值定理.

定理 3.2（拉格朗日中值定理）　如果函数 $f(x)$ 满足

1)　在闭区间 $[a,b]$ 上连续；

2)　在开区间 (a,b) 内可导，

那么在 (a,b) 至少存在一点 ξ $(a<\xi<b)$，使得

$$\frac{f(b)-f(a)}{b-a}=f'(\xi).\tag{3.1}$$

在证明之前，先看一下定理的几何意义. 从图 3-2 可以看出 $\dfrac{f(b)-f(a)}{b-a}$ 为弦 AB 的斜率，而 $f'(\xi)$ 为曲线在 C 点处的切线的斜率. 拉格朗日中值定理表明，在满足定理条件的情况下，曲线上至少有一点 C，使曲线在 C 点处的切线平行于弦 AB.

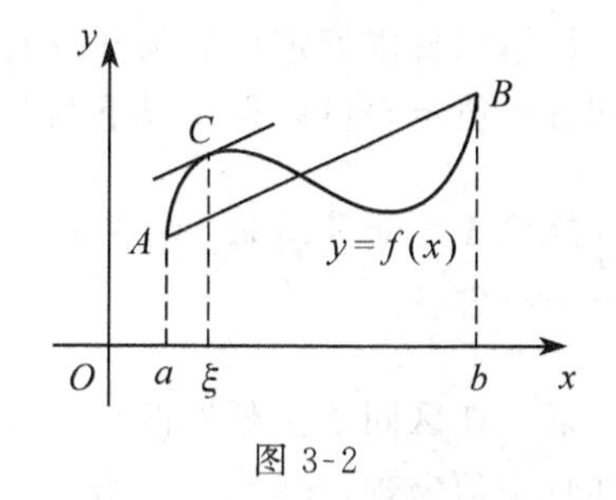

图 3-2

容易看出，罗尔定理是拉格朗日中值定理在 $f(a)=f(b)$ 时的特殊情形. 因此自然联想到利用罗尔定理来证明拉格朗日中值定理.

证 构造辅助函数

$$F(x)=f(x)-\left[f(a)+\frac{f(b)-f(a)}{b-a}(x-a)\right].$$

容易验证 $F(x)$ 满足罗尔定理的条件：$F(a)=F(b)=0$；$F(x)$ 在闭区间 $[a,b]$ 上连续，在开区间 (a,b) 内可导，且

$$F'(x)=f'(x)-\frac{f(b)-f(a)}{b-a}.$$

由罗尔定理知在 (a,b) 内至少存在一点 ξ，使 $F'(\xi)=0$，即

$$f'(\xi)-\frac{f(b)-f(a)}{b-a}=0.$$

由此得 $\frac{f(b)-f(a)}{b-a}=f'(\xi)$. □

(3.1) 称为**拉格朗日中值公式**. 它也可以写成

$$f(b)-f(a)=f'(\xi)(b-a),\quad a<\xi<b. \tag{3.2}$$

由于 $\xi\in(a,b)$，故

$$\xi=a+\theta(b-a),\quad 0<\theta<1.$$

将上式代入(3.2)得

$$f(b)-f(a)=f'(a+\theta(b-a))(b-a). \tag{3.3}$$

上述公式中总有 $a<b$. 其实，当 $b<a$ 时也是成立的. 事实上，如(3.2)中当 $b<a$ 时，可以考虑区间 $[b,a]$，有

$$f(a)-f(b)=f'(\xi)(a-b),\quad b<\xi<a.$$

上式两边同乘 -1，得

$$f(b)-f(a)=f'(\xi)(b-a),\quad b<\xi<a.$$

如果令 $a=x_0$，$b=x_0+\Delta x$，其中 Δx 可正可负. 根据刚才的解释及(3.3)，拉格朗日中值公式又可写为

$$f(x_0+\Delta x)-f(x_0)=f'(x_0+\theta\Delta x)\Delta x,\quad 0<\theta<1. \tag{3.4}$$

(3.4) 称为函数的**有限增量公式**.

拉格朗日中值定理的条件一般函数都能满足，所以应用比较广泛，从拉格朗日中值定理可以得到以下两个重要推论.

推论 1 如果函数 $f(x)$ 在区间 I 上的导数恒等于零，则 $f(x)$ 在区间 I 上是一个常数.

证 在区间 I 上任取两点 $x_1,x_2(x_1<x_2)$，在区间 $[x_1,x_2]$ 上应用拉格朗日中值定理，得

$$f(x_2)-f(x_1)=f'(\xi)(x_2-x_1)\quad(x_1<\xi<x_2).$$

根据假设 $f'(x)=0\ (\forall x\in I)$，从而 $f'(\xi)=0$，由此

$$f(x_2)-f(x_1)=0,$$

即 $f(x_1)=f(x_2)$. 再由 x_1,x_2 的任意性知，$f(x)$ 在区间 I 上是一个常数. □

由第二章可知，常数的导数恒为零. 这个推论告诉我们反之亦真. 故

$$f'(x)=0 \Leftrightarrow f(x)=C \text{（常数）}.$$

例 3.2　证明：

$$\arctan\frac{1}{1+x}+\arctan(x+1)=\frac{\pi}{2},\quad x\in(-1,+\infty).$$

证　设 $f(x)=\arctan\dfrac{1}{1+x}+\arctan(x+1)$，$x\in(-1,+\infty)$，则

$$f'(x)=\frac{-\dfrac{1}{(1+x)^2}}{1+\left(\dfrac{1}{1+x}\right)^2}+\frac{1}{1+(x+1)^2}=0.$$

由推论 1 知，对任意 $x\in(-1,+\infty)$，$f(x)=C$. 又当 $x=0$ 时，

$$f(0)=\arctan 1+\arctan 1=\frac{\pi}{2},$$

从而 $C=\dfrac{\pi}{2}$，即 $\arctan\dfrac{1}{1+x}+\arctan(x+1)=\dfrac{\pi}{2}$，$x\in(-1,+\infty)$.

推论 2　如果函数 $f(x)$ 与 $g(x)$ 在区间 I 上恒有 $f'(x)=g'(x)$，则在区间 I 上

$$f(x)=g(x)+C \quad (C \text{ 为常数}).$$

证　作函数 $F(x)=f(x)-g(x)$. 由于 $f'(x)=g'(x)$ $(\forall x\in I)$，所以

$$F'(x)=f'(x)-g'(x)=0 \quad (\forall x\in I).$$

由推论 1 知 $F(x)=C$（C 为常数），即 $f(x)-g(x)=C$. 于是

$$f(x)=g(x)+C.$$ □

推论 2 在积分学中有重要应用.

例 3.3　证明：当 $a>b>0$ 时，有 $\dfrac{a-b}{a}<\ln\dfrac{a}{b}<\dfrac{a-b}{b}$ 成立.

证　设 $f(x)=\ln x$，$x\in[b,a]$，则 $f(x)$ 在 $[b,a]$ 上连续，在 (b,a) 内可导. 由拉格朗日中值定理知存在一点 $\xi\in(b,a)$，使 $f(a)-f(b)=f'(\xi)(a-b)$，即

$$\ln a-\ln b=\frac{1}{\xi}(a-b).$$

又由于 $b<\xi<a$，故 $\dfrac{1}{a}<\dfrac{1}{\xi}<\dfrac{1}{b}$，且 $a-b>0$，因而有

$$\frac{1}{a}(a-b)<\ln a-\ln b<\frac{1}{b}(a-b),$$

即$\frac{a-b}{a}<\ln\frac{a}{b}<\frac{a-b}{b}$.

3.1.3 柯西中值定理

拉格朗日中值定理还可以推广到两个函数的情形.

定理 3.3（柯西中值定理） 如果函数 $f(x)$ 及 $g(x)$ 满足

1) 在闭区间$[a,b]$上连续;

2) 在开区间(a,b)内可导;

3) 在(a,b)内每一点处 $g'(x)\neq 0$,

那么在(a,b)内至少存在一点ξ $(a<\xi<b)$, 使得

$$\frac{f(b)-f(a)}{g(b)-g(a)}=\frac{f'(\xi)}{g'(\xi)}. \tag{3.5}$$

本定理证明从略，我们作如下说明.

当$g(x)=x$ 时，柯西中值定理就是拉格朗日中值定理. 但是需要注意的是，使用柯西中值定理的时候，不能分别对函数 $f(x)$ 和 $g(x)$ 在$[a,b]$上应用拉格朗日中值定理，由

$$f(b)-f(a)=f'(\xi)(b-a),\quad \xi\in(a,b),$$
$$g(b)-g(a)=g'(\xi)(b-a),\quad \xi\in(a,b)$$

相除来推出(3.5). 这是因为上面两式中的ξ不一定是(a,b)内的同一点.

柯西中值定理的几何意义. 我们可以考虑由如下参数形式表示的某一平面曲线

$$\begin{cases}x=g(t),\\ y=f(t),\end{cases}\quad t\in[a,b].$$

则$\frac{f(b)-f(a)}{g(b)-g(a)}$表示的是连接曲线两个端点的弦的斜率，而$\frac{f'(\xi)}{g'(\xi)}$表示的是该曲线在$t=\xi$处的切线的斜率. 所以(3.5)是说在定理条件下，用参数方程表示的曲线上至少有一点，它的切线平行于端点的连线. 它与拉格朗日中值定理在几何上的意义是相同的.

以上介绍的三个定理都称为**微分中值定理**，之所以称为中值定理，是指在一定条件下，存在符合某种要求的“**中间值**”ξ. 至于存在多少这种“中间值”及如何确定这些“中间值”，却并没有讨论. 但这并不妨碍这些定理的重

大意义，它们反映了可微函数的基本特征，给出了可微函数与其导数之间的关系. 例如，有限增量公式(3.4)就表明，联系函数增量与自变量增量的纽带就是函数在某点的导数. 从前面的举例中，我们看到，利用中值定理可以定性或定量地判定函数零点的存在性. 以后我们还会看到这些定理更广泛的应用.

习　题　3.1

1. 下列函数在给定区间上是否满足罗尔定理条件？ 若满足，求出定理结论中的ξ：

1） $y=2x^2-x-3$，$\left[-1,\dfrac{3}{2}\right]$；

2） $y=e^{x^2}-1$，$[-1,1]$.

2. 下列函数在给定区间上是否满足拉格朗日中值定理条件？ 若满足，求出定理结论中的ξ：

1） $y=x^3-5x^2+x-2$，$[-1,0]$；

2） $y=\ln x$，$[1,e]$.

3. 函数$f(x)=x^3$与$g(x)=x^2+1$在区间$[1,2]$上是否满足柯西中值定理的条件？ 若满足，求出定理结论中的ξ.

4. 设$f(x)$在$[0,\pi]$上连续，在$(0,\pi)$内可导，试证：在$(0,\pi)$内至少存在一点ξ，使得

$$f'(\xi)\sin\xi+f(\xi)\cos\xi=0.$$

5. 若函数$f(x)$在$[a,b]$内具有二阶导数，且

$$f(x_1)=f(x_2)=f(x_3),$$

其中$a<x_1<x_2<x_3<b$，证明：在(x_1,x_3)内至少有一点ξ，使得

$$f''(\xi)=0.$$

6. 证明恒等式：

1） $\arcsin x+\arccos x=\dfrac{\pi}{2}$，$x\in[0,1]$；

2） $\arctan x-\dfrac{1}{2}\arccos\dfrac{2x}{1+x^2}=\dfrac{\pi}{4}$，$x\in[1,+\infty)$.

7. 证明下列不等式：

1） $e^x>e\cdot x$，$x>1$；

2） $\dfrac{x}{1+x}<\ln(1+x)<x$，$x>0$.

3.2 洛必达法则

如果当 $x \to a$（或 $x \to \infty$）时，两个函数 $f(x)$ 与 $g(x)$ 都趋于零或都趋于无穷大，那么极限 $\lim\limits_{\substack{x \to a \\ (x \to \infty)}} \dfrac{f(x)}{g(x)}$ 可能存在，也可能不存在，通常把这类极限称为**未定式**，并简记为$\dfrac{0}{0}$ 型或$\dfrac{\infty}{\infty}$ 型. 对于这类极限，即使它存在，也不能直接用极限的除法运算法则来求解. 下面将以导数为工具推导出计算未定式极限的一种简便又重要的方法 —— 洛必达法则.

3.2.1 $\dfrac{0}{0}$ 型未定式

定理 3.4 设函数 $f(x)$ 和 $g(x)$ 在点 a 的某去心邻域 $\mathring{U}(a)$ 内有定义，且满足条件：

1) $\lim\limits_{x \to a} f(x) = 0$，$\lim\limits_{x \to a} g(x) = 0$；

2) 在 $\mathring{U}(a)$ 内，$f'(x)$ 与 $g'(x)$ 都存在，且 $g'(x) \neq 0$；

3) $\lim\limits_{x \to a} \dfrac{f'(x)}{g'(x)} = A$（$A$ 可为实数，也可为 $\pm\infty$或∞），

则 $\lim\limits_{x \to a} \dfrac{f(x)}{g(x)} = \lim\limits_{x \to a} \dfrac{f'(x)}{g'(x)} = A$.

证 由于 $\lim\limits_{x \to a} \dfrac{f(x)}{g(x)}$ 与 $f(x), g(x)$ 在 a 点的值无关，不妨设

$$f(a) = g(a) = 0.$$

于是由条件 1)，2) 可知 $f(x)$ 及 $g(x)$ 在点 a 的某一邻域内是连续的. 设 x 是该邻域内的任意一点，那么在区间$[a, x]$（或$[x, a]$）上，函数 $f(x)$ 和 $g(x)$ 满足柯西中值定理的条件，因此有

$$\frac{f(x)}{g(x)} = \frac{f(x) - f(a)}{g(x) - g(a)} = \frac{f'(\xi)}{g'(\xi)} \quad (\xi \text{ 介于 } x \text{ 与 } a \text{ 之间}).$$

对上式两端求 $x \to a$ 时的极限，注意到当 $x \to a$ 时，$\xi \to a$，即得

$$\lim_{x \to a} \frac{f(x)}{g(x)} = \lim_{x \to a} \frac{f(x) - f(a)}{g(x) - g(a)} = \lim_{\xi \to a} \frac{f'(\xi)}{g'(\xi)}$$

$$= \lim_{x \to a} \frac{f'(x)}{g'(x)} = A.$$

□

如果 $\lim\limits_{x \to a} \dfrac{f'(x)}{g'(x)}$ 仍属于 $\dfrac{0}{0}$ 型未定式，且这时 $f'(x), g'(x)$ 能满足定理 3.4 中 $f(x), g(x)$ 所要满足的条件，那么可以继续使用定理的结论，即

$$\lim_{x \to a} \frac{f(x)}{g(x)} = \lim_{x \to a} \frac{f'(x)}{g'(x)} = \lim_{x \to a} \frac{f''(x)}{g''(x)},$$

且可以依此类推. 这种用导数商的极限来计算函数商的极限的方法称为**洛必达法则**.

注　若将定理中 $x \to a$ 换成 $x \to a^{\pm}$，$x \to \infty$ 或 $x \to \pm\infty$，只要相应地修改条件，也可得同样的结论.

例 3.4　求 $\lim\limits_{x \to 0} \dfrac{e^x - e^{-x}}{3x}$.

解　这是 $\dfrac{0}{0}$ 型未定式，由洛必达法则可得

$$\lim_{x \to 0} \frac{e^x - e^{-x}}{3x} = \lim_{x \to 0} \frac{(e^x - e^{-x})'}{(3x)'} = \lim_{x \to 0} \frac{e^x + e^{-x}}{3} = \frac{2}{3}.$$

例 3.5　求 $\lim\limits_{x \to 1} \dfrac{x^3 - 3x + 2}{x^3 - x^2 - x + 1}$.

解　这是 $\dfrac{0}{0}$ 型未定式，连续应用洛必达法则两次，可得

$$\lim_{x \to 1} \frac{x^3 - 3x + 2}{x^3 - x^2 - x + 1} = \lim_{x \to 1} \frac{3x^2 - 3}{3x^2 - 2x - 1} = \lim_{x \to 1} \frac{6x}{6x - 2} = \frac{3}{2}.$$

这里 $\lim\limits_{x \to 1} \dfrac{6x}{6x - 2}$ 已经不再是未定式，不能再对它应用洛必达法则，否则会导致错误.

例 3.6　求 $\lim\limits_{x \to +\infty} \dfrac{\dfrac{\pi}{2} - \arctan x}{\sin \dfrac{1}{x}}$.

解　这是 $\dfrac{0}{0}$ 型未定式，由洛必达法则可得

$$\lim_{x \to +\infty} \frac{\frac{\pi}{2} - \arctan x}{\sin \frac{1}{x}} = \lim_{x \to +\infty} \frac{\left(\frac{\pi}{2} - \arctan x\right)'}{\left(\sin \frac{1}{x}\right)'} = \lim_{x \to +\infty} \frac{-\frac{1}{1+x^2}}{\left(\cos \frac{1}{x}\right)\left(-\frac{1}{x^2}\right)}$$

$$= \lim_{x \to +\infty} \frac{x^2}{(1+x^2)\cos \frac{1}{x}} = \lim_{x \to +\infty} \frac{x^2}{1+x^2} \cdot \lim_{x \to +\infty} \frac{1}{\cos \frac{1}{x}}$$

$$= 1 \times 1 = 1.$$

3.2.2 $\frac{\infty}{\infty}$ 型未定式

定理 3.4 给出的是$\frac{0}{0}$型未定式的洛必达法则，其实对$\frac{\infty}{\infty}$型未定式，也有相应的洛必达法则.

定理 3.5 设函数 $f(x)$ 和 $g(x)$ 在点 a 的某去心邻域 $\mathring{U}(a)$ 内有定义，且满足条件：

1） $\lim\limits_{x \to a} f(x)=\infty$，$\lim\limits_{x \to a} g(x)=\infty$；

2） 在 $\mathring{U}(a)$ 内，$f'(x)$ 和 $g'(x)$ 都存在，且 $g'(x) \neq 0$；

3） $\lim\limits_{x \to a} \dfrac{f'(x)}{g'(x)}=A$（$A$ 可为实数，也可为 $\pm\infty$ 或 ∞），

则 $\lim\limits_{x \to a} \dfrac{f(x)}{g(x)}=\lim\limits_{x \to a} \dfrac{f'(x)}{g'(x)}=A$.

同定理 3.4 一样，若将定理 3.5 中 $x \to a$ 换成 $x \to a^{\pm}$，$x \to \infty$ 或 $x \to \pm\infty$，只要相应地修改条件，也可得同样的结论.

例 3.7 求 $\lim\limits_{x \to 0^+} \dfrac{\ln \sin 2x}{\ln x}$.

解 这是$\frac{\infty}{\infty}$型未定式，由洛必达法则可得

$$\lim_{x \to 0^+} \frac{\ln \sin 2x}{\ln x}=\lim_{x \to 0^+} \frac{\frac{2\cos 2x}{\sin 2x}}{\frac{1}{x}}=\lim_{x \to 0^+} \frac{\cos 2x}{\frac{\sin 2x}{2x}}=1.$$

例 3.8 求 $\lim\limits_{x \to +\infty} \dfrac{\mathrm{e}^x}{x^3}$.

解 $\lim\limits_{x \to +\infty} \dfrac{\mathrm{e}^x}{x^3}=\lim\limits_{x \to +\infty} \dfrac{\mathrm{e}^x}{3x^2}=\lim\limits_{x \to +\infty} \dfrac{\mathrm{e}^x}{6x}=\lim\limits_{x \to +\infty} \dfrac{\mathrm{e}^x}{6}=+\infty$.

在求未定式的极限时，可以将洛必达法则与其他求极限的方法联合使用，效果会更好. 例如能化简时应尽可能先化简，可以应用等价无穷小替换或重要极限时，应尽可能应用，以简化计算.

例 3.9 求 $\lim\limits_{x \to 0} \dfrac{3x-\sin 3x}{(1-\cos x)\ln(1+2x)}$.

解 当 $x \to 0$ 时，$1-\cos x \sim \frac{1}{2}x^2$，$\ln(1+2x) \sim 2x$. 于是

$$\lim_{x\to0}\frac{3x-\sin 3x}{(1-\cos x)\ln(1+2x)}=\lim_{x\to0}\frac{3x-\sin 3x}{x^3}=\lim_{x\to0}\frac{3-3\cos 3x}{3x^2}$$
$$=\lim_{x\to0}\frac{3\sin 3x}{2x}=\frac{9}{2}.$$

当然，应用洛必达法则求极限时有一点需要引起注意. 如果 $\lim\limits_{x\to a}\frac{f'(x)}{g'(x)}$ 不存在且不等于∞时，只表明洛必达法则失效，而并不意味着 $\lim\limits_{x\to a}\frac{f(x)}{g(x)}$ 不存在，此时应改用其他方法求之.

例如，$\lim\limits_{x\to\infty}\frac{x+\sin x}{x}$ 是 $\frac{\infty}{\infty}$ 型未定式，分子、分母分别求导数后会得到 $\lim\limits_{x\to\infty}\frac{1+\cos x}{1}$，由 $\lim\limits_{x\to\infty}\cos x$ 不存在知 $\lim\limits_{x\to\infty}\frac{1+\cos x}{1}$ 不存在. 但不能说 $\lim\limits_{x\to\infty}\frac{x+\sin x}{x}$ 不存在. 事实上，

$$\lim_{x\to\infty}\frac{x+\sin x}{x}=\lim_{x\to\infty}\left(1+\frac{\sin x}{x}\right)=1+0=1.$$

3.2.3　其他类型的未定式

除前面讲述的 $\frac{0}{0}$ 型和 $\frac{\infty}{\infty}$ 型未定式外，还有 $0\cdot\infty,\infty-\infty,\infty^0,0^0,1^\infty$ 这5种类型的未定式.

$0\cdot\infty$ 和 $\infty-\infty$ 型未定式可以通过代数恒等式变形化为 $\frac{0}{0}$ 型或 $\frac{\infty}{\infty}$ 型未定式. $\infty^0,0^0,1^\infty$ 型未定式可以通过取对数化为 $0\cdot\infty$ 型未定式.

下面用几个例子来说明这些类型未定式的计算.

例 3.10　求 $\lim\limits_{x\to0^+}x\ln x$.

解　这是 $0\cdot\infty$ 型未定式极限. 由于

$$x\ln x=\frac{\ln x}{\frac{1}{x}},$$

所以它能转化为 $\frac{\infty}{\infty}$ 型未定式极限，应用洛必达法则得

$$\lim_{x\to0^+}x\ln x=\lim_{x\to0^+}\frac{\ln x}{\frac{1}{x}}=\lim_{x\to0^+}\frac{\frac{1}{x}}{-\frac{1}{x^2}}=\lim_{x\to0^+}(-x)=0.$$

例 3.11 求 $\lim\limits_{x \to \frac{\pi}{2}} (\sec x - \tan x)$.

解 这是$\infty - \infty$型未定式极限. 由于 $\sec x - \tan x = \dfrac{1-\sin x}{\cos x}$，所以它能化为$\dfrac{0}{0}$型未定式极限，于是由洛必达法则得

$$\lim_{x \to \frac{\pi}{2}} (\sec x - \tan x) = \lim_{x \to \frac{\pi}{2}} \frac{1-\sin x}{\cos x} = \lim_{x \to \frac{\pi}{2}} \frac{-\cos x}{-\sin x} = 0.$$

例 3.12 求 $\lim\limits_{x \to 0+} x^x$.

解 这是 0^0 型未定式. 设 $y = x^x$，则 $\ln y = x \ln x$. 由例 3.10 知

$$\lim_{x \to 0+} \ln y = \lim_{x \to 0+} x \ln x = 0,$$

从而 $\lim\limits_{x \to 0+} y = \lim\limits_{x \to 0+} x^x = e^0 = 1$.

例 3.13 求 $\lim\limits_{x \to 0} (\cos x)^{\frac{1}{x^2}}$.

解 这是 1^∞ 型未定式. 设 $y = (\cos x)^{\frac{1}{x^2}}$，则 $\ln y = \dfrac{\ln \cos x}{x^2}$. 于是

$$\lim_{x \to 0} \ln y = \lim_{x \to 0} \frac{\ln \cos x}{x^2} = \lim_{x \to 0} \frac{\frac{1}{\cos x} \cdot (-\sin x)}{2x}$$

$$= \lim_{x \to 0} \frac{\sin x}{x} \cdot \frac{1}{-2\cos x} = -\frac{1}{2},$$

从而 $\lim\limits_{x \to 0} y = \lim\limits_{x \to 0} (\cos x)^{\frac{1}{x^2}} = e^{-\frac{1}{2}}$.

例 3.14 求 $\lim\limits_{x \to 0+} (\cot x)^{\frac{1}{\ln x}}$.

解 这是∞^0型未定式. 设 $y = (\cot x)^{\frac{1}{\ln x}}$，则 $\ln y = \dfrac{\ln \cot x}{\ln x}$. 于是

$$\lim_{x \to 0+} \ln y = \lim_{x \to 0+} \frac{\ln \cot x}{\ln x} = \lim_{x \to 0+} \frac{\frac{1}{\cot x} \cdot (-\csc^2 x)}{\frac{1}{x}}$$

$$= \lim_{x \to 0+} \left(-\frac{1}{\cos x} \cdot \frac{x}{\sin x}\right) = -1,$$

从而 $\lim\limits_{x \to 0+} y = \lim\limits_{x \to 0+} (\cot x)^{\frac{1}{\ln x}} = e^{-1}$.

习 题 3.2

1. 用洛必达法则求下列极限：

1) $\lim\limits_{x \to 0} \dfrac{e^x - e^{-x}}{\sin x}$；　2) $\lim\limits_{x \to \frac{\pi}{2}} \dfrac{\ln \sin x}{(\pi - 2x)^2}$；

3) $\lim\limits_{x \to a} \dfrac{\sin x - \sin a}{x - a}$；　4) $\lim\limits_{x \to 1} \dfrac{x^\alpha - 1}{x^\beta - 1}$，$\beta \neq 0$；

5) $\lim\limits_{x \to 1} \dfrac{x^{10} - 10x + 9}{x^5 - 5x + 4}$；　6) $\lim\limits_{x \to 0+} \dfrac{\ln \tan 7x}{\ln \tan 2x}$；

7) $\lim\limits_{x \to \infty} \dfrac{\ln\left(1 + \dfrac{1}{x}\right)}{\operatorname{arccot} x}$；　8) $\lim\limits_{x \to +\infty} \dfrac{\ln(2 + 3e^{2x})}{\ln(3 + 2e^{3x})}$；

9) $\lim\limits_{x \to 1}\left(\dfrac{2}{x^2 - 1} - \dfrac{1}{x - 1}\right)$；　10) $\lim\limits_{x \to 0}\left(\dfrac{1}{x} - \dfrac{1}{e^x - 1}\right)$；

11) $\lim\limits_{x \to 0} x \cot 2x$；　12) $\lim\limits_{x \to 0} x^2 e^{\frac{1}{x^2}}$；

13) $\lim\limits_{x \to 0+} x^{\sin x}$；　14) $\lim\limits_{x \to 0+}\left(\dfrac{1}{x}\right)^{\tan x}$；

15) $\lim\limits_{x \to 0}(1 + \sin x)^{\frac{1}{x}}$；　16) $\lim\limits_{x \to 0}\left(\dfrac{\sin x}{x}\right)^{\frac{1}{1-\cos x}}$.

2. 验证极限 $\lim\limits_{x \to 0} \dfrac{x^2 \sin \dfrac{1}{x}}{\sin x}$ 存在，但不能用洛必达法则求出.

3. 当 a 与 b 取何值时 $\lim\limits_{x \to 0}\left(\dfrac{\sin 3x}{x^3} + \dfrac{a}{x^2} + b\right) = 0$？

3.3 函数的单调性和极值

3.3.1 函数的单调性

如果函数 $y = f(x)$ 在 (a, b) 上单调增加(或减少)，那么它的图形是一条沿 x 轴正向上升(或下降)的曲线，如图 3-3 (a) (或图 3-3 (b)) 所示. 这时可见曲线 C：$y = f(x)$ $(x \in (a, b))$ 在每一点的切线的倾角都是锐角(或钝角)，从而

$$f'(x) \geqslant 0 \quad (\text{或 } f'(x) \leqslant 0).$$

事实上，对任意一点 $x \in (a, b)$ 和自变量在 x 的增量 Δx $(x + \Delta x \in (a, b))$，对应的函数的增量为 $\Delta y = f(x + \Delta x) - f(x)$，由函数 $f(x)$ 单调增加的定义知，当 $\Delta x > 0$ 时 $\Delta y > 0$，当 $\Delta x < 0$ 时 $\Delta y < 0$，故不论 Δx 是

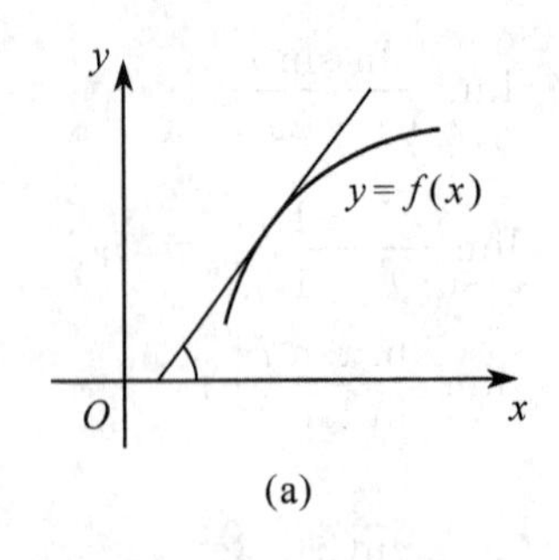

(a)

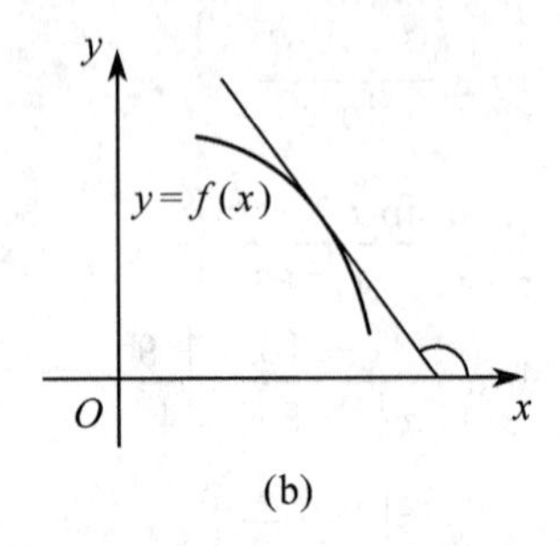

(b)

图 3-3

正还是负，总有$\dfrac{\Delta y}{\Delta x}>0$，由极限的保号性，必有 $f'(x)=\lim\limits_{\Delta x\to 0}\dfrac{\Delta y}{\Delta x}\geqslant 0$.

在 $f(x)$ 单调减少的情况同样可证 $f'(x)\leqslant 0$. 由此可见，函数的单调性与导数的符号有密切的联系.

反过来，我们可以用导数的符号来判别函数的单调性.

定理 3.6 设函数 $f(x)$ 在$[a,b]$上连续，在(a,b) 内可导.

1) 若在(a,b) 内 $f'(x)>0$，则函数 $f(x)$ 在$[a,b]$ 上单调增加.

2) 若在(a,b) 内 $f'(x)<0$，则函数 $f(x)$ 在$[a,b]$ 上单调减少.

证 任取两点 $x_1,x_2\in(a,b)$，设 $x_1<x_2$，由拉格朗日中值定理知，存在 ξ $(x_1<\xi<x_2)$，使得

$$f(x_2)-f(x_1)=f'(\xi)(x_2-x_1).$$

1) 若在(a,b) 内 $f'(x)>0$，则 $f'(\xi)>0$，可得 $f(x_2)-f(x_1)>0$，即 $f(x_2)>f(x_1)$，故函数 $f(x)$ 在$[a,b]$ 上单调增加.

2) 若在(a,b) 内 $f'(x)<0$，则 $f'(\xi)<0$，可得 $f(x_2)-f(x_1)<0$，即 $f(x_2)<f(x_1)$，故函数 $f(x)$ 在$[a,b]$ 上单调减少. □

注 1) 如果将定理中的闭区间$[a,b]$ 换成其他各种区间(包括无穷区间)，结论仍然成立.

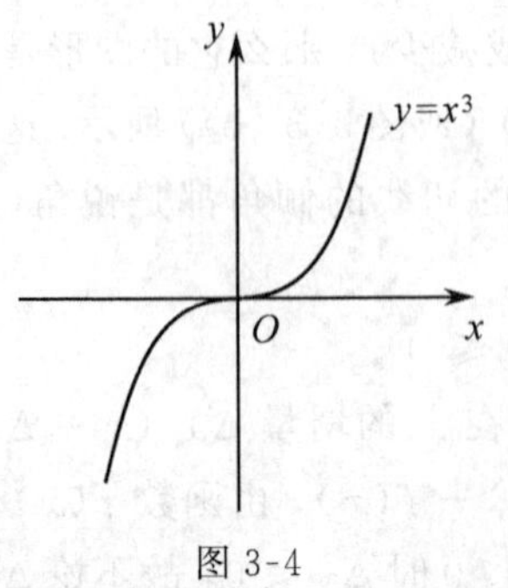

图 3-4

2) 函数的单调性是一个区间上的性质，区间内个别点导数为零并不影响函数在该区间上的单调性. 因此定理条件 $f'(x)>0$ (<0)改成 $f'(x)\geqslant 0$ $(\leqslant 0)$，但只在有限个点处导数为零，结论依然成立.

例如，函数 $y=x^3$ 在其定义域$(-\infty,+\infty)$ 内是单调增加的(见图 3-4)，但其导数 $y'=3x^2$ 在 $x=0$ 处为零.

如果函数在某区间内是单调的，则称该区间为函数的**单调区间**.

例 3.15 讨论函数 $y=e^x-x+1$ 的单调性.

解 函数 $y=e^x-x+1$ 的定义域为$(-\infty,+\infty)$，又

$$y'=e^x-1,$$

由 $y'=0$ 得 $x=0$. 因为在$(-\infty,0)$ 内，$y'<0$，所以函数 $y=e^x-x+1$ 在$(-\infty,0]$内单调减少；因为在$(0,+\infty)$ 内，$y'>0$，所以函数 $y=e^x-x+1$ 在$[0,+\infty)$ 上单调增加.

例 3.16 讨论函数 $y=\sqrt[3]{x^2}$ 的单调性.

解 函数的定义域为$(-\infty,+\infty)$. 当 $x\neq 0$ 时，

$$y'=\frac{2}{3\sqrt[3]{x}};$$

当 $x=0$ 时，函数的导数不存在，但在该点连续. 在$(-\infty,0)$ 内，$y'<0$，因此函数 $y=\sqrt[3]{x^2}$ 在$(-\infty,0]$ 上单调减少，在$(0,+\infty)$ 内，$y'>0$，因此函数 $y=\sqrt[3]{x^2}$ 在$[0,+\infty)$ 上单调增加.

从例 3.16 中可以看出，如果函数在某些点处不可导，则划分函数的单调区间的分点，还应包括这些导数不存在的点. 从而可以得到确定函数 $y=f(x)$ 单调性的一般步骤如下：

1) 确定函数 $y=f(x)$ 的定义域；

2) 求出使 $f'(x)=0$ 和 $f'(x)$ 不存在的点，这些点将定义域分成若干小区间；

3) 确定 $f'(x)$ 在各个小区间的正负号，从而判定函数的单调性.

例 3.17 讨论函数 $y=\dfrac{x^2-x+4}{x-1}$ 的单调性.

解 函数的定义域为$(-\infty,1)\cup(1,+\infty)$，故

$$y'=\frac{x^2-2x-3}{(x-1)^2}=\frac{(x-3)(x+1)}{(x-1)^2}.$$

令 $y'=0$，得 $x_1=-1$，$x_2=3$，另外 $x=1$ 是导数不存在的点. 它们将定义域分成 4 个区间$(-\infty,-1)$，$(-1,1)$，$(1,3)$，$(3,+\infty)$. 函数在定义域上的增减性列表如下：

x	$(-\infty,-1)$	$(-1,1)$	$(1,3)$	$(3,+\infty)$
y	+	−	−	+

因此，函数 $y=\frac{x^2-x+4}{x-1}$ 在 $(-\infty,-1]$，$[3,+\infty)$ 上单调增加；在 $[-1,1)$，$(1,3]$ 上单调减少.

例 3.18 证明：当 $x>1$ 时，$2\sqrt{x}>3-\frac{1}{x}$.

证 令 $f(x)=2\sqrt{x}-\left(3-\frac{1}{x}\right)$，则

$$f'(x)=\frac{1}{\sqrt{x}}-\frac{1}{x^2}=\frac{x\sqrt{x}-1}{x^2}.$$

$f(x)$ 在 $[1,+\infty)$ 上连续，且当 $x>1$ 时，$f'(x)>0$，因此在区间 $[1,+\infty)$ 上，$f(x)$ 单调增加.

由于 $f(1)=2\sqrt{1}-(3-1)=0$，所以当 $x>1$ 时，$f(x)>f(1)=0$，即

$$2\sqrt{x}-\left(3-\frac{1}{x}\right)>0,$$

亦即 $2\sqrt{x}>3-\frac{1}{x}\ (x>1)$.

3.3.2 函数的极值

定义 3.2 设函数 $y=f(x)$ 在点 x_0 的一个邻域内有定义，x 是该邻域内异于 x_0 的点.

1) 若 $f(x_0)>f(x)$，则称 $f(x_0)$ 为函数 $f(x)$ 的**极大值**，x_0 称为函数 $f(x)$ 的**极大值点**.

2) 若 $f(x_0)<f(x)$，则称 $f(x_0)$ 为函数 $f(x)$ 的**极小值**，x_0 称为函数 $f(x)$ 的**极小值点**.

函数的极大值和极小值统称为函数的**极值**，极大值点和极小值点统称为**极值点**.

注 1) 函数的极值是一个局部性概念. 如果 $f(x_0)$ 是函数 $f(x)$ 的一个极大值(或极小值)，只是在点 x_0 邻近的一个局部范围内 $f(x_0)$ 是最大的(或最小的)，但是对函数 $f(x)$ 的整个定义域来说就不一定是最大的(或最小的)了.

2) 极值点一定是函数的定义区间的内点.

定理 3.7（**极值的必要条件**） 设函数 $y=f(x)$ 在点 x_0 处可导，且点 x_0 为函数的极值点，则 $f'(x_0)=0$.

从定理 3.7 可知，曲线在极值点处的切线平行于 x 轴，如图 3-5 所示.

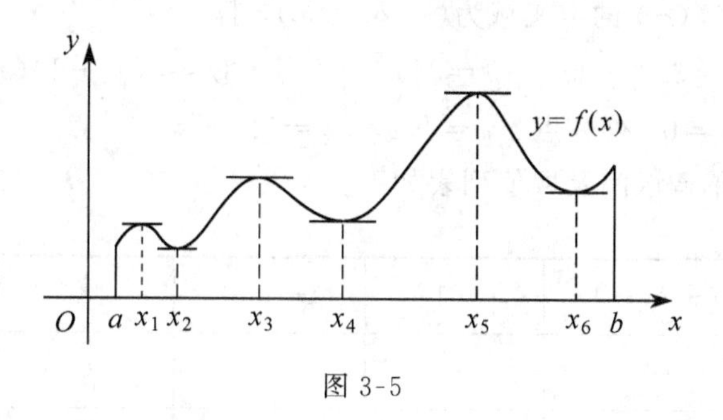

图 3-5

根据定理 3.7，可导函数 $f(x)$ 的极值点必定是它的驻点，但函数的驻点却不一定是极值点，即定理 3.7 的逆定理不成立. 例如，函数 $y=x^3$ 在点 $x=0$ 处的导数等于零，但显然 $x=0$ 不是 $y=x^3$ 的极值点.

另外，函数在它的导数不存在的点处也可能取得极值. 例如，函数 $f(x)=|x|$ 在点 $x=0$ 处不可导，但函数在该点取得极小值.

因此当我们求出函数的驻点和不可导点后，还要从这些点中判断哪些是极值点，以便进一步对极值点判断是极大值点还是极小值点. 下面给出函数极值点判断的充分条件.

定理 3.8（**极值的第一充分条件**）　设函数 $f(x)$ 在点 x_0 的一个邻域 $U(x_0,\delta)$ 上连续，在去心邻域 $\mathring{U}(x_0,\delta)$ 上可导.

1）若 $x\in(x_0-\delta,x_0)$ 时 $f'(x)<0$，而 $x\in(x_0,x_0+\delta)$ 时 $f'(x)>0$，则 $f(x_0)$ 是 $f(x)$ 的极小值.

2）若 $x\in(x_0-\delta,x_0)$ 时 $f'(x)>0$，而 $x\in(x_0,x_0+\delta)$ 时 $f'(x)<0$，则 $f'(x_0)$ 是 $f(x)$ 的极大值.

定理 3.9（**极值的第二充分条件**）　设函数 $y=f(x)$ 在点 x_0 处的二阶导数存在. 若 $f'(x_0)=0$，$f''(x_0)\neq 0$，则点 x_0 是函数 $y=f(x)$ 的极值点，且

1）当 $f''(x_0)>0$ 时，$f(x_0)$ 为 $f(x)$ 的极小值；

2）当 $f''(x_0)<0$ 时，$f(x_0)$ 为 $f(x)$ 的极大值.

证明从略.

注　用极值的第二充分条件判断极值点时，x_0 必须是驻点；而且这时如果 $f''(x_0)=0$ 或 $f''(x_0)$ 不存在，定理 3.9 失效，但可用第一充分条件进行判断.

例 3.19 求函数 $f(x)=x^3-3x^2-9x+5$ 的极值.

解 函数 $f(x)$ 的定义域为$(-\infty,+\infty)$，且

$$f'(x)=3x^2-6x-9=3(x^2-2x-3)=3(x+1)(x-3).$$

令 $f'(x)=0$，得驻点 $x_1=-1$，$x_2=3$.

$f(x)$ 的单调区间及取值列表如下：

x	$(-\infty,-1)$	-1	$(-1,3)$	3	$(3,+\infty)$
$f'(x)$	$+$	0	$-$	0	$+$
$f(x)$	↗	极大值	↘	极小值	↗

由上表可知，函数的极大值为 $f(-1)=10$，极小值为 $f(3)=-22$.

例 3.20 求函数 $f(x)=(x-1)\cdot\sqrt[3]{x^2}$ 的极值.

解 函数定义域为$(-\infty,+\infty)$，且

$$f'(x)=\frac{2}{3}x^{-\frac{1}{3}}(x-1)+x^{\frac{2}{3}}=\frac{5x-2}{3\cdot\sqrt[3]{x}}.$$

令 $f'(x)=0$，得驻点 $x=\dfrac{2}{5}$，此外，还有连续而不可导点 $x=0$.

$f(x)$ 的单调区间及取值列表如下：

x	$(-\infty,0)$	0	$\left(0,\frac{2}{5}\right)$	$\frac{2}{5}$	$\left(\frac{2}{5},+\infty\right)$
$f'(x)$	$+$	不存在	$-$	0	$+$
$f(x)$	↗	极大值	↘	极小值	↗

由上表可知，函数的极大值为 $f(0)=0$，极小值为 $f\left(\dfrac{2}{5}\right)=-\dfrac{3}{5}\sqrt[3]{\dfrac{4}{25}}$.

例 3.21 求函数 $f(x)=2x^2-\ln x$ 的极值.

解 函数的定义域为 $x>0$，且

$$f'(x)=4x-\frac{1}{x}=\frac{4x^2-1}{x}.$$

令 $f'(x)=0$，得驻点 $x=\dfrac{1}{2}$ （$x=-\dfrac{1}{2}$ 不在定义域内，所以不是驻点）.
虽有分母等于零的点 $x=0$，但它也不在定义域内，故不予考虑. 又因

$$f''\left(\frac{1}{2}\right)=4+\frac{1}{x^2}\bigg|_{x=\frac{1}{2}}=8>0,$$

所以 $f\left(\frac{1}{2}\right)=\frac{1}{2}+\ln 2$ 是极小值.

3.3.3 函数的最值

在实际生活中，常常会遇到这样一类问题：求“产量最大”、“用料最省”、“成本最低”、“效率最高”等问题，这类问题在数学上就是求函数的最大值和最小值问题，统称为**最值问题**. 前面讨论了局部最大与局部最小即极值问题，而最大值与最小值问题则是一个全局、整体概念. 最值问题与极值问题之间有什么联系呢?

设函数 $f(x)$ 在闭区间 $[a,b]$ 上连续，由闭区间上连续函数的性质可知，函数 $f(x)$ 在闭区间 $[a,b]$ 上必存在最大值和最小值. 最值可能出现在极值点或端点处.

一般地，求函数 $f(x)$ 在 $[a,b]$ 上的最值的步骤如下：

1) 找出函数 $f(x)$ 在开区间 (a,b) 内的所有驻点和不可导点，设这些点的横坐标为 $x_1,x_2,\cdots,x_n$.

2) 比较 $f(x_1),f(x_2),\cdots,f(x_n),f(a)$ 及 $f(b)$ 的大小，最大者就是函数 $f(x)$ 在 $[a,b]$ 上的最大值，最小者就是函数 $f(x)$ 在 $[a,b]$ 上的最小值.

例 3.22 求函数 $f(x)=2x^3+3x^2-12x+10$ 在 $[-3,4]$ 上的最大值与最小值.

解 $f'(x)=6x^2+6x-12=6(x+2)(x-1)$.

令 $f'(x)=0$，得驻点 $x_1=-2$，$x_2=1$.

计算驻点及区间端点的函数值：

$$f(-2)=30,\ f(1)=3,\ f(-3)=19,\ f(4)=138.$$

比较它们知，函数 $f(x)$ 在 $[-3,4]$ 上取得最大值 $f(4)=138$，最小值 $f(1)=3$.

在实际问题中，往往根据问题的性质就可以断定函数 $f(x)$ 确有最值，而且一定在定义区间内部取得. 这时如果 $f(x)$ 在定义区间内部只有一个驻点 x_0，那么不再用充分条件讨论 $f(x_0)$ 是不是极值，直接断定 $f(x_0)$ 是最大值(或最小值).

例 3.23 设有边长为 l 的正方形纸板，将其四角剪去相等的小正方形，叠成一个无盖的盒子. 问小正方形的边长为多少时，叠成的盒子的体积为最大?

解 设剪去的小正方形的边长为 x，则盒子的体积为

$$V=(l-2x)^2x,\quad x\in\left(0,\frac{l}{2}\right).$$

求导得 $V'=l^2-8lx+12x^2$.

令 $V'=0$，求得驻点 $x=\frac{l}{6}$（$x=\frac{l}{2}$ 不在定义域内，不予考虑）.

由于盒子的体积最大值一定存在，且在区间 $\left(0,\frac{l}{2}\right)$ 内部取得，而在区间 $\left(0,\frac{l}{2}\right)$ 内只有一个驻点 $x=\frac{l}{6}$，此点即为所求的最大值点. 即当 $x=\frac{l}{6}$ 时，盒子体积为最大，最大值为 $V\left(\frac{l}{6}\right)=\frac{2}{27}l^3$.

例 3.24 要铺设一条石油管道，将石油从炼油厂输送到石油灌装点(见图 3-6)，炼油厂附近有条宽 2.5 km 的河，灌装点在炼油厂的对岸沿河下游 10 km 处. 如果在水中铺设管道费用为 6 万元 /km，在河边铺设管道的费用 4 万元 /km，试在河边找一点 P，使管道建设费最低.

解 设点 P 距炼油厂的距离为 x，管道建设费为 y. 由题意知

$$\begin{aligned}y&=4x+6\sqrt{(10-x)^2+2.5^2}\\&=4x+6\sqrt{(10-x)^2+6.25}.\end{aligned}$$

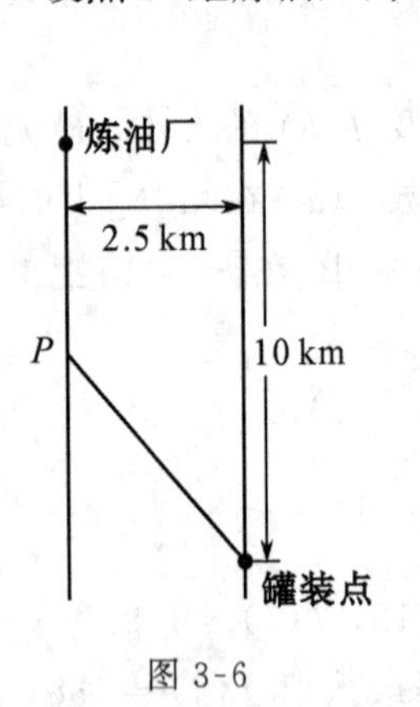

图 3-6

于是

$$y'=4-\frac{6(10-x)}{\sqrt{(10-x)^2+6.25}}.$$

令 $y'=0$，得驻点 $x=10\pm\sqrt{5}$，舍去大于 10 的驻点. 于是最小值点为

$$x=10-\sqrt{5}\approx 7.764.$$

代入求得最低的管道铺设费为 $y\approx 51.18$ 万元.

习 题 3.3

1. 确定下列函数的单调区间及极值：

1) $y=2x^3-6x^2-18x+7$； 2) $y=2x+\frac{8}{x}$ $(x>0)$；

3) $y=x+\sqrt{1-x}$； 4) $y=2x^2-\ln x$.

2. 证明下列不等式：

1) 当 $x>0$ 时，$1+\frac{1}{2}x>\sqrt{1+x}$；

2) 当 $0<x<\frac{\pi}{2}$ 时，$\tan x>x+\frac{1}{3}x^3$；

3) 当 $0<x<\frac{\pi}{2}$ 时，$\sin x+\tan x>2x$.

3. 试求方程 $\sin x=x$ 只有一个实根.

4. 求下列函数的最大值、最小值：

1) $y=x^4-2x^2+5,\ -2\leqslant x\leqslant 2$;

2) $y=x+\frac{1}{x},\ \frac{1}{2}\leqslant x\leqslant 2$.

5. 某农场欲围成一个面积为 6 m^2 的矩形场地，正面所用材料每米造价为10元，其余3面每米造价为5元，求场地长、宽各为多少时，所用的材料费最省.

6. 甲船以每小时 20 km 的速度向东行驶，同一时间乙船在甲船正北 82 km 处以每小时 16 km 的速度向南行驶. 问经过多少时间两船距离最近?

总习题三

1. 填空题

1) 设 $f(x)=1-x^{\frac{2}{3}}$，则 $f(x)$ 在 $[-1,1]$ 上不满足罗尔定理的一个条件是________.

2) 函数 $f(x)=\mathrm{e}^x$ 及 $g(x)=x^2$ 在区间 $[a,b]$ 上满足柯西中值定理条件，即存在点 $\xi\in(a,b)$，使________.

3) 设 $\lim\limits_{x\to 0}\dfrac{\ln(1+x)-\left(ax+\dfrac{b}{2}x^2\right)}{x\sin x}=12$，则 $a=$________，$b=$________.

4) 函数 $f(x)=\dfrac{\mathrm{e}^x}{x}$ 的单调增加区间是________，单调减少区间是________.

5) 设 $f(x)$ 在 $[a,b]$ $(a<b)$ 连续，在 (a,b) 内可导，且在 (a,b) 内除 x_1 及 x_2 两点处的导数为零外，其他各点处的导数都为负值，则 $f(x)$ 在 $[a,b]$ 上的最大值为________.

6) 设 $f(x)=x(x+1)(2x+1)(3x-1)$，则在 $(-1,0)$ 内方程 $f'(x)=0$ 有________个实根；在 $(-1,1)$ 内方程 $f''(x)=0$ 有________个实根.

2. 选择题

1） 下面函数在给定的区间上满足拉格朗日中值定理的是（　　）.

A. $y=\tan x$，$x\in[0,\pi]$　　　　B. $y=\ln x$，$x\in[0,1]$

C. $y=e^{x}$，$x\in\left[\frac{1}{e},e\right]$　　　　D. $y=\frac{1}{x}$，$x\in[-1,1]$

2） 求极限 $\lim\limits_{x\to\infty}\frac{x-\sin x}{x+\sin x}$，下列解法正确的是（　　）.

A. 用洛必达法则，原式 $=\lim\limits_{x\to\infty}\frac{1-\cos x}{1+\cos x}=\lim\limits_{x\to\infty}\frac{\sin x}{-\sin x}=-1$

B. 不用洛必达法则，极限不存在

C. 不用洛必达法则，原式 $=\lim\limits_{x\to\infty}\frac{1-\frac{\sin x}{x}}{1+\frac{\sin x}{x}}=\frac{1-1}{1+1}=0$

D. 不用洛必达法则，原式 $=\lim\limits_{x\to\infty}\frac{1-\frac{\sin x}{x}}{1+\frac{\sin x}{x}}=\frac{1-0}{1+0}=1$

3） 设在$[0,1]$上 $f''(x)>0$，则 $f'(0)$，$f'(1)$，$f(1)-f(0)$ 或 $f(0)-f(1)$ 几个数的大小顺序为（　　）.

A. $f'(1)>f'(0)>f(1)-f(0)$

B. $f'(1)>f(1)-f(0)>f'(0)$

C. $f(1)-f(0)>f'(1)>f'(0)$

D. $f'(1)>f(0)-f(1)>f'(0)$

4） 设 x_0 为 $f(x)$ 的极大值点，则（　　）.

A. 必有 $f'(x_0)=0$

B. 必有 $f''(x_0)<0$

C. $f'(x_0)=0$ 或不存在

D. $f(x_0)$ 为 $f(x)$ 在定义域内的最大值点

5） 设 x_0 为 $f(x)$ 在$[a,b]$上的最大值点，则（　　）.

A. $f'(x_0)=0$ 或不存在　　　　B. 必有 $f''(x_0)<0$

C. x_0 为 $f(x)$ 的极值点　　　　D. $x_0=a,b$ 或为 $f(x)$ 的极大值点

3. 证明：多项式 $f(x)=x^3-3x+a$ 在$[0,1]$上不可能有两个零点.

4. 求证：$f(x)=ax^2+bx+c$ 在任何区间上由拉格朗日中值定理求得的 ξ 总位于该区间的中点.

5. 设 $0<a<b$，$f(x)$ 在$[a,b]$上可导，试证明：存在 $\xi\in(a,b)$，使

$$f(b)-f(a)=\xi f'(\xi)\ln\frac{b}{a}.$$

6. 设 $f(x)$ 在区间$[a,b]$上连续，在(a,b)内可导，证明：在(a,b)内至少存在一点 ξ，使

$$\frac{bf(b)-af(a)}{b-a}=f(\xi)+\xi f'(\xi).$$

7. 已知 $f(x)$ 有一阶连续导数，$f(0)=f'(0)=1$，求 $\lim\limits_{x\to 0}\dfrac{f(\sin x)-1}{\ln f(x)}$.

8. 求下列极限：

1）$\lim\limits_{x\to 0}\dfrac{e^x-1}{xe^x+e^x-1}$；　　2）$\lim\limits_{x\to 0}\left(\dfrac{1}{\ln(1+x)}-\dfrac{1}{x}\right)$；

3）$\lim\limits_{x\to 0}\dfrac{\ln(1+x^2)}{\sec x-\cos x}$；　　4）$\lim\limits_{x\to +\infty}\left(\dfrac{2}{\pi}\arctan x\right)^x$.

9. 求下列函数的单调区间：

1）$y=x-e^x$；　　2）$y=\dfrac{\ln x}{x}$.

10. 求下列函数的极值：

1）$y=x^{\frac{1}{3}}(1-x)^{\frac{2}{3}}$；　　2）$y=x^2e^{\frac{1}{x}}$.

11. 求下列函数的最值：

1）$y=\dfrac{x^2}{1+x}$，$x\in\left[-\dfrac{1}{2},1\right]$；

2）$y=x^{\frac{1}{x}}$，$x\in(0,+\infty)$.

12. 从一块半径为 R 的圆铁片上挖去一个扇形做成一个漏斗，问余下的中心角 φ 取多大时，做成的漏斗的容积最大？

第四章
不定积分

微分学的基本问题是研究如何从已知函数求出它的导函数，那么与之相反的问题是：求一个未知函数，使其导数恰好是某一已知的函数. 这种逆问题不仅是数学理论本身的需要，而且还出现在许多实际问题中. 例如，已知曲线上每一点处的切线斜率(或它满足的某种规律)，求曲线方程；已知速度 $v(t)$，求路程 $s(t)$；等等. 这是积分学的基本问题. 下面首先引入原函数与不定积分的概念.

4.1 不定积分的概念与性质

4.1.1 原函数与不定积分的概念

定义 4.1 设函数 $f(x)$ 在区间 I 上有定义. 如果存在函数 $F(x)$，使得对任何 $x \in I$ 均有

$$F'(x)=f(x) \quad \text{或} \quad \mathrm{d}F(x)=f(x)\mathrm{d}x,$$

则称函数 $F(x)$ 为 $f(x)$ 在区间 I 上的一个**原函数**.

例如，$\frac{1}{3}x^3$ 是 x^2 在区间$(-\infty,+\infty)$上的一个原函数，因为

$$\left(\frac{1}{3}x^3\right)'=x^2;$$

又$\frac{1}{2}\sin 2x$ 与 $1+\frac{1}{2}\sin 2x$ 都是 $\cos 2x$ 在区间$(-\infty,+\infty)$内的原函数，因为

$$\left(\frac{1}{2}\sin 2x\right)'=\left(1+\frac{1}{2}\sin 2x\right)'=\cos 2x.$$

对于已知函数 $f(x)$，我们首先关心的问题是：$f(x)$ 是否一定有原函数？ 或者在什么条件下才有原函数？ 对于这个问题，我们有如下定理：

定理 4.1　如果函数 $f(x)$ 在区间 I 上连续，则 $f(x)$ 在 I 上必存在原函数.

本定理的证明将在下一章中给出.

由于初等函数在其定义区间上都是连续的，因此从定理 4.1 可知每个初等函数在其定义区间上都存在原函数.

其次，如果 $f(x)$ 在区间 I 上存在原函数，由前面的例子不难发现，它的原函数有可能不唯一，那么它的原函数有多少个？对于这个问题，我们也有如下的定理：

定理 4.2　设 $F(x)$ 是 $f(x)$ 在区间 I 上的一个原函数，则

1） $F(x)+C$ 也是 $f(x)$ 的原函数，其中 C 为任意常数；

2） $f(x)$ 的任意两个原函数之间只相差一个常数.

证　1） 因为 $(F(x)+C)'=F'(x)=f(x)$，所以 $F(x)+C$ 也是 $f(x)$ 的原函数.

2） 设 $F(x)$ 和 $G(x)$ 是 $f(x)$ 在区间 I 上的任意两个原函数，则有

$$(F(x)-G(x))'=F'(x)-G'(x)=f(x)-f(x)=0.$$

由拉格朗日中值定理的推论知

$$F(x)-G(x)=C.$$

□

定理 4.2 表明，如果函数存在一个原函数，则必有无穷多个原函数，且它们彼此间只相差一个常数. 同时定理也揭示了全体原函数的结构，即若 $F(x)$ 是 $f(x)$ 在区间 I 上的一个原函数，则 $f(x)$ 的全体原函数可以写成 $F(x)+C$ 的形式，其中 C 为任意常数.

定义 4.2　函数 $f(x)$ 在区间 I 上的全体原函数称为 $f(x)$ 在区间 I 上的**不定积分**，记为

$$\int f(x)\mathrm{d}x,$$

其中称 $\int$ 为**积分号**，$f(x)$ 为**被积函数**，$f(x)\mathrm{d}x$ 为**被积表达式**，x 为**积分变量**.

由定理 4.2 可知，若 $F(x)$ 是 $f(x)$ 在区间 I 上的一个原函数，则 $f(x)$ 在区间 I 上的不定积分为

$$\int f(x)\mathrm{d}x=F(x)+C,$$

其中 C 为任意常数，称为**积分常数**.

即为求函数的不定积分，只要求出一个原函数即可.

因此，本节开始时所举的例子可写为

$$\int x^2 \mathrm{d}x = \frac{1}{3}x^3 + C,$$

$$\int \cos 2x \ \mathrm{d}x = \frac{1}{2}\sin 2x + C.$$

不定积分的几何意义：若 $F(x)$ 是 $f(x)$ 的一个原函数，则称 $y=F(x)$ 的图象为 $f(x)$ 的一条**积分曲线**. 于是，函数 $f(x)$ 的不定积分在几何上表示 $f(x)$ 的某一条积分曲线沿纵轴方向任意平移所得的一切积分曲线组成的曲线族(见图 4-1). 如果规定所求曲线通过点 (x_0, y_0)，则从

$$y_0 = F(x_0) + C$$

中能唯一地确定 C，这种条件称为**初始条件**.

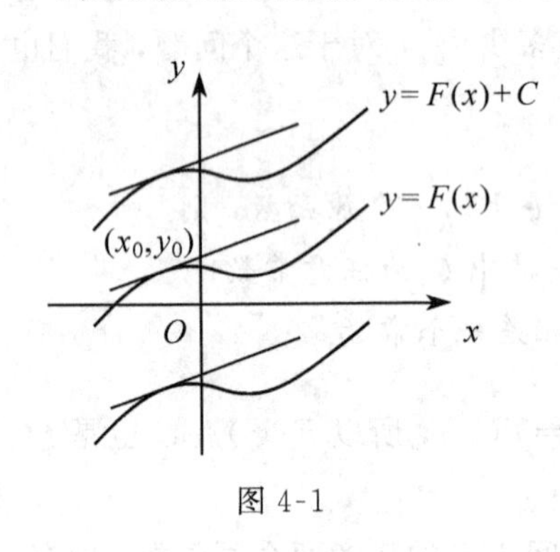

图 4-1

例 4.1 已知曲线 $y=f(x)$ 在任一点切线斜率为 x^2，且曲线通过点 $(0,1)$，求曲线的方程.

解 由题意可知 $f'(x)=x^2$，即 $f(x)$ 是 x^2 的一个原函数，从而

$$f(x) = \int x^2 \mathrm{d}x = \frac{1}{3}x^3 + C.$$

又由于曲线经过点 $(0,1)$，故

$$1 = 0^2 + C,$$

即 $C=1$. 于是所求曲线为 $y=\frac{1}{3}x^3+1$.

4.1.2 基本积分表

如何求函数 $f(x)$ 的原函数？ 我们发现这要比求导数困难很多. 原因在于原函数的定义不像导数那样具有构造性，即它只告诉我们其导数恰好等于 $f(x)$，而没有指出怎样由 $f(x)$ 求出它的原函数的具体形式和途径. 但由不定积分的定义可知

1) $\left(\int f(x)\mathrm{d}x\right)' = f(x)$ 或 $\mathrm{d}\left(\int f(x)\mathrm{d}x\right) = f(x)\mathrm{d}x$； (4.1)

2) $\int f'(x)\mathrm{d}x = f(x) + C$ 或 $\int \mathrm{d}f(x) = f(x) + C$. (4.2)

(4.1) 表明先积分后求导，两者作用相互抵消；反之，(4.2) 表明先求导后积分，两者作用抵消后还留有积分常数. 所以在常数范围内，积分运算与求导运算（或微分运算）是互逆的. 因此由基本初等函数的求导公式，可以写出与之相对应的不定积分公式. 为了今后应用的方便，我们把一些基本的积分公式列成一个表，这个表通常称为**基本积分表**.

1) $\int k\,\mathrm{d}x = kx + C$ （k 是常数）；

2) $\int x^{\mu}\,\mathrm{d}x = \dfrac{x^{\mu+1}}{\mu+1} + C \quad (\mu \neq -1)$；

3) $\int \dfrac{1}{x}\mathrm{d}x = \ln|x| + C$；

4) $\int \dfrac{\mathrm{d}x}{1+x^2} = \arctan x + C$；

5) $\int \dfrac{\mathrm{d}x}{\sqrt{1-x^2}} = \arcsin x + C$；

6) $\int \cos x\,\mathrm{d}x = \sin x + C$；

7) $\int \sin x\,\mathrm{d}x = -\cos x + C$；

8) $\int \dfrac{\mathrm{d}x}{\cos^2 x} = \int \sec^2 x\,\mathrm{d}x = \tan x + C$；

9) $\int \dfrac{\mathrm{d}x}{\sin^2 x} = \int \csc^2 x\,\mathrm{d}x = -\cot x + C$；

10) $\int \sec x \tan x\,\mathrm{d}x = \sec x + C$；

11) $\int \csc x \cot x\,\mathrm{d}x = -\csc x + C$；

12) $\int \mathrm{e}^x\,\mathrm{d}x = \mathrm{e}^x + C$；

13) $\int a^x\,\mathrm{d}x = \dfrac{a^x}{\ln a} + C$.

以上基本积分公式是求不定积分的基础，必须熟记.

例 4.2　求不定积分$\int \dfrac{1}{\sqrt{x}}\mathrm{d}x$.

解　$\int \dfrac{1}{\sqrt{x}}\mathrm{d}x = \int x^{-\frac{1}{2}}\mathrm{d}x = \dfrac{1}{-\frac{1}{2}+1}x^{-\frac{1}{2}+1} + C = 2x^{\frac{1}{2}} + C$.

例 4.3　求不定积分$\int x^2\sqrt{x}\,\mathrm{d}x$.

解 $\int x^2\sqrt{x}\,\mathrm{d}x=\int x^{\frac{5}{2}}\mathrm{d}x=\frac{1}{\frac{5}{2}+1}x^{\frac{5}{2}+1}+C=\frac{2}{7}x^{\frac{7}{2}}+C.$

4.1.3 不定积分的性质

性质 1 设函数 $f(x)$ 及 $g(x)$ 的原函数存在，则

$$\int(f(x)\pm g(x))\mathrm{d}x=\int f(x)\mathrm{d}x\pm\int g(x)\mathrm{d}x.$$

性质 2 设函数 $f(x)$ 的原函数存在，k 为非零常数，则

$$\int kf(x)\mathrm{d}x=k\int f(x)\mathrm{d}x.$$

利用基本积分表以及不定积分的这两个性质，可以求出一些简单函数的不定积分.

例 4.4 求不定积分 $\int(\mathrm{e}^x-2\sin x+\sqrt{2}x^3)\mathrm{d}x$.

解
$$\begin{aligned}\int(\mathrm{e}^x-2\sin x+\sqrt{2}x^3)\mathrm{d}x&=\int\mathrm{e}^x\mathrm{d}x-2\int\sin x\,\mathrm{d}x+\sqrt{2}\int x^3\mathrm{d}x\\&=\mathrm{e}^x+2\cos x+\frac{\sqrt{2}}{4}x^4+C.\end{aligned}$$

例 4.5 求不定积分 $\int\frac{(1-x)^3}{x^2}\mathrm{d}x$.

解
$$\begin{aligned}\int\frac{(1-x)^3}{x^2}\mathrm{d}x&=\int\frac{1-3x+3x^2-x^3}{x^2}\mathrm{d}x\\&=\int\left(\frac{1}{x^2}-\frac{3}{x}+3-x\right)\mathrm{d}x\\&=-\frac{1}{x}-3\ln|x|+3x-\frac{1}{2}x^2+C.\end{aligned}$$

例 4.6 求不定积分 $\int\frac{x^2}{1+x^2}\mathrm{d}x$.

解
$$\begin{aligned}\int\frac{x^2}{1+x^2}\mathrm{d}x&=\int\frac{(x^2+1)-1}{1+x^2}\mathrm{d}x=\int\left(1-\frac{1}{1+x^2}\right)\mathrm{d}x\\&=\int\mathrm{d}x-\int\frac{1}{1+x^2}\mathrm{d}x=x-\arctan x+C.\end{aligned}$$

例 4.7 求不定积分 $\int\tan^2x\,\mathrm{d}x$.

解 $\int \tan^2 x \, dx = \int (\sec^2 x - 1) dx = \tan x - x + C.$

习 题 4.1

1. 求下列不定积分：

1) $\int \sqrt{x\sqrt{x}}\, dx$；
2) $\int (2-x)^3 dx$；

3) $\int \frac{x^2-\sqrt{x}+1}{x\sqrt{x}} dx$；
4) $\int (\sqrt{x}-1)\left(x+\frac{1}{\sqrt{x}}\right) dx$；

5) $\int \frac{x^2+\sin^2 x}{x^2 \sin^2 x} dx$；
6) $\int \frac{1}{x^2(1+x^2)} dx$；

7) $\int \left(\sqrt{\frac{1-x}{1+x}}+\sqrt{\frac{1+x}{1-x}}\right) dx$；
8) $\int \left(\frac{3}{1+x^2}-\frac{2}{\sqrt{1-x^2}}\right) dx$；

9) $\int 2^{2x} \cdot 3^x dx$；
10) $\int \frac{2\cdot 3^x - 5\cdot 2^x}{3^x} dx$；

11) $\int \frac{e^{2x}-1}{e^x-1} dx$；
12) $\int \cot^2 x \, dx$；

13) $\int \frac{1}{1+\cos 2x} dx$；
14) $\int \frac{\cos 2x}{\cos x + \sin x} dx$；

15) $\int \frac{\cos 2x}{\sin^2 x \cos^2 x} dx$；
16) $\int \sec x (\sec x - \tan x) dx$.

2. 已知曲线上任一点 x 处的切线的斜率为 $\frac{1}{2\sqrt{x}}$，且曲线经过点(4,3)，求此曲线的方程.

3. 一物体由静止开始运动，t s 末的速度是 $3t^2$(m/s). 问：

1) 在 3 s 末物体与出发点之间的距离是多少？

2) 物体走完 360 m 需要多少时间？

4.2 换元积分法

能直接利用基本积分公式和性质计算的不定积分是十分有限的，因此有必要进一步来研究不定积分的求法. 本节把复合函数的求导法则反过来用于求不定积分，就得到了不定积分的**换元积分法**. 换元积分法有两类：第一换元积分法和第二换元积分法，下面分别来讨论.

4.2.1 第一换元积分法(凑微分法)

定理 4.3 设 $f(u)$ 具有原函数 $F(u)$，$u=\varphi(x)$ 可导，则有换元公式

$$\int f(\varphi(x))\varphi'(x)\mathrm{d}x=\int f(u)\mathrm{d}u=F(u)+C=F(\varphi(x))+C.$$

证 因为 $F'(u)=f(u)$，$u=\varphi(x)$，根据复合函数微分法有

$$(F(\varphi(x))+C)'=F'(\varphi(x))\cdot\varphi'(x)=f(\varphi(x))\cdot\varphi'(x),$$

所以

$$\int f(\varphi(x))\varphi'(x)\mathrm{d}x=F(\varphi(x))+C. \qquad \square$$

第一换元积分法是将用基本积分表和积分性质不易求的积分 $\int g(x)\mathrm{d}x$，凑成 $\int f(\varphi(x))\varphi'(x)\mathrm{d}x$ 的形式，再作变换 $u=\varphi(x)$，因此第一换元积分法也称为**凑微分法**.

例 4.8 求不定积分 $\int \sin 2x\ \mathrm{d}x$.

解 被积函数 $\sin 2x$ 是一个复合函数：$\sin 2x=\sin u$，$u=2x$. 而 $u'=2$，因此令 $u=2x$，有

$$\int \sin 2x\ \mathrm{d}x=\frac{1}{2}\int \sin 2x\cdot 2\mathrm{d}x=\frac{1}{2}\int \sin 2x\ \mathrm{d}(2x)=\frac{1}{2}\int \sin u\ \mathrm{d}u$$

$$=-\frac{1}{2}\cos u+C=-\frac{1}{2}\cos 2x+C.$$

例 4.9 求不定积分 $\int x\mathrm{e}^{x^2}\mathrm{d}x$.

解 令 $u=x^2$，$u'=2x$，则

$$\int x\mathrm{e}^{x^2}\mathrm{d}x=\frac{1}{2}\int \mathrm{e}^{x^2}\mathrm{d}x^2=\frac{1}{2}\int \mathrm{e}^{u}\mathrm{d}u=\frac{1}{2}\mathrm{e}^{u}+C=\frac{1}{2}\mathrm{e}^{x^2}+C.$$

例 4.10 求不定积分 $\int x\sqrt{1+2x^2}\ \mathrm{d}x$.

解 令 $u=1+2x^2$，$u'=4x$，则

$$\int x\sqrt{1+2x^2}\ \mathrm{d}x=\frac{1}{4}\int\sqrt{1+2x^2}\ \mathrm{d}(1+2x^2)=\frac{1}{4}\int u^{\frac{1}{2}}\mathrm{d}u$$

$$=\frac{1}{4}\cdot\frac{2}{3}u^{\frac{3}{2}}+C=\frac{1}{6}(1+2x^2)^{\frac{3}{2}}+C.$$

从以上例子可以看出，第一换元法的关键是“凑微分”，即能看出一个函数与 $\mathrm{d}x$ 的乘积是哪一个函数的微分. 这就要求熟悉导数公式或微分公式，并能将它们反过来用，例如

$$x\,dx=\frac{1}{2}dx^2=\frac{1}{4}d(1+2x^2).$$

那么，凑成什么形式好呢？应遵循以下两点：

1）$\varphi(x)$ 恰好为被积函数 $f(\varphi(x))$ 的内部函数；

2）$\int f(u)du$ 的积分容易求得.

下面列出一些常用的凑微分形式：

1）$dx=\frac{1}{a}d(ax+b)$；

2）$\frac{1}{x}dx=d(\ln|x|)=\frac{1}{a}d(a\ln|x|+b)$；

3）$x\,dx=\frac{1}{2}dx^2=\frac{1}{2a}d(ax^2+b)$；

4）$\frac{1}{\sqrt{x}}dx=2d\sqrt{x}=\frac{2}{a}d(a\sqrt{x}+b)$；

5）$a^x dx=\frac{1}{\ln a}da^x$；

6）$\frac{1}{x^2}dx=-d\left(\frac{1}{x}\right)$；

7）$\cos x\ dx=d(\sin x)$；

8）$\sin x\ dx=-d(\cos x)$；

9）$\sec^2 x\ dx=d(\tan x)$；

10）$\csc^2 x\ dx=-d(\cot x)$；

11）$\sec x\ \tan x\ dx=d(\sec x)$；

12）$\csc x\ \cot x\ dx=-d(\csc x)$；

13）$\frac{1}{\sqrt{1-x^2}}dx=d(\arcsin x)$；

14）$\frac{1}{1+x^2}dx=d(\arctan x)$.

凑微分法运用熟练后，可以省略换元步骤，直接写出结果.

例 4.11　求不定积分$\int\frac{1}{a^2+x^2}dx$.

解　$\int\frac{1}{a^2+x^2}dx=\frac{1}{a^2}\int\frac{1}{1+\left(\frac{x}{a}\right)^2}dx=\frac{1}{a}\int\frac{1}{1+\left(\frac{x}{a}\right)^2}d\left(\frac{x}{a}\right)$

$$=\frac{1}{a}\arctan\frac{x}{a}+C.$$

例 4.12 求不定积分$\int \frac{1}{a^2-x^2}\mathrm{d}x$.

解 $$\int \frac{1}{a^2-x^2}\mathrm{d}x=\frac{1}{2a}\int\left(\frac{1}{a+x}+\frac{1}{a-x}\right)\mathrm{d}x$$
$$=\frac{1}{2a}\left[\int \frac{1}{a+x}\mathrm{d}(a+x)-\int \frac{1}{a-x}\mathrm{d}(a-x)\right]$$
$$=\frac{1}{2a}(\ln|a+x|-\ln|a-x|)+C$$
$$=\frac{1}{2a}\ln\left|\frac{a+x}{a-x}\right|+C.$$

例 4.13 求不定积分$\int \frac{1}{x^2}\cos\frac{1}{x}\,\mathrm{d}x$.

解 $$\int \frac{1}{x^2}\cos\frac{1}{x}\,\mathrm{d}x=-\int\cos\frac{1}{x}\,\mathrm{d}\left(\frac{1}{x}\right)=-\sin\frac{1}{x}+C.$$

例 4.14 求不定积分$\int\cos x\ \sin^2 x\ \mathrm{d}x$.

解 $$\int\cos x\ \sin^2 x\ \mathrm{d}x=\int\sin^2 x\ \mathrm{d}\sin x=\frac{1}{3}\sin^3 x+C.$$

例 4.15 求不定积分$\int\cos^2 x\ \mathrm{d}x$.

解 $$\int\cos^2 x\ \mathrm{d}x=\int\frac{1+\cos 2x}{2}\mathrm{d}x=\frac{1}{2}\left(\int\mathrm{d}x+\int\cos 2x\ \mathrm{d}x\right)$$
$$=\frac{1}{2}x+\frac{1}{4}\int\cos 2x\ \mathrm{d}(2x)$$
$$=\frac{1}{2}x+\frac{1}{4}\sin 2x+C.$$

例 4.16 求不定积分$\int\tan x\ \mathrm{d}x$.

解 $$\int\tan x\ \mathrm{d}x=\int\frac{\sin x}{\cos x}\mathrm{d}x=-\int\frac{1}{\cos x}\mathrm{d}(\cos x)=-\ln|\cos x|+C.$$

例 4.17 求不定积分$\int\sec x\ \mathrm{d}x$.

解 $$\int\sec x\ \mathrm{d}x=\int\frac{1}{\cos x}\mathrm{d}x=\int\frac{\cos x}{\cos^2 x}\mathrm{d}x=\int\frac{\mathrm{d}(\sin x)}{1-\sin^2 x}$$
$$=\frac{1}{2}\ln\left(\frac{1+\sin x}{1-\sin x}\right)+C=\ln\left|\frac{1+\sin x}{\cos x}\right|+C$$
$$=\ln|\sec x+\tan x|+C.$$

4.2.2 第二换元积分法

如果不定积分$\int f(x)\mathrm{d}x$用前面介绍的方法都不易求得，但作适当的变量替换$x=\varphi(t)$后，所得到的关于新积分变量t的不定积分

$$\int f(\varphi(t))\varphi'(t)\mathrm{d}t$$

可以求得，从而可以解决$\int f(x)\mathrm{d}x$的计算问题，这就是**第二换元(积分)法**.

定理 4.4 设$x=\varphi(t)$是单调、可导函数，且$\varphi'(t)\neq 0$，又设$f(\varphi(t))\varphi'(t)$具有原函数$F(t)$，则

$$\int f(x)\mathrm{d}x=\int f(\varphi(t))\varphi'(t)\mathrm{d}t=F(t)+C=F(\varphi^{-1}(x))+C.$$

证 由于$F(t)$是$f(\varphi(t))\varphi'(t)$的原函数，即

$$F'(t)=f(\varphi(t))\varphi'(t),$$

又$x=\varphi(t)$单调且$\varphi'(t)\neq 0$，因此反函数$t=\varphi^{-1}(x)$存在，且

$$\frac{\mathrm{d}t}{\mathrm{d}x}=\frac{1}{\varphi'(t)}.$$

令$G(x)=F(\varphi^{-1}(x))$，利用复合函数求导法则及反函数求导法，得

$$\begin{aligned}G'(x)&=\frac{\mathrm{d}F}{\mathrm{d}t}\cdot\frac{\mathrm{d}t}{\mathrm{d}x}=f(\varphi(t))\varphi'(t)\cdot\frac{1}{\varphi'(t)}\\&=f(\varphi(t))=f(x),\end{aligned}$$

即$G(x)=F(\varphi^{-1}(x))$为$f(x)$的原函数，从而结论得证. □

注 由定理 4.4 可见，第二换元积分法的换元及回代过程与第一换元积分法的正好相反.

第二换元积分法常用于求解含有根式的被积函数的不定积分，下面介绍两种常用的第二换元法.

1. 三角代换

例 4.18 求不定积分$\int\sqrt{a^2-x^2}\,\mathrm{d}x\ (a>0)$.

解 令$x=a\sin t$，$t\in\left(-\frac{\pi}{2},\frac{\pi}{2}\right)$，则

$$\sqrt{a^2-x^2}=\sqrt{a^2-a^2\sin^2 t}=a\cos t,\quad \mathrm{d}x=a\cos t\,\mathrm{d}t.$$

于是

$$\int\sqrt{a^2-x^2}\,dx=\int a\cos t\cdot a\cos t\,dt=\int a^2\cos^2 t\,dt$$

$$=a^2\int\frac{1+\cos 2t}{2}dt=\frac{a^2}{2}\left(t+\frac{1}{2}\sin 2t\right)+C$$

$$=\frac{a^2}{2}(t+\sin t\cos t)+C.$$

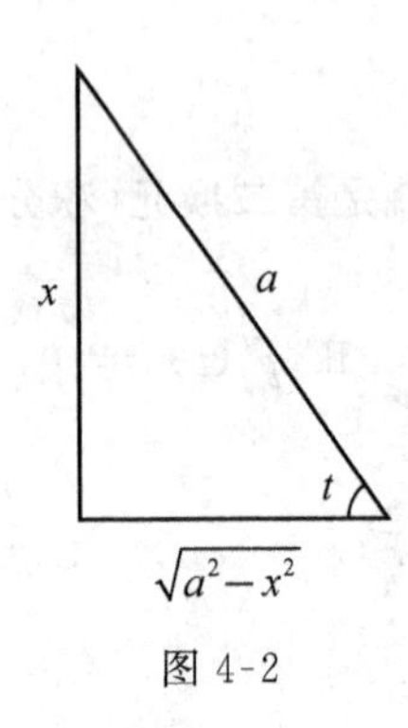

图 4-2

为了将变量 t 还原回原来的积分变量 x，由 $x=a\sin t$ 作直角三角形(见图 4-2)，可知 $\cos t=\frac{\sqrt{a^2-x^2}}{a}$，代入上式得

$$\int\sqrt{a^2-x^2}\,dx$$

$$=\frac{a^2}{2}\left(\arcsin\frac{x}{a}+\frac{x}{a}\cdot\frac{\sqrt{a^2-x^2}}{a}\right)+C$$

$$=\frac{a^2}{2}\arcsin\frac{x}{a}+\frac{x}{2}\sqrt{a^2-x^2}+C.$$

例 4.19 求不定积分 $\int\frac{1}{\sqrt{x^2+a^2}}dx\ (a>0)$.

解 令 $x=a\tan t$，$t\in\left(-\frac{\pi}{2},\frac{\pi}{2}\right)$，则

$$\sqrt{x^2+a^2}=\sqrt{a^2+a^2\tan^2 t}=a\sec t,\quad dx=a\sec^2 t\,dt.$$

于是

$$\int\frac{1}{\sqrt{x^2+a^2}}dx=\int\frac{1}{a\sec t}\cdot a\sec^2 t\,dt=\int\sec t\,dt$$

$$=\ln|\sec t+\tan t|+C.$$

由 $x=a\tan t$ 作直角三角形(见图 4-3)，可知 $\sec t=\frac{\sqrt{x^2+a^2}}{a}$，代入上式得

$$\int\frac{1}{\sqrt{x^2+a^2}}dx$$

$$=\ln\left|\frac{\sqrt{x^2+a^2}}{a}+\frac{x}{a}\right|+C$$

$$=\ln\left|\sqrt{x^2+a^2}+x\right|+C_1,$$

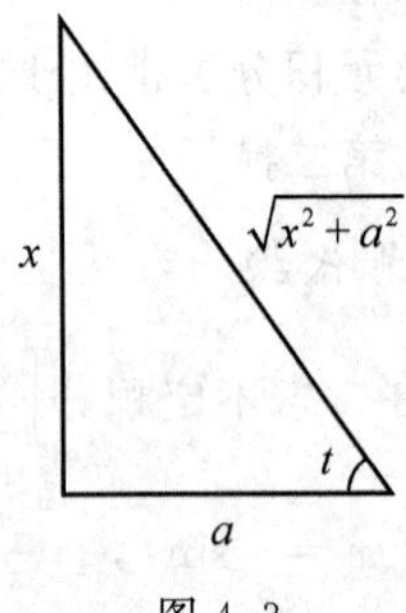

图 4-3

其中 $C_1=C-\ln a$.

例 4.20　求不定积分$\int \frac{1}{\sqrt{x^2-a^2}}\mathrm{d}x$ $(a>0)$.

解　当 $x>a$ 时，设 $x=a\sec t$，$t\in\left(0,\frac{\pi}{2}\right)$，则

$$\sqrt{x^2-a^2}=\sqrt{a^2\sec^2 t-a^2}=a\tan t,\quad \mathrm{d}x=a\sec t\tan t\,\mathrm{d}t.$$

于是

$$\int \frac{1}{\sqrt{x^2-a^2}}\mathrm{d}x=\int \frac{1}{a\tan t}\cdot a\sec t\tan t\,\mathrm{d}t=\int \sec t\,\mathrm{d}t$$

$$=\ln|\sec t+\tan t|+C.$$

由 $x=a\sec t$ 作直角三角形(见图 4-4)，可知

$\tan t=\frac{\sqrt{x^2-a^2}}{a}$，代入上式得

$$\int \frac{1}{\sqrt{x^2-a^2}}\mathrm{d}x=\ln\left|\frac{x}{a}+\frac{\sqrt{x^2-a^2}}{a}\right|+C$$

$$=\ln\left|x+\sqrt{x^2-a^2}\right|+C_1,$$

其中 $C_1=C-\ln a$.

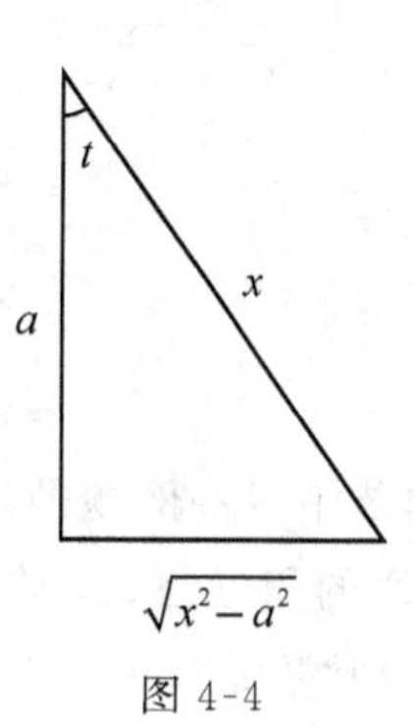

图 4-4

当 $x<-a$ 时，令 $x=-u$，那么 $u>a$，由上面结果，有

$$\int \frac{\mathrm{d}x}{\sqrt{x^2-a^2}}=-\int \frac{\mathrm{d}u}{\sqrt{u^2-a^2}}=-\ln\left|u+\sqrt{u^2-a^2}\right|+C$$

$$=-\ln\left|-x+\sqrt{x^2-a^2}\right|+C$$

$$=\ln\left|x+\sqrt{x^2-a^2}\right|+C_1,$$

其中 $C_1=C-2\ln a$.

综上，可知

$$\int \frac{\mathrm{d}x}{\sqrt{x^2-a^2}}=\ln\left|x+\sqrt{x^2-a^2}\right|+C.$$

通过上述三个例子可以看到，三角代换常用于求解被积函数为二次根式的不定积分；而且当被积函数有$\sqrt{a^2-x^2}$，$\sqrt{x^2+a^2}$ 或$\sqrt{x^2-a^2}$ 时，可分别作代换 $x=a\sin t$，$x=a\tan t$，$x=a\sec t$，从而化去根式.

2. 简单根式代换

例 4.21　求不定积分$\int \frac{\sqrt{x-1}}{x}\mathrm{d}x$.

解 令$\sqrt{x-1}=t$，则$x=1+t^2$，$\mathrm{d}x=2t\mathrm{d}t$，于是

$$\begin{aligned}\int\frac{\sqrt{x-1}}{x}\mathrm{d}x&=\int\frac{t}{1+t^2}\cdot 2t\,\mathrm{d}t=2\int\left(1-\frac{1}{1+t^2}\right)\mathrm{d}t\\&=2(t-\arctan t)+C\\&=2(\sqrt{x-1}-\arctan\sqrt{x-1})+C.\end{aligned}$$

例 4.22 求不定积分$\int\frac{\mathrm{d}x}{\sqrt{x}+\sqrt[3]{x}}$.

解 令$\sqrt[6]{x}=t$，则$x=t^6$，$\mathrm{d}x=6t^5\mathrm{d}t$，于是

$$\begin{aligned}\int\frac{\mathrm{d}x}{\sqrt{x}+\sqrt[3]{x}}&=\int\frac{1}{t^3+t^2}\cdot 6t^5\,\mathrm{d}t=6\int\frac{t^3}{1+t}\mathrm{d}x\\&=6\int\left(t^2-t+1-\frac{1}{1+t}\right)\mathrm{d}t\\&=2t^3-3t^2+6t-6\ln|1+t|+C\\&=2\sqrt{x}-3\sqrt[3]{x}+6\sqrt[6]{x}-6\ln|1+\sqrt[6]{x}|+C.\end{aligned}$$

本节中一些例题的结果以后经常遇到，所以它们通常也被当做公式使用. 常用的积分公式，除了基本积分表中的公式外，我们再补充下面一些公式(其中常数$a>0$).

1) $\int\tan x\ \mathrm{d}x=-\ln|\cos x|+C$；

2) $\int\cot x\ \mathrm{d}x=\ln|\sin x|+C$；

3) $\int\sec x\ \mathrm{d}x=\ln|\sec x+\tan x|+C$；

4) $\int\csc x\ \mathrm{d}x=\ln|\csc x-\cot x|+C$；

5) $\int\frac{1}{a^2+x^2}\mathrm{d}x=\frac{1}{a}\arctan\frac{x}{a}+C$；

6) $\int\frac{1}{x^2-a^2}\mathrm{d}x=\frac{1}{2a}\ln\left|\frac{x-a}{x+a}\right|+C$；

7) $\int\frac{1}{\sqrt{a^2-x^2}}\mathrm{d}x=\arcsin\frac{x}{a}+C$；

8) $\int\sqrt{a^2-x^2}\ \mathrm{d}x=\frac{a^2}{2}\arcsin\frac{x}{a}+\frac{x}{2}\sqrt{a^2-x^2}+C$；

9) $\int\frac{1}{\sqrt{x^2\pm a^2}}\mathrm{d}x=\ln\left|x+\sqrt{x^2\pm a^2}\right|+C$.

习　题　4.2

1. 填空使下列等式成立：

1) $dx=$ ________ $d(1-2x)$；

2) $x\,dx=$ ________ $d(3x^2+4)$；

3) $x^3dx=$ ________ $d(3x^4-2)$；

4) $\dfrac{1}{x^2}dx=$ ________ $d\left(\dfrac{1}{x}+3\right)$；

5) $\dfrac{1}{\sqrt{x}}dx=$ ________ $d(2-\sqrt{x})$；

6) $\dfrac{1}{x}dx=$ ________ $d(3-5\ln|x|)$；

7) $e^{2x}dx=$ ________ $d(e^{2x}+1)$；

8) $xe^{-2x^2}dx=$ ________ $d(e^{-2x^2}+3)$；

9) $\sin\dfrac{x}{2}dx=$ ________ $d\left(\cos\dfrac{x}{2}\right)$；

10) $\dfrac{1}{\cos^2 2x}dx=$ ________ $d(\tan 2x+1)$；

11) $\dfrac{1}{\sqrt{1-9x^2}}dx=$ ________ $d(\arcsin 3x)$；

12) $\dfrac{1}{1+9x^2}dx=$ ________ $d(5-3\arctan 3x)$.

2. 求下列不定积分：

1) $\displaystyle\int\frac{x}{1+x^2}dx$；

2) $\displaystyle\int e^{5t}dt$；

3) $\displaystyle\int\frac{1}{x^2}e^{\frac{1}{x}}dx$；

4) $\displaystyle\int\frac{1}{\sqrt[3]{2-3x}}dx$；

5) $\displaystyle\int\frac{\ln x}{x}dx$；

6) $\displaystyle\int\frac{\cos\sqrt{x}}{\sqrt{x}}dx$；

7) $\displaystyle\int\frac{x-1}{\sqrt{3+2x-x^2}}dx$；

8) $\displaystyle\int\frac{1}{x\ln x\ \ln\ln x}dx$；

9) $\displaystyle\int\frac{1}{e^x+e^{-x}}dx$；

10) $\displaystyle\int\frac{\sin x}{\cos^3 x}dx$；

11) $\displaystyle\int\cos^3 x\,dx$；

12) $\displaystyle\int\tan^3 x\,dx$.

3. 求下列不定积分：

1) $\int \frac{\sqrt{x^2-9}}{x}\mathrm{d}x$；　2) $\int \frac{1}{1+\sqrt{1-x^2}}\mathrm{d}x$；

3) $\int \frac{\mathrm{d}x}{\sqrt{(x^2+1)^3}}$；　4) $\int \frac{1}{\sqrt{9x^2-4}}\mathrm{d}x$；

5) $\int x\sqrt{x-2}\,\mathrm{d}x$；　6) $\int \frac{1}{\sqrt{x}+\sqrt[4]{x}}\mathrm{d}x$；

7) $\int \frac{\sqrt{x+1}-1}{\sqrt{x+1}+1}\mathrm{d}x$；　8) $\int \frac{1}{1+\sqrt{2x}}\mathrm{d}x$.

4.3 分部积分法

前面在复合函数求导法则的基础上，得到了换元积分法，从而可以解决许多积分的计算问题，但有些积分，如$\int x\mathrm{e}^x\,\mathrm{d}x$，$\int x\cos x\,\mathrm{d}x$ 等利用换元法仍无法求解. 本节要介绍另一个求积分的基本方法 —— 分部积分法，它是由两个函数乘积的微分法推导而来的.

设 $u=u(x)$，$v=v(x)$ 具有连续导数，由函数乘积的微分法有

$$\mathrm{d}(uv)=u\mathrm{d}v+v\mathrm{d}u,$$

即 $u\mathrm{d}v=\mathrm{d}(uv)-v\mathrm{d}u$. 两边求不定积分得

$$\int u\mathrm{d}v=uv-\int v\mathrm{d}u. \tag{4.3}$$

(4.3) 称为**分部积分公式**. 它的特点是先求出一部分积分 uv，另一部分积分 $\int v\mathrm{d}u$ 比$\int u\mathrm{d}v$ 容易求得.

下面通过例题来说明如何运用这个重要公式.

例 4.23 求不定积分$\int x\cos x\,\mathrm{d}x$.

解法 1 设 $u=x$，$\mathrm{d}v=\cos x\,\mathrm{d}x$，则 $\mathrm{d}u=\mathrm{d}x$，$v=\sin x$. 由(4.3) 得

$$\int x\cos x\,\mathrm{d}x=x\sin x-\int \sin x\,\mathrm{d}x=x\sin x+\cos x+C.$$

解法 2 设 $u=\cos x$，$\mathrm{d}v=x\mathrm{d}x$，则 $\mathrm{d}u=-\sin x\,\mathrm{d}x$，$v=\frac{x^2}{2}$. 由(4.3) 得

$$\int x\cos x\,\mathrm{d}x=\frac{x^2}{2}\cos x+\int \frac{x^2}{2}\sin x\,\mathrm{d}x.$$

比较一下不难发现，第 2 种解法中，被积函数中 x 的幂次反而升高了，

积分的难度更大了，因此这样选择 u,v 是不合适的. 一般地，在应用分部积分选取 u 和 $\mathrm{d}v$ 时要考虑下面两点：

1） v 要容易求得；

2） $\int v\,\mathrm{d}u$ 要比 $\int u\,\mathrm{d}v$ 容易积分.

例 4.24　求不定积分 $\int x^2\mathrm{e}^x\,\mathrm{d}x$.

解　设 $u=x^2$，$\mathrm{d}v=\mathrm{e}^x\,\mathrm{d}x$，则 $\mathrm{d}u=2x\,\mathrm{d}x$，$v=\mathrm{e}^x$. 于是，由(4.3)得

$$\int x^2\mathrm{e}^x\,\mathrm{d}x=\int x^2\,\mathrm{d}\,\mathrm{e}^x=x^2\mathrm{e}^x-\int 2x\,\mathrm{e}^x\,\mathrm{d}x.$$

这里积分 $\int x\,\mathrm{e}^x\,\mathrm{d}x$ 应比 $\int x^2\mathrm{e}^x\,\mathrm{d}x$ 容易计算，因为被积函数中 x 的幂次降低了一次，对 $\int x\,\mathrm{e}^x\,\mathrm{d}x$ 再用一次分部积分法. 设 $u=x$，$\mathrm{d}v=\mathrm{e}^x\,\mathrm{d}x$，则 $\mathrm{d}u=\mathrm{d}x$，$v=\mathrm{e}^x$，于是

$$\begin{aligned}\int x^2\mathrm{e}^x\,\mathrm{d}x&=x^2\mathrm{e}^x-2\int x\,\mathrm{d}\,\mathrm{e}^x=x^2\mathrm{e}^x-2\left(x\,\mathrm{e}^x-\int \mathrm{e}^x\,\mathrm{d}x\right)\\&=x^2\mathrm{e}^x-2x\,\mathrm{e}^x+2\mathrm{e}^x+C.\end{aligned}$$

例 4.25　求不定积分 $\int \ln x\,\mathrm{d}x$.

解　设 $u=\ln x$，$\mathrm{d}v=\mathrm{d}x$，则 $\mathrm{d}u=\dfrac{1}{x}\mathrm{d}x$，$v=x$. 由(4.3)得

$$\int \ln x\,\mathrm{d}x=x\ln x-\int x\cdot\frac{1}{x}\mathrm{d}x=x\ln x-x+C.$$

例 4.26　求不定积分 $\int x\arctan x\,\mathrm{d}x$.

解　设 $u=\arctan x$，$\mathrm{d}v=x\,\mathrm{d}x$，则 $\mathrm{d}u=\dfrac{1}{1+x^2}\mathrm{d}x$，$v=\dfrac{x^2}{2}$. 由(4.3)得

$$\begin{aligned}\int x\arctan x\,\mathrm{d}x&=\int \arctan x\,\mathrm{d}\left(\frac{1}{2}x^2\right)=\frac{1}{2}x^2\arctan x-\frac{1}{2}\int\frac{x^2}{1+x^2}\mathrm{d}x\\&=\frac{1}{2}x^2\arctan x-\frac{1}{2}\int\left(1-\frac{1}{1+x^2}\right)\mathrm{d}x\\&=\frac{1}{2}(x^2+1)\arctan x-\frac{1}{2}x+C.\end{aligned}$$

总结上面 4 个例题可知，如果被积函数是幂函数与正(余)弦函数或幂函数与指数函数的乘积，可以考虑用分部积分法，并选幂函数为 u；如果被积函数是幂函数和对数函数或幂函数与反三角函数的乘积，也可以考虑用分部积分法，这时选对数函数或反三角函数为 u.

在运算方法熟练后，分部积分的替换过程可以省略.

例 4.27 求不定积分$\int x\ln x\,\mathrm{d}x$.

解 $$\int x\ln x\,\mathrm{d}x=\int \ln x\,\mathrm{d}\frac{x^2}{2}=\frac{x^2}{2}\ln x-\int\frac{x^2}{2}\mathrm{d}\ln x$$
$$=\frac{x^2}{2}\ln x-\frac{1}{2}\int x^2\cdot\frac{1}{x}\mathrm{d}x$$
$$=\frac{x^2}{2}\ln x-\frac{1}{2}\int x\,\mathrm{d}x=\frac{x^2}{2}\ln x-\frac{x^2}{4}+C.$$

例 4.28 求不定积分$\int \mathrm{e}^x\sin x\,\mathrm{d}x$.

解 $$\int \mathrm{e}^x\sin x\,\mathrm{d}x=\int\sin x\,\mathrm{d}\,\mathrm{e}^x=\mathrm{e}^x\sin x-\int\mathrm{e}^x\cos x\,\mathrm{d}x$$
$$=\mathrm{e}^x\sin x-\int\cos x\,\mathrm{d}\,\mathrm{e}^x$$
$$=\mathrm{e}^x\sin x-\mathrm{e}^x\cos x-\int\mathrm{e}^x\sin x\,\mathrm{d}x.$$

上式最后一项正好是所求积分，移到等式左边然后除以 2，便得
$$\int\mathrm{e}^x\sin x\,\mathrm{d}x=\frac{1}{2}\mathrm{e}^x(\sin x-\cos x)+C.$$

注 上例是一个运用分部积分法的典型例子. 事实上，这里也可以选取$u=\mathrm{e}^x$，$\mathrm{d}v=\sin x\,\mathrm{d}x$，同样也是经过两次分部积分后产生循环式，从而解出所求积分. 值得注意的是，最后一步移项后，等式右端已不包含积分项，所以必须加上任意常数C.

在积分过程中往往要兼用换元法和分部法，如下例：

例 4.29 求$\int\mathrm{e}^{\sqrt{x}}\mathrm{d}x$.

解 令$\sqrt{x}=t$，则$x=t^2$，$\mathrm{d}x=2t\mathrm{d}t$. 于是
$$\int\mathrm{e}^{\sqrt{x}}\mathrm{d}x=2\int t\mathrm{e}^t\mathrm{d}t=2\int t\,\mathrm{d}\,\mathrm{e}^t=2\left(t\mathrm{e}^t-\int\mathrm{e}^t\mathrm{d}t\right)$$
$$=2\mathrm{e}^t(t-1)+C.$$

再用$t=\sqrt{x}$回代，便得所求积分：
$$\int\mathrm{e}^{\sqrt{x}}\mathrm{d}x=2\mathrm{e}^{\sqrt{x}}(\sqrt{x}-1)+C.$$

习 题 4.3

求下列不定积分：

1) $\int x\sin 2x\,\mathrm{d}x$; 2) $\int x^2\cos x\,\mathrm{d}x$;

3) $\int (x^2+1)\ln x\,\mathrm{d}x$; 4) $\int \ln^2 x\,\mathrm{d}x$;

5) $\int x\mathrm{e}^{-x}\mathrm{d}x$; 6) $\int \arcsin x\,\mathrm{d}x$;

7) $\int x^2\arctan x\,\mathrm{d}x$; 8) $\int (\arcsin x)^2\mathrm{d}x$;

9) $\int \mathrm{e}^{-2x}\sin\frac{x}{2}\,\mathrm{d}x$; 10) $\int \sec^3 x\,\mathrm{d}x$;

11) $\int \mathrm{e}^{\sqrt[3]{x}}\mathrm{d}x$; 12) $\int \cos\ln x\,\mathrm{d}x$.

总 习 题 四

1. 填空题

1) 设 $f(x)$ 是连续函数，则 $\mathrm{d}\int f(x)\mathrm{d}x=$ ________；$\int \mathrm{d}f(x)=$ ________；$\frac{\mathrm{d}}{\mathrm{d}x}\int f(x)\mathrm{d}x=$ ________；$\int f'(x)\mathrm{d}x=$ ________（其中 $f'(x)$ 存在）.

2) 设 $F_1(x),F_2(x)$ 是 $f(x)$ 的两个不同的原函数，且 $f(x)\neq 0$，则 $F_1(x)-F_2(x)=$ ________.

3) 若 $f(x)$ 的导函数是 $\sin x$，则 $f(x)$ 的全体原函数为 ________.

4) 设 $f'(x^2)=\frac{1}{x}\ (x>0)$，则 $f(x)=$ ________.

5) $\int f(x)\mathrm{d}x=\mathrm{e}^x\cos 2x+C$，则 $f(x)=$ ________.

6) 设 $\int xf(x)\mathrm{d}x=\arcsin x+C$，则 $\int\frac{\mathrm{d}x}{f(x)}=$ ________.

2. 用适当的方法求下列不定积分：

1) $\int\frac{x}{x+5}\mathrm{d}x$; 2) $\int\left(\frac{1-x}{x}\right)^2\mathrm{d}x$;

3) $\int\frac{\mathrm{e}^{3x}-1}{\mathrm{e}^x-1}\mathrm{d}x$; 4) $\int\frac{2^x-3^{x-1}}{6^{x+1}}\mathrm{d}x$;

5) $\int 2^{5x+1}\mathrm{d}x$; 6) $\int\frac{\arcsin\sqrt{x}}{\sqrt{x}}\mathrm{d}x$;

7) $\int\frac{2x}{1+x^2}\mathrm{d}x$; 8) $\int\frac{2x}{1+x^4}\mathrm{d}x$;

9) $\int \frac{x^3}{4+9x^8}\mathrm{d}x$;

10) $\int \frac{\mathrm{e}^x}{9+\mathrm{e}^{2x}}\mathrm{d}x$;

11) $\int \frac{1}{\cos^4 x}\mathrm{d}x$;

12) $\int \frac{\cot x}{1+\sin x}\mathrm{d}x$;

13) $\int \sin^3 x \cos^5 x \,\mathrm{d}x$;

14) $\int \sin\sqrt{x}\,\mathrm{d}x$;

15) $\int \frac{\sqrt[3]{x}}{x(\sqrt{x}+\sqrt[3]{x})}\mathrm{d}x$;

16) $\int \frac{\arcsin x}{\sqrt{1-x^2}}\mathrm{d}x$;

17) $\int \ln 9x \,\mathrm{d}x$;

18) $\int x^3 \ln x \,\mathrm{d}x$;

19) $\int \frac{1}{x\ln^2 x}\mathrm{d}x$;

20) $\int \frac{\ln(\ln x)}{x}\mathrm{d}x$;

21) $\int \frac{\arcsin x}{x^2}\mathrm{d}x$;

22) $\int \sin x \ln \tan x \,\mathrm{d}x$;

23) $\int \mathrm{e}^{\sqrt{2x+1}}\mathrm{d}x$;

24) $\int \mathrm{e}^{2x}\sin^2 x \,\mathrm{d}x$.

第五章

定积分及其应用

前面我们讨论了积分学中的不定积分问题，下面将讨论积分学的另一个重要的问题 —— 定积分问题. 我们先从实际问题中引出定积分的定义，然后讨论它的有关性质. 值得注意的是，定积分与不定积分虽然是两个不同的概念，但它们之间却有密切的联系，由这种联系可导出定积分的计算方法. 最后我们讨论定积分在几何与物理上的应用.

5.1 定积分的概念与性质

5.1.1 引例

1. 求曲边梯形的面积

设函数 $y=f(x)$ 为闭区间 $[a,b]$ 上的连续函数，且 $f(x)\geqslant 0$. 由曲线 $y=f(x)$，直线 $x=a$，$x=b$ 以及 x 轴所围成的平面图形(见图 5-1)，称为**曲边梯形**.

如何计算上述曲边梯形的面积呢？首先，不难看出该曲边梯形的面积 A 取决于区间 $[a,b]$ 及定义在这个区间上的函数 $f(x)$. 如果 $f(x)$ 在 $[a,b]$ 上恒为常数 h，此时曲边梯形为矩形，其面积

$$A=h(b-a).$$

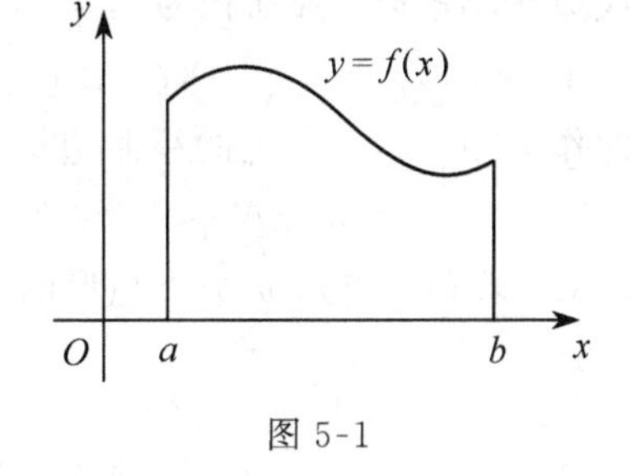

图 5-1

现在的问题是 $f(x)$ 在 $[a,b]$ 上不是常数，而是变化着的，因此它的面积就不能简单地用矩形的面积公式来计算. 但是又由于 $f(x)$ 在 $[a,b]$ 上是连续的，即当 x 的改变很小时，$f(x)$ 的改变也很小. 因此，如果将 $[a,b]$ 分成许多的小区间，相应地将曲边梯形分割成许多

小曲边梯形，每个小曲边梯形可以近似地看成小矩形，则所有这些小矩形面积的和就是整个曲边梯形面积的近似值. 显然，对曲边梯形的分割越细，近似的程度越好. 因此，将区间$[a,b]$无限地细分，并使每个小区间的长度都趋于零时，则小矩形面积之和的极限就可以定义为所要求的曲边梯形的面积.

根据上述分析，曲边梯形的面积 A 可按下面的步骤得到(见图 5-2)：

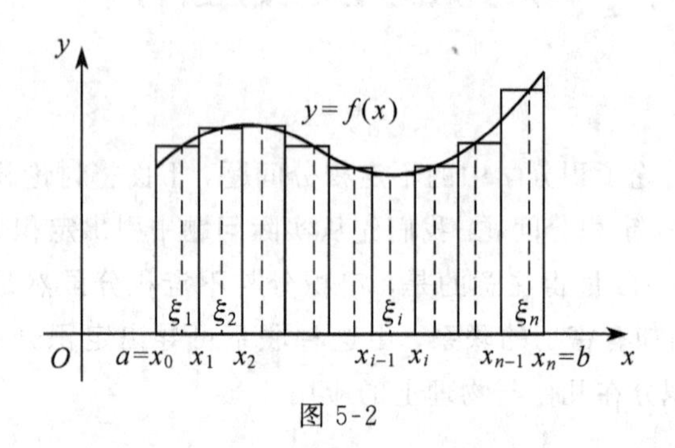

图 5-2

1） 分割　在区间$[a,b]$内任意插入 $n-1$ 个分点，即

$$a=x_0<x_1<x_2<\cdots<x_{i-1}<x_i<\cdots<x_{n-1}<x_n=b,$$

把区间$[a,b]$分成 n 个小区间

$$[x_0,x_1],\ [x_1,x_2],\ \cdots,\ [x_{i-1},x_i],\ \cdots,\ [x_{n-1},x_n].$$

然后用直线 $x=x_i\ (i=1,2,\cdots,n-1)$ 把曲边梯形相应地分割成 n 个小曲边梯形，记小区间$[x_{i-1},x_i]$的长度为

$$\Delta x_i=x_i-x_{i-1}\quad (i=1,2,\cdots,n),$$

并将区间$[x_{i-1},x_i]$上的小曲边梯形的面积记为 $\Delta A_i\,(i=1,2,\cdots,n)$.

2） 近似　在每个小区间$[x_{i-1},x_i]$上任取一点 ξ_i，以 $f(\xi_i)$ 为高、Δx_i 为底边作小矩形，其面积为

$$f(\xi_i)\Delta x_i\quad (i=1,2,\cdots,n).$$

以此作为$[x_{i-1},x_i]$上的小曲边梯形面积 ΔA_i 的近似值，即

$$\Delta A_i\approx f(\xi_i)\Delta x_i\quad (i=1,2,\cdots,n).$$

3） 求和　将这 n 个小矩形的面积相加，就得到曲边梯形面积 A 的近似值，即

$$A\approx\sum_{i=1}^{n}f(\xi_i)\Delta x_i.$$

4） 取极限　当上述分割越来越细时，取上面和式的极限，便得所求曲边梯形的面积 A. 记

$$\lambda=\max\{\Delta x_1,\Delta x_2,\cdots,\Delta x_n\},$$

只要 $\lambda \to 0$，就可以保证所有小区间的长度趋于零，即

$$A = \lim_{\lambda \to 0} \sum_{i=1}^{n} f(\xi_i) \Delta x_i .$$

注　$\lambda \to 0$ 表示分割越来越细的极限过程，这时插入的分点数 n 也越来越多，即 $n \to \infty$；但反过来当 $n \to \infty$时，并不一定能保证 $\lambda \to 0$.

2. 求变力所做的功

设物体受力 F 的作用沿 x 轴由点 a 移动至点 b，并设 F 处处平行于 x 轴(见图 5-3). 求力 F 对物体所做的功. 如果 F 是恒力，则 $W = F \cdot (b-a)$. 现在的问题是 F 是物体所在位置 x 的连续函数：

$$F = F(x), \quad a \leqslant x \leqslant b,$$

那么 F 对物体所做的功 W 应如何计算呢？我们仍按求曲边梯形面积的思想来分析.

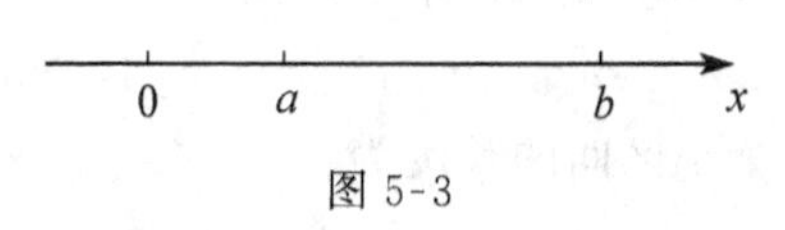

图 5-3

1) 分割　在$[a,b]$中任意插入 $n-1$ 个分点，即

$$a = x_0 < x_1 < x_2 < \cdots < x_{i-1} < x_i < \cdots < x_{n-1} < x_n = b,$$

把区间$[a,b]$分成 n 个小区间

$$[x_0, x_1], [x_1, x_2], \cdots, [x_{i-1}, x_i], \cdots, [x_{n-1}, x_n],$$

记小区间$[x_{i-1}, x_i]$的长度为

$$\Delta x_i = x_i - x_{i-1} \quad (i = 1, 2, \cdots, n),$$

并将力 $F(x)$ 在区间$[x_{i-1}, x_i]$上所做的功记为 $\Delta W_i (i = 1, 2, \cdots, n)$.

2) 近似　在每个小区间$[x_{i-1}, x_i]$上任取一点 ξ_i，以 ξ_i 处的作用力 $F(\xi_i)$ 作为小区间$[x_{i-1}, x_i]$上各点的作用力，于是

$$\Delta W_i \approx F(\xi_i) \Delta x_i \quad (i = 1, 2, \cdots, n).$$

3) 求和　将 n 个小区间上的功相加，就得到力 $F(x)$ 所做功的近似值，即

$$W \approx \sum_{i=1}^{n} F(\xi_i) \Delta x_i .$$

4) 取极限　为保证所有小区间的长度都趋于零，记

$$\lambda = \max\{\Delta x_1, \Delta x_2, \cdots, \Delta x_n\},$$

当 $\lambda \to 0$ 时，取上述和式的极限，使得到力 $F(x)$ 在区间$[a,b]$上所做的功，即

$$W = \lim_{\lambda \to 0} \sum_{i=1}^{n} F(\xi_i) \Delta x_i .$$

从上述两个例子可以看出，无论是求曲边梯形的面积，还是求变力所做

的功，通过“分割、近似、求和、取极限”，都能转化为形如 $\sum_{i=1}^{n} f(\xi_i)\Delta x_i$ 的和式的极限问题，在科学技术中还有许多问题都归结为求这种和式的极限，抽象地研究这种和式的极限，就得到定积分的概念.

5.1.2 定积分的概念

定义 5.1 设函数 $f(x)$ 在区间 $[a,b]$ 上有定义，在 $[a,b]$ 中任意插入 $n-1$ 个分点，即

$$a=x_0<x_1<x_2<\cdots<x_{i-1}<x_i<\cdots<x_{n-1}<x_n=b,$$

把 $[a,b]$ 分成 n 个小区间

$$[x_0,x_1],[x_1,x_2],\cdots,[x_{i-1},x_i],\cdots,[x_{n-1},x_n],$$

各个小区间的长度为

$$\Delta x_i=x_i-x_{i-1}\quad(i=1,2\cdots,n).$$

在每个小区间 $[x_{i-1},x_i]$ 上任取一点 $\xi_i(x_{i-1}\leqslant\xi_i\leqslant x_i)$，作出函数值 $f(\xi_i)$ 与小区间长度 Δx_i 的乘积 $f(\xi_i)\Delta x_i(i=1,2,\cdots,n)$，并作和式 $\sum_{i=1}^{n} f(\xi_i)\Delta x_i$. 记

$$\lambda=\max\{\Delta x_1,\Delta x_2,\cdots,\Delta x_n\}.$$

如果不论对 $[a,b]$ 怎样地分法，也不论在小区间 $[x_{i-1},x_i]$ 上点 ξ_i 怎样选取，只要当 $\lambda\to 0$ 时，上述和式的极限都存在且相等，则称此极限值为函数 $f(x)$ 在区间 $[a,b]$ 上的**定积分**，记为 $\int_a^b f(x)\mathrm{d}x$，即

$$\int_a^b f(x)\mathrm{d}x=\lim_{\lambda\to 0}\sum_{i=1}^{n} f(\xi_i)\Delta x_i,$$

其中 $f(x)$ 称为**被积函数**，$f(x)\mathrm{d}x$ 称为**被积表达式**，x 称为**积分变量**，a 称为**积分下限**，b 称为**积分上限**，$[a,b]$ 称为**积分区间**.

当 $\int_a^b f(x)\mathrm{d}x$ 存在时，也称函数 $f(x)$ 在区间 $[a,b]$ 上**可积**. 通常把和式 $\sum_{i=1}^{n} f(\xi_i)\Delta x_i$ 称为 $f(x)$ 的**积分和**.

若函数 $f(x)$ 在区间 $[a,b]$ 上可积，则 $f(x)$ 在 $[a,b]$ 上有界，即函数 $f(x)$ 在 $[a,b]$ 上可积的必要条件是 $f(x)$ 在 $[a,b]$ 上有界.

对于定积分的概念要注意以下几点：

1) 定积分 $\int_a^b f(x)\mathrm{d}x$ 是积分和式的极限，是一个数值，它的值仅与被积函数 $f(x)$ 和积分区间有关，而与积分变量的记号无关，即

$$\int_a^b f(x)\mathrm{d}x=\int_a^b f(t)\mathrm{d}t=\int_a^b f(u)\mathrm{d}u.$$

2）一般说来，积分和 $\sum_{i=1}^{n} f(\xi_i)\Delta x_i$ 与区间$[a,b]$的分法及 ξ_i 的选取有关，而定积分$\int_a^b f(x)\mathrm{d}x$ 存在是指积分和 $\sum_{i=1}^{n} f(\xi_i)\Delta x_i$ 在 $\lambda\to 0$ 时的极限存在，与区间$[a,b]$的分法和 ξ_i 的选取无关.

函数 $f(x)$ 在区间$[a,b]$上满足怎样的条件，可保证 $f(x)$ 在区间$[a,b]$上一定可积？这就是 $f(x)$ 可积的充分条件问题，这个问题这里不作深入讨论，只给出下面几个结论：

1）若函数 $f(x)$ 在区间$[a,b]$上连续，则 $f(x)$ 在区间$[a,b]$上可积.

2）若函数 $f(x)$ 在区间$[a,b]$上有界，且只有有限个间断点，则 $f(x)$ 在区间$[a,b]$上可积.

3）若函数 $f(x)$ 在区间$[a,b]$上单调，则 $f(x)$ 在区间$[a,b]$上可积.

本章以下所讨论的函数 $f(x)$，如不作声明，总假定所讨论的定积分是存在的(即 $f(x)$ 是可积的).

由定积分的定义可知，前面所讨论的两个例子均可用定积分来计算.

1）曲边梯形的面积 A 等于函数 $f(x)$（$f(x)\geqslant 0$）在$[a,b]$上的定积分，即

$$A=\int_a^b f(x)\mathrm{d}x.$$

2）变力所做的功 W 等于函数 $F(x)$ 在区间$[a,b]$上的定积分，即

$$W=\int_a^b F(x)\mathrm{d}x.$$

例 5.1　求定积分$\int_0^1 x^2\mathrm{d}x$.

解　因为被积函数 $f(x)=x^2$ 是区间$[0,1]$上的连续函数，所以此定积分是存在的，且与区间$[0,1]$的分法和 ξ_i 的取法无关. 为了便于计算，不妨将区间$[0,1]$分成 n 个相等的小区间，则各小区间的长 $\Delta x_i=\frac{1}{n}$，分点为

$$x_0=0,\ x_1=\frac{1}{n},\ x_2=\frac{2}{n},\ \cdots,\ x_n=\frac{n}{n}=1,$$

取 $\xi_i=x_i(i=1,2,\cdots,n)$，则

$$\begin{aligned}\sum_{i=1}^{n} f(\xi_i)\Delta x_i&=\sum_{i=1}^{n}\left(\frac{i}{n}\right)^2\cdot\frac{1}{n}=\frac{1}{n^3}(1^2+2^2+\cdots+n^2)\\&=\frac{1}{6}\cdot\frac{n(n+1)(2n+1)}{n^3}=\frac{1}{6}\left(1+\frac{1}{n}\right)\left(2+\frac{1}{n}\right).\end{aligned}$$

因此

$$\int_0^1 x^2 \mathrm{d}x = \lim_{n\to\infty}\sum_{i=1}^{n} f(\xi_i)\Delta x_i = \frac{1}{6}\lim_{n\to\infty}\left(1+\frac{1}{n}\right)\left(2+\frac{1}{n}\right) = \frac{1}{3}.$$

5.1.3 定积分的几何意义

由前面的讨论知在$[a,b]$上$f(x)\geqslant 0$时，定积分$\int_a^b f(x)\mathrm{d}x$在几何上表示由曲线$y=f(x)$，直线$y=0$，$x=a$，$x=b$所围成曲边梯形(见图5-4)的面积A.

如果在$[a,b]$上$f(x)\leqslant 0$，则由曲线$y=f(x)$，直线$y=0$，$x=a$，$x=b$所围成的曲边梯形位于x轴的下方(见图5-5)，此时$\int_a^b f(x)\mathrm{d}x$在几何上表示该曲边梯形面积的相反数.

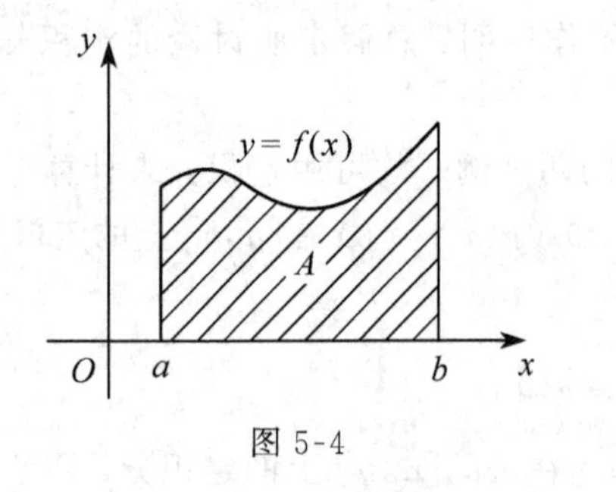

图 5-4

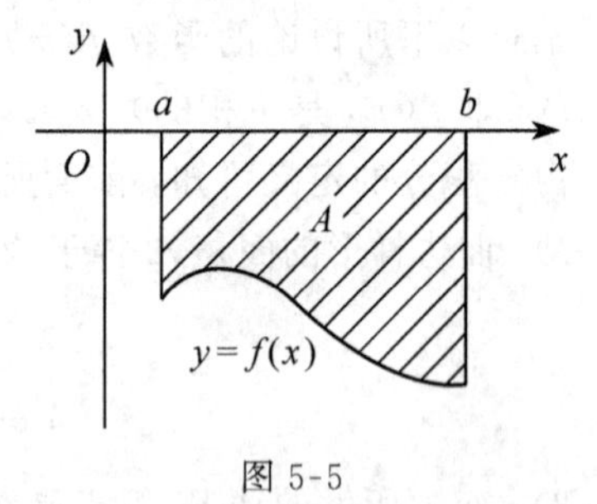

图 5-5

如图5-6所示，$f(x)$在区间$[a,b]$上既可取正值也可取负值，则$\int_a^b f(x)\mathrm{d}x$在几何上表示介于曲线$y=f(x)$，直线$y=0$，$x=a$，$x=b$之间各部分面积的代数和，即

$$\int_a^b f(x)\mathrm{d}x = A_1 - A_2 + A_3 - A_4.$$

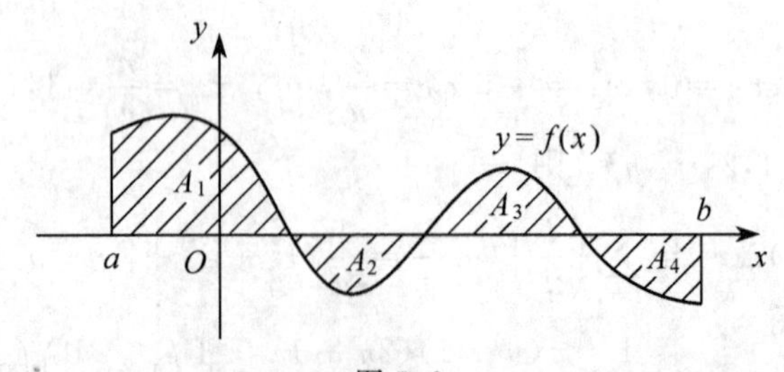

图 5-6

5.1.4　定积分的性质

为了进一步讨论定积分的计算，下面介绍定积分的一些性质. 接下来的讨论中假定被积函数是可积的，同时，为了计算和应用方便起见，这里先对定积分作两点补充规定：

1）当 $a=b$ 时，$\int_a^b f(x)\mathrm{d}x=0$；

2）当 $a>b$ 时，$\int_a^b f(x)\mathrm{d}x=-\int_b^a f(x)\mathrm{d}x$.

上述规定是容易理解的. 这样，不论是 $a<b$，$a>b$ 或 $a=b$，符号 $\int_a^b f(x)\mathrm{d}x$ 均有意义.

根据上述规定，交换定积分的上、下限，其绝对值不变而符号相反. 因此，在下面的讨论中如无特别指出，对定积分上、下限的大小不加限制.

性质 1　$\int_a^b (f(x)\pm g(x))\mathrm{d}x=\int_a^b f(x)\mathrm{d}x\pm\int_a^b g(x)\mathrm{d}x$.

证

$$\begin{aligned}\int_a^b (f(x)\pm g(x))\mathrm{d}x &= \lim_{\lambda\to 0}\sum_{i=1}^n (f(\xi_i)\pm g(\xi_i))\Delta x_i \\ &= \lim_{\lambda\to 0}\sum_{i=1}^n f(\xi_i)\Delta x_i \pm \lim_{\lambda\to 0}\sum_{i=1}^n g(\xi_i)\Delta x_i \\ &= \int_a^b f(x)\mathrm{d}x\pm\int_a^b g(x)\mathrm{d}x.\end{aligned}$$

□

注　此性质可以推广到有限多个函数的情形.

性质 2　$\int_a^b kf(x)\mathrm{d}x=k\int_a^b f(x)\mathrm{d}x$　（k 为常数）.

性质 3　$\int_a^b f(x)\mathrm{d}x=\int_a^c f(x)\mathrm{d}x+\int_c^b f(x)\mathrm{d}x$，其中 c 可以在$[a,b]$之内，也可以在$[a,b]$之外，当然此时要求 $f(x)$ 在相应的区间可积.

性质 3 表明，定积分对于积分区间具有可加性.

性质 4　$\int_a^b 1\mathrm{d}x=\int_a^b \mathrm{d}x=b-a$.

$\int_a^b \mathrm{d}x$ 在几何上表示以$[a,b]$为底、$f(x)=1$ 为高的矩形的面积.

性质 5 如果在$[a,b]$上有$f(x)\leqslant g(x)$，则有

$$\int_a^b f(x)\mathrm{d}x \leqslant \int_a^b g(x)\mathrm{d}x.$$

推论 1 若在区间$[a,b]$上$f(x)\geqslant 0$，则

$$\int_a^b f(x)\mathrm{d}x \geqslant 0 \quad (a<b).$$

推论 2 $\left|\int_a^b f(x)\mathrm{d}x\right| \leqslant \int_a^b |f(x)|\mathrm{d}x \quad (a<b).$

证 因为$-|f(x)|\leqslant f(x)\leqslant |f(x)|$，所以

$$-\int_a^b |f(x)|\mathrm{d}x \leqslant \int_a^b f(x)\mathrm{d}x \leqslant \int_a^b |f(x)|\mathrm{d}x.$$

于是$\left|\int_a^b f(x)\mathrm{d}x\right| \leqslant \int_a^b |f(x)|\mathrm{d}x.$ □

性质 6 设M及m分别是函数$f(x)$在区间$[a,b]$上的最大值和最小值，则

$$m(b-a)\leqslant \int_a^b f(x)\mathrm{d}x \leqslant M(b-a).$$

性质 7（定积分中值定理） 如果函数$f(x)$在区间$[a,b]$上连续，则在$[a,b]$上至少存在一点ξ，使得

$$\int_a^b f(x)\mathrm{d}x = f(\xi)(b-a) \quad (a\leqslant \xi \leqslant b).$$

这个公式称为**积分中值公式**.

积分中值定理的几何意义是：由曲线$y=f(x)$（$f(x)\geqslant 0$），直线$y=0$，$x=a$，$x=b$所围成的曲边梯形的面积等于以区间$[a,b]$为底、$f(\xi)$为高的矩形的面积(见图 5-7).

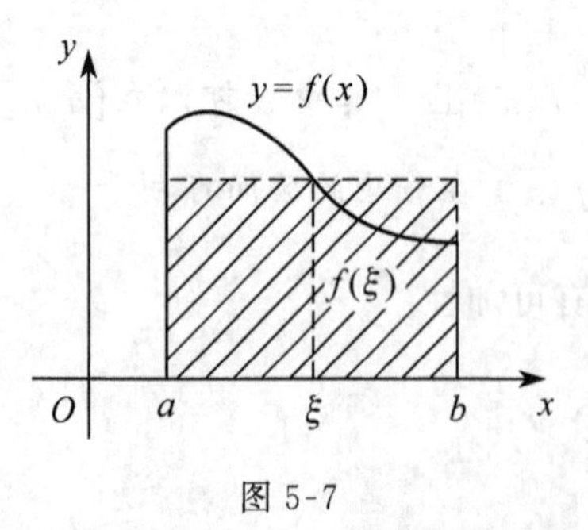

图 5-7

由上述几何意义易知，数值

$$\frac{1}{b-a}\int_a^b f(x)\mathrm{d}x$$

表示曲边梯形在区间$[a,b]$上的平均高度，我们称其为函数$f(x)$在区间$[a,b]$上的**平均值**.

习　题　5.1

1. 利用定积分的定义计算$\int_a^b x\,\mathrm{d}x$ $(a<b)$.

2. 利用定积分的几何意义，说明下列等式：

1) $\int_0^1 2x\,\mathrm{d}x=1$；　　2) $\int_0^1 \sqrt{1-x^2}\,\mathrm{d}x=\frac{\pi}{4}$；

3) $\int_{-\pi}^{\pi} \sin x\,\mathrm{d}x=0$；　　4) $\int_0^{2\pi} \cos x\,\mathrm{d}x=0$.

3. 设$\int_{-1}^1 3f(x)\mathrm{d}x=18$，$\int_{-1}^3 f(x)\mathrm{d}x=4$，$\int_{-1}^3 g(x)\mathrm{d}x=3$，求：

1) $\int_{-1}^1 f(x)\mathrm{d}x$；　　2) $\int_1^3 f(x)\mathrm{d}x$；

3) $\int_3^{-1} g(x)\mathrm{d}x$；　　4) $\int_{-1}^3 \frac{1}{5}(4f(x)+3g(x))\mathrm{d}x$.

4. 根据定积分的性质，比较下列各对积分的大小：

1) $\int_0^1 x^2\mathrm{d}x$ 与$\int_0^1 x^3\mathrm{d}x$；　　2) $\int_1^2 x^2\mathrm{d}x$ 与$\int_1^2 x^3\mathrm{d}x$；

3) $\int_1^2 \ln x\,\mathrm{d}x$ 与$\int_1^2 \ln^2 x\,\mathrm{d}x$；　　4) $\int_0^{\frac{\pi}{2}} x\,\mathrm{d}x$ 与$\int_0^{\frac{\pi}{2}} \sin x\,\mathrm{d}x$.

5. 估计下列各积分的值：

1) $\int_1^4 (x^2+1)\mathrm{d}x$；　　2) $\int_1^4 \frac{1}{2+x}\mathrm{d}x$；

3) $\int_1^2 \frac{x}{1+x^2}\mathrm{d}x$；　　4) $\int_{\frac{\pi}{4}}^{\frac{5}{4}\pi} (1+\sin^2 x)\mathrm{d}x$.

5.2　微积分基本定理

积分学中的一个重要问题是定积分的计算问题，如果用定积分的定义（即通过求和的极限）来计算，往往是十分复杂的，甚至是不可能的. 下面介绍的定理不仅揭示了定积分和不定积分这两个看起来完全不相干的概念之间的联系，还提供了计算定积分的有效方法.

5.2.1　变上限函数及其导数

设函数 $f(x)$ 在$[a,b]$上连续，则对于任意一点 $x\in[a,b]$，积分

$\int_a^x f(t)\mathrm{d}t$ 在$[a,b]$上定义了一个关于 x 的函数，记为 $\Phi(x)$，即

$$\Phi(x)=\int_a^x f(t)\mathrm{d}t \quad (a\leqslant x\leqslant b).$$

它称为**变上限函数**(或**积分上限函数**).

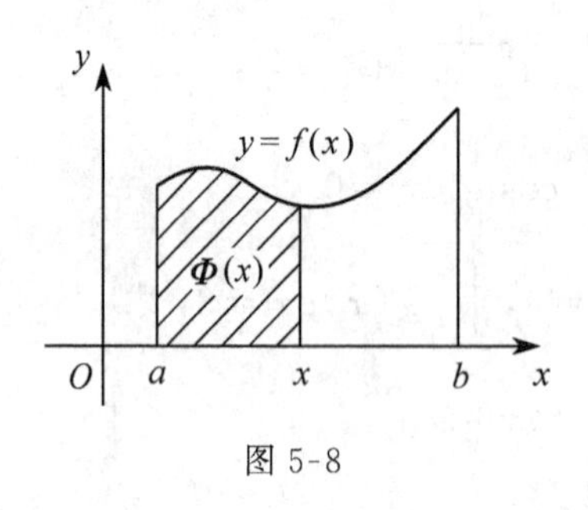

图 5-8

如果 $f(x)\geqslant 0$ ($\forall x\in[a,b]$)，则 $\Phi(x)$ 表示的是右侧直线可移动的曲边梯形的面积. 如图 5-8 所示，曲边梯形的面积 $\Phi(x)$ 随 x 的位置的变动而改变，当 x 给定后，面积 $\Phi(x)$ 也就随之而确定了.

关于 $\Phi(x)$ 的可导性，我们有下面的定理.

定理 5.1 若函数 $f(x)$ 在$[a,b]$上连续，则变上限函数 $\Phi(x)=\int_a^x f(t)\mathrm{d}t$ 在$[a,b]$上可导，且其导数

$$\Phi'(x)=\frac{\mathrm{d}}{\mathrm{d}x}\int_a^x f(t)\mathrm{d}t=f(x) \quad (a\leqslant x\leqslant b).$$

证 我们直接用导数定义来证明. 设 $x\in(a,b)$，$\Delta x\neq 0$，且 $x+\Delta x\in[a,b]$，则有

$$\begin{aligned}\Delta\Phi(x)&=\Phi(x+\Delta x)-\Phi(x)=\int_a^{x+\Delta x} f(t)\mathrm{d}t-\int_a^x f(t)\mathrm{d}t\\&=\int_a^x f(t)\mathrm{d}t+\int_x^{x+\Delta x} f(t)\mathrm{d}t-\int_a^x f(t)\mathrm{d}t=\int_x^{x+\Delta x} f(t)\mathrm{d}t.\end{aligned}$$

由于 $f(x)$ 在$[a,b]$上连续，由积分中值定理知存在 ξ，它介于 x 与 $x+\Delta x$ 之间，使得

$$\int_x^{x+\Delta x} f(t)\mathrm{d}t=f(\xi)\Delta x.$$

所以

$$\Phi'(x)=\lim_{\Delta x\to 0}\frac{\Delta\Phi(x)}{\Delta x}=\lim_{\Delta x\to 0} f(\xi)=\lim_{\xi\to x} f(\xi)=f(x).$$

$x=a$ 处的右导数与 $x=b$ 处的左导数也可类似证明. 故

$$\Phi'(x)=\frac{\mathrm{d}}{\mathrm{d}x}\int_a^x f(t)\mathrm{d}t=f(x) \quad (a\leqslant x\leqslant b).$$ □

推论 如果 $f(x)$ 是$[a,b]$上的连续函数，则 $f(x)$ 必有原函数.

事实上，变上限函数就是 $f(x)$ 的一个原函数.

注 定理5.1给出了第四章定理4.1的证明，并且扩展了函数的形式，即一个函数可用变上限的定积分表示.

利用复合函数的求导法则，可进一步得到下列公式：

1) $\dfrac{d}{dx}\displaystyle\int_a^{\varphi(x)} f(t)dt = f(\varphi(x))\varphi'(x)$；

2) $\dfrac{d}{dx}\displaystyle\int_{\chi(x)}^{\varphi(x)} f(t)dt = f(\varphi(x))\varphi'(x) - f(\chi(x))\chi'(x)$.

证明从略.

例 5.2 求$\dfrac{d}{dx}\left(\displaystyle\int_0^x e^{t^2-t}dt\right)$.

解 $\dfrac{d}{dx}\left(\displaystyle\int_0^x e^{t^2-t}dt\right) = e^{x^2-x}$.

例 5.3 求$\dfrac{d}{dx}\left(\displaystyle\int_{\sqrt{x}}^{x^2} \ln(1+t^2)\,dt\right)$.

解

$$\begin{aligned}\frac{d}{dx}\left(\int_{\sqrt{x}}^{x^2} \ln(1+t^2)\,dt\right) &= \ln(1+(x^2)^2)(x^2)' - \ln(1+(\sqrt{x})^2)(\sqrt{x})' \\ &= 2x\ln(1+x^4) - \frac{1}{2\sqrt{x}}\ln(1+x).\end{aligned}$$

例 5.4 求极限$\displaystyle\lim_{x\to0}\frac{\int_{\cos x}^1 e^{-t^2}dt}{x^2}$.

解 这是$\dfrac{0}{0}$ 型未定式，可应用洛必达法则. 由于

$$\frac{d}{dx}\int_{\cos x}^1 e^{-t^2}dt = -\frac{d}{dx}\int_1^{\cos x} e^{-t^2}dt = -e^{\cos^2 x}(\cos x)' = \sin x\cdot e^{-\cos^2 x},$$

所以

$$\lim_{x\to0}\frac{\int_{\cos x}^1 e^{-t^2}dt}{x^2} = \lim_{x\to0}\frac{\sin x\cdot e^{-\cos^2 x}}{2x} = \frac{1}{2e}.$$

5.2.2 微积分基本定理(牛顿-莱布尼茨公式)

定理 5.2 设函数 $f(x)$ 在$[a,b]$上连续，$F(x)$ 是 $f(x)$ 在$[a,b]$上的任一原函数，则

$$\int_a^b f(x)dx = F(b) - F(a). \tag{5.1}$$

证 已知 $F(x)$ 是 $f(x)$ 的一个原函数，由定理 5.1 知 $\Phi(x)=\int_a^x f(t)\mathrm{d}t$ 也是 $f(x)$ 的一个原函数，所以 $\Phi(x)-F(x)=C$（C 为常数），即

$$\int_a^x f(t)\mathrm{d}t=F(x)+C.$$

在上式中令 $x=a$，得 $C=-F(a)$，再代入上式得

$$\int_a^x f(t)\mathrm{d}t=F(x)-F(a).$$

再令 $x=b$ 并把积分变量 t 换成 x，便得

$$\int_a^b f(x)\mathrm{d}x=F(b)-F(a).$$

□

定理 5.1 与定理 5.2 将导数或微分与定积分联系起来，是沟通微分学与积分学之间的桥梁. (5.1) 把定积分的计算归结为求原函数的问题，揭示了定积分与不定积分的内在联系，称为**牛顿 - 莱布尼茨公式**，或称为**微积分基本定理**. 通常将 $F(b)-F(a)$ 记为 $[F(x)]_a^b$ 或 $F(x)\Big|_a^b$，于是牛顿 - 莱布尼茨公式可写成

$$\int_a^b f(x)\mathrm{d}x=[F(x)]_a^b \quad 或 \quad \int_a^b f(x)\mathrm{d}x=F(x)\Big|_a^b.$$

例 5.5 计算 $\int_0^1 x^2\mathrm{d}x$.

解 由于 $\frac{x^3}{3}$ 是 x^2 的一个原函数，由牛顿 - 莱布尼茨公式有

$$\int_0^1 x^2\mathrm{d}x=\frac{x^3}{3}\Big|_0^1=\frac{1}{3}-\frac{0}{3}=\frac{1}{3}.$$

例 5.6 计算 $\int_{-1}^1 \frac{1}{1+x^2}\mathrm{d}x$.

解 由于 $\arctan x$ 是 $\frac{1}{1+x^2}$ 的一个原函数，所以

$$\int_{-1}^1 \frac{1}{1+x^2}\mathrm{d}x=\arctan x\Big|_{-1}^1=\arctan 1-\arctan(-1)=\frac{\pi}{2}.$$

例 5.7 计算 $\int_0^\pi f(x)\mathrm{d}x$，其中

$$f(x)=\begin{cases}\sin x, & x\in\left[0,\frac{\pi}{2}\right),\\ \cos x, & x\in\left[\frac{\pi}{2},\pi\right].\end{cases}$$

解 $\int_0^\pi f(x)\mathrm{d}x=\int_0^{\frac{\pi}{2}} f(x)\mathrm{d}x+\int_{\frac{\pi}{2}}^\pi f(x)\mathrm{d}x$

$$=\int_0^{\frac{\pi}{2}}\sin x\ \mathrm{d}x+\int_{\frac{\pi}{2}}^{\pi}\cos x\ \mathrm{d}x$$

$$=[-\cos x]_0^{\frac{\pi}{2}}+[\sin x]_{\frac{\pi}{2}}^{\pi}=1-1=0.$$

习　题　5.2

1. 求下列各导数：

1）$\dfrac{\mathrm{d}}{\mathrm{d}x}\displaystyle\int_0^x \arctan t^2\ \mathrm{d}t$；　　2）$\dfrac{\mathrm{d}}{\mathrm{d}x}\displaystyle\int_x^{-1} t\mathrm{e}^{-t}\mathrm{d}t$；

3）$\dfrac{\mathrm{d}}{\mathrm{d}x}\displaystyle\int_0^{x^2}\frac{1}{\sqrt{1+t^2}}\mathrm{d}t$；　　4）$\dfrac{\mathrm{d}}{\mathrm{d}x}\displaystyle\int_{x^2}^{x^3}\mathrm{e}^t\mathrm{d}t$.

2. 设 $f(x)=\displaystyle\int_0^{x^2}\frac{\mathrm{d}x}{1+x^3}$，求 $f''(1)$.

3. 求下列定积分：

1）$\displaystyle\int_{-1}^{1}(x^3+3x^2-x+2)\mathrm{d}x$；　　2）$\displaystyle\int_1^2\left(x^2+\frac{1}{x^4}\right)\mathrm{d}x$；

3）$\displaystyle\int_4^9\sqrt{x}(1+\sqrt{x})\mathrm{d}x$；　　4）$\displaystyle\int_{-1}^{0}\frac{3x^4+3x^2+1}{x^2+1}\mathrm{d}x$；

5）$\displaystyle\int_{-\frac{1}{2}}^{\frac{1}{2}}\frac{1}{\sqrt{1-x^2}}\mathrm{d}x$；　　6）$\displaystyle\int_0^{\sqrt{3}a}\frac{\mathrm{d}x}{a^2+x^2}$；

7）$\displaystyle\int_0^{\frac{\pi}{4}}\tan^2\theta\ \mathrm{d}\theta$；　　8）$\displaystyle\int_0^{2\pi}|\sin x|\mathrm{d}x$.

4. 设函数 $f(x)=\begin{cases}\sqrt{x}, & 0\leqslant x\leqslant 1,\\ \mathrm{e}^x, & 1<x\leqslant 3,\end{cases}$ 求$\displaystyle\int_0^3 f(x)\mathrm{d}x$.

5. 求下列极限：

1）$\displaystyle\lim_{x\to 0}\frac{\int_0^x \arctan t\ \mathrm{d}t}{x^2}$；　　2）$\displaystyle\lim_{x\to 0}\frac{\int_0^x \cos t^2\ \mathrm{d}t}{\int_0^x\frac{\sin t}{t}\mathrm{d}t}$；

3）$\displaystyle\lim_{x\to 0}\frac{\int_0^{\sin x}\mathrm{e}^{-t^2}\mathrm{d}t}{x}$；　　4）$\displaystyle\lim_{x\to 0}\frac{\int_0^{x^2}\sin^{\frac{3}{2}}t\ \mathrm{d}t}{\int_0^x t(t-\sin t)\mathrm{d}t}$.

6. 设 $F(x)=\displaystyle\int_0^x(x-u)f(u)\mathrm{d}u$，其中 $f(x)$ 连续，求 $F''(x)$.

5.3 定积分的换元积分法和分部积分法

由微积分基本公式知，求定积分$\int_a^b f(x)\mathrm{d}x$ 的问题可以转化为求被积函数 $f(x)$ 的原函数在区间$[a,b]$上的增量的问题，前面用换元积分法和分部积分法可以求出一些函数的原函数，因此，在一定条件下，这两种方法对定积分仍适用，下面就来介绍这两种积分方法.

5.3.1 定积分的换元积分法

定理5.3 设函数 $f(x)$ 在区间$[a,b]$上连续，函数 $x=\varphi(t)$ 满足下列条件：

1) $\varphi(\alpha)=a$, $\varphi(\beta)=b$;

2) $\varphi(t)$ 在$[\alpha,\beta]$（或$[\beta,\alpha]$）上单调，且其导数 $\varphi'(t)$ 连续，

则有

$$\int_a^b f(x)\mathrm{d}x=\int_\alpha^\beta f(\varphi(t))\varphi'(t)\mathrm{d}t. \tag{5.2}$$

(5.2) 称为**定积分的换元公式**.

证 因为 $f(x)$ 在$[a,b]$上连续，所以 $f(x)$ 存在原函数. 假设 $F(x)$ 是 $f(x)$ 的一个原函数，则有

$$\int_a^b f(x)\mathrm{d}x=F(b)-F(a).$$

又由于

$$\frac{\mathrm{d}}{\mathrm{d}t}F(\varphi(t))=F'(\varphi(t))\cdot\varphi'(t)=f(\varphi(t))\varphi'(t),$$

即 $F(\varphi(t))$ 是 $f(\varphi(t))\varphi'(t)$ 的一个原函数，故

$$\begin{aligned}\int_\alpha^\beta f(\varphi(t))\varphi'(t)\mathrm{d}t&=F(\varphi(t))\Big|_\alpha^\beta=F(\varphi(\beta))-F(\varphi(\alpha))\\&=F(b)-F(a).\end{aligned}$$

这就得到了公式(5.2). □

在定理的证明中并没有明显用到 $\varphi(t)$ 在$[\alpha,\beta]$（或$[\beta,\alpha]$）上单调的假设，其实这个条件可以保证函数 $x=\varphi(t)$（$t\in[\alpha,\beta]$ 或 $t\in[\beta,\alpha]$）的值域包含在$[a,b]$中，从而复合函数 $f(\varphi(t))$ 在$[\alpha,\beta]$（或$[\beta,\alpha]$）上连续.

在利用公式(5.2)时有以下几点值得注意：

1) 用 $x=\varphi(t)$ 把原来的变量 x 替换成新变量 t 时，积分限也要换成相应于新变量 t 的积分限，即"换元换限".

2) 由 $\varphi(\alpha)=a$，$\varphi(\beta)=b$ 确定的 α，β，可能有 $\alpha<\beta$，也可能有 $\alpha>\beta$，但对于新变量 t 的积分来说，一定是 α 对应于 $x=a$ 的值，β 对应于 $x=b$ 的值.

3) 在求出 $f(\varphi(t))\varphi'(t)$ 的一个原函数 $G(t)$ 后，不必像求不定积分那样用 $t=\varphi^{-1}(x)$ 回代，而只要直接计算 $G(\beta)-G(\alpha)$ 即可.

例 5.8　求 $\int_0^a \sqrt{a^2-x^2}\,dx$ $(a>0)$.

解　设 $x=a\sin t$，则 $dx=a\cos t\,dt$，且当 $x=0$ 时，$t=0$；当 $x=a$ 时，$t=\frac{\pi}{2}$. 于是

$$\int_0^a \sqrt{a^2-x^2}\,dx=a^2\int_0^{\frac{\pi}{2}}\cos^2 t\,dt=a^2\int_0^{\frac{\pi}{2}}\frac{1+\cos 2t}{2}dt$$

$$=\frac{a^2}{2}\left[t+\frac{1}{2}\sin 2t\right]_0^{\frac{\pi}{2}}=\frac{\pi a^2}{4}.$$

建议读者不妨设 $x=a\cos t$ 再计算一次.

例 5.9　求 $\int_0^4 \frac{\sqrt{x}\,dx}{1+\sqrt{x}}$.

解　设 $\sqrt{x}=t$，则 $x=t^2$，$dx=2t\,dt$，且当 $x=0$ 时，$t=0$；当 $x=4$ 时，$t=2$. 于是

$$\int_0^4 \frac{\sqrt{x}\,dx}{1+\sqrt{x}}=\int_0^2 \frac{t\cdot 2t\,dt}{1+t}=2\int_0^2 \frac{(t^2-1)+1}{t+1}dt$$

$$=2\int_0^2\left(t-1+\frac{1}{1+t}\right)dt$$

$$=2\left[\frac{t^2}{2}-t+\ln(1+t)\right]_0^2=2\ln 3.$$

例 5.10　求 $\int_0^{\frac{\pi}{2}}\cos^5 x\sin x\,dx$.

解　$\int_0^{\frac{\pi}{2}}\cos^5 x\sin x\,dx=-\int_0^{\frac{\pi}{2}}\cos^5 x\,d(\cos x)$.

令 $t=\cos x$，则当 $x=0$ 时，$t=1$；当 $x=\frac{\pi}{2}$ 时，$t=0$. 于是

$$\int_0^{\frac{\pi}{2}}\cos^5 x\sin x\,dx=-\int_1^0 t^5\,dt=\left[\frac{1}{6}t^6\right]_0^1=\frac{1}{6}.$$

也可以不换字母，直接计算：

$$\int_0^{\frac{\pi}{2}} \cos^5 x \ \sin x \ dx = -\int_0^{\frac{\pi}{2}} \cos^5 x \ d(\cos x) = -\frac{1}{6}\cos^6 x \Big|_0^{\frac{\pi}{2}} = \frac{1}{6}.$$

例 5.11 证明：

1) 若 $f(x)$ 在 $[-a,a]$ 上连续且为偶函数，则

$$\int_{-a}^{a} f(x)dx = 2\int_0^a f(x)dx;$$

2) 若 $f(x)$ 在 $[-a,a]$ 上连续且为奇函数，则 $\int_{-a}^{a} f(x)dx = 0$.

证 $\int_{-a}^{a} f(x)dx = \int_{-a}^{0} f(x)dx + \int_0^a f(x)dx$.

对积分 $\int_{-a}^{0} f(x)dx$ 作变量代换，令 $x=-t$，则 $dx=-dt$，且当 $x=-a$ 时，$t=a$；当 $x=0$ 时，$t=0$. 于是

$$\int_{-a}^{0} f(x)dx = -\int_a^0 f(-t)dt = \int_0^a f(-t)dt.$$

1) 若 $f(x)$ 是偶函数，则 $f(-t)=f(t)$，于是

$$\int_{-a}^{0} f(x)dx = \int_0^a f(-t)dt = \int_0^a f(t)dt = \int_0^a f(x)dx.$$

所以

$$\int_{-a}^{a} f(x)dx = 2\int_0^a f(x)dx.$$

2) 若 $f(x)$ 是奇函数，则 $f(-t)=-f(t)$，于是

$$\int_{-a}^{0} f(x)dx = \int_0^a f(-t)dt = -\int_0^a f(t)dt = -\int_0^a f(x)dx.$$

所以

$$\int_{-a}^{a} f(x)dx = \int_0^a f(x)dx - \int_0^a f(x)dx = 0.$$

由例 5.11 可知，利用对称区间上奇函数、偶函数的积分性质，可简化定积分的计算.

例如，求 $\int_{-3}^{3} \frac{2\sin x}{x^4+3x^2+1}dx$. 由于积分区间 $[-3,3]$ 是对称区间，且 $\frac{2\sin x}{x^4+3x^2+1}$ 是奇函数，所以 $\int_{-3}^{3} \frac{2\sin x}{x^4+3x^2+1}dx = 0$.

例 5.12 求 $\int_{-\frac{\pi}{2}}^{\frac{\pi}{2}} (e^x - e^{-x} + \cos x)dx$.

解 因为 $\left[-\frac{\pi}{2},\frac{\pi}{2}\right]$ 是对称区间，且 $e^x - e^{-x}$ 是奇函数，$\cos x$ 是偶函数，

所以

$$\int_{-\frac{\pi}{2}}^{\frac{\pi}{2}}(e^x-e^{-x}+\cos x)dx=\int_{-\frac{\pi}{2}}^{\frac{\pi}{2}}(e^x-e^{-x})dx+\int_{-\frac{\pi}{2}}^{\frac{\pi}{2}}\cos x\ dx$$

$$=0+2\int_0^{\frac{\pi}{2}}\cos x\ dx=2\sin x\Big|_0^{\frac{\pi}{2}}=2.$$

5.3.2　定积分的分部积分法

设函数 $u=u(x)$，$v=v(x)$ 在区间 $[a,b]$ 上具有连续导数，则

$$d(uv)=udv+vdu.$$

移项得

$$udv=d(uv)-vdu.$$

分别求上式两端在 $[a,b]$ 上的定积分，得

$$\int_a^b udv=\int_a^b d(uv)-\int_a^b vdu,$$

即

$$\int_a^b udv=uv\Big|_a^b-\int_a^b vdu. \tag{5.3}$$

这就是**定积分的分部积分公式**.

例 5.13　求 $\int_1^2 x\ln x\ dx$.

解　$$\int_1^2 x\ln x\ dx=\frac{1}{2}\int_1^2\ln x\ dx^2=\frac{1}{2}\left[x^2\ln x\Big|_1^2-\int_1^2 x^2d(\ln x)\right]$$

$$=2\ln 2-\frac{1}{2}\int_1^2 x\,dx=2\ln 2-\frac{1}{4}x^2\Big|_1^2$$

$$=2\ln 2-\frac{3}{4}.$$

例 5.14　求 $\int_{\frac{1}{2}}^1 e^{-\sqrt{2x-1}}dx$.

解　令 $t=\sqrt{2x-1}$，则 $dx=tdt$，且当 $x=\frac{1}{2}$ 时，$t=0$；当 $x=1$ 时，$t=1$. 于是

$$\int_{\frac{1}{2}}^1 e^{-\sqrt{2x-1}}dx=\int_0^1 te^{-t}dt.$$

再利用分部积分法得

$$\int_0^1 te^{-t}dt=-te^{-t}\Big|_0^1+\int_0^1 e^{-t}dt=-\frac{1}{e}-(e^{-t})\Big|_0^1=1-\frac{2}{e}.$$

例 5.15 证明：

$$I_n=\int_0^{\frac{\pi}{2}}\sin^n x\ dx=\int_0^{\frac{\pi}{2}}\cos^n x\ dx$$

$$=\begin{cases}\dfrac{n-1}{n}\cdot\dfrac{n-3}{n-2}\cdot\cdots\cdot\dfrac{3}{4}\cdot\dfrac{1}{2}\cdot\dfrac{\pi}{2}, & n\text{ 为正偶数},\\ \dfrac{n-1}{n}\cdot\dfrac{n-3}{n-2}\cdot\cdots\cdot\dfrac{4}{5}\cdot\dfrac{2}{3}, & n\text{ 为大于 1 的正奇数}.\end{cases}$$

证 设 $x=\frac{\pi}{2}-t$，则 $dx=-dt$，且当 $x=0$ 时，$t=\frac{\pi}{2}$；当 $x=\frac{\pi}{2}$ 时，$t=0$. 于是

$$\int_0^{\frac{\pi}{2}}\sin^n x\ dx=-\int_{\frac{\pi}{2}}^0\sin^n\left(\frac{\pi}{2}-t\right)\ dt=\int_0^{\frac{\pi}{2}}\cos^n t\ dt=\int_0^{\frac{\pi}{2}}\cos^n x\ dx.$$

下面只需证明对于 $\int_0^{\frac{\pi}{2}}\cos^n x\ dx$ 结论正确即可.

当 $n=1$ 时，$I_1=\int_0^{\frac{\pi}{2}}\cos x\ dx=\sin x\Big|_0^{\frac{\pi}{2}}=1.$

当 $n\geqslant 2$ 时，

$$I_n=\int_0^{\frac{\pi}{2}}\cos^n x\ dx=\int_0^{\frac{\pi}{2}}\cos^{n-1}x\ \cos x\ dx=\int_0^{\frac{\pi}{2}}\cos^{n-1}x\ d(\sin x)$$

$$=(\cos^{n-1}x\ \sin x)\Big|_0^{\frac{\pi}{2}}+\int_0^{\frac{\pi}{2}}(n-1)\sin^2 x\ \cos^{n-2}x\ dx$$

$$=(n-1)\int_0^{\frac{\pi}{2}}(1-\cos^2 x)\cos^{n-2}x\ dx$$

$$=(n-1)\int_0^{\frac{\pi}{2}}\cos^{n-2}x\ dx-(n-1)\int_0^{\frac{\pi}{2}}\cos^n x\ dx$$

$$=(n-1)I_{n-2}-(n-1)I_n.$$

从而得到

$$I_n=\frac{n-1}{n}I_{n-2}.$$

如果将 n 换成 $n-2$，则得

$$I_{n-2}=\frac{n-3}{n-2}I_{n-4}.$$

依次进行下去，直到 I_n 的下标递减到 0 或 1 为止，于是

$$I_{2m}=\frac{2m-1}{2m}\cdot\frac{2m-3}{2m-2}\cdot\cdots\cdot\frac{5}{6}\cdot\frac{3}{4}\cdot\frac{1}{2}I_0\quad(m=1,2,\cdots),$$

$$I_{2m+1}=\frac{2m}{2m+1}\cdot\frac{2m-2}{2m-1}\cdot\cdots\cdot\frac{6}{7}\cdot\frac{4}{5}\cdot\frac{2}{3}I_1\quad(m=1,2,\cdots).$$

而

$$I_0=\int_0^{\frac{\pi}{2}}\mathrm{d}x=\frac{\pi}{2},\quad I_1=\int_0^{\frac{\pi}{2}}\cos x\ \mathrm{d}x=1.$$

所以有

$$I_{2m}=\frac{2m-1}{2m}\cdot\frac{2m-3}{2m-2}\cdot\cdots\cdot\frac{5}{6}\cdot\frac{3}{4}\cdot\frac{1}{2}\cdot\frac{\pi}{2}\quad(m=1,2,\cdots),$$

$$I_{2m+1}=\frac{2m}{2m+1}\cdot\frac{2m-2}{2m-1}\cdot\cdots\cdot\frac{6}{7}\cdot\frac{4}{5}\cdot\frac{2}{3}\quad(m=1,2,\cdots).$$

故

$$I_n=\int_0^{\frac{\pi}{2}}\sin^n x\ \mathrm{d}x=\int_0^{\frac{\pi}{2}}\cos^n x\ \mathrm{d}x$$
$$=\begin{cases}\dfrac{n-1}{n}\cdot\dfrac{n-3}{n-2}\cdot\cdots\cdot\dfrac{5}{6}\cdot\dfrac{3}{4}\cdot\dfrac{1}{2}\cdot\dfrac{\pi}{2}, & n\text{ 为正偶数},\\ \dfrac{n-1}{n}\cdot\dfrac{n-3}{n-2}\cdot\cdots\cdot\dfrac{6}{7}\cdot\dfrac{4}{5}\cdot\dfrac{2}{3}, & n\text{ 为大于 1 的正奇数}.\end{cases}$$

习 题 5.3

1. 计算下列定积分：

1） $\int_1^2\frac{1}{(3x-1)^2}\mathrm{d}x$；

2） $\int_0^1 t\mathrm{e}^{-\frac{t^2}{2}}\mathrm{d}t$；

3） $\int_0^{\frac{\pi}{2}}\sin\varphi\ \cos^2\varphi\ \mathrm{d}\varphi$；

4） $\int_{\frac{\pi}{6}}^{\frac{\pi}{2}}\cos^2 u\ \mathrm{d}u$；

5） $\int_4^9\frac{\sqrt{x}}{\sqrt{x}-1}\mathrm{d}x$；

6） $\int_1^{\mathrm{e}}\frac{(\ln x)^4}{x}\mathrm{d}x$；

7） $\int_0^1\frac{1}{\mathrm{e}^x+\mathrm{e}^{-x}}\mathrm{d}x$；

8） $\int_0^{\pi}\sqrt{\sin x-\sin^3 x}\ \mathrm{d}x$；

9） $\int_0^a x^2\sqrt{a^2-x^2}\ \mathrm{d}x\quad(a>0)$；

10） $\int_0^a\frac{1}{(x^2+a^2)^{\frac{3}{2}}}\mathrm{d}x\quad(a>0)$.

2. 设 $f(x)$ 在$[a,b]$上连续，且$\int_a^b f(x)\mathrm{d}x=1$，求$\int_a^b f(a+b-x)\mathrm{d}x$.

3. 证明：$\int_x^1\frac{\mathrm{d}u}{1+u^2}=\int_1^{\frac{1}{x}}\frac{\mathrm{d}u}{1+u^2}\quad(x>0)$.

4. 利用函数的奇偶性计算下列定积分：

1) $\int_{-\pi}^{\pi} x^2 \sin x \, dx$；　　2) $\int_{-\frac{\pi}{2}}^{\frac{\pi}{2}} 4\cos^4 x \, dx$；

3) $\int_{-1}^{1} \frac{1}{\sqrt{4-x^2}}\left(\frac{1}{1+e^x}-\frac{1}{2}\right) dx$；　　4) $\int_{-2}^{3} x\sqrt{|x|} \, dx$.

5. 计算下列定积分：

1) $\int_{0}^{\frac{\pi}{4}} x\cos 2x \, dx$；　　2) $\int_{0}^{1} t^2 e^t \, dt$；

3) $\int_{0}^{1} x\arctan x \, dx$；　　4) $\int_{0}^{\frac{\pi}{2}} e^{-x}\sin 2x \, dx$；

5) $\int_{\frac{1}{e}}^{e} |\ln x| \, dx$；　　6) $\int_{0}^{2\pi} |x\sin x| \, dx$.

5.4 广义积分

前面所讨论的定积分$\int_a^b f(x)dx$ 有两个最基本的限制：积分区间$[a,b]$的有限性以及被积函数 $f(x)$ 的有界性. 但在一些实际问题中，我们常会遇到无穷区间上的积分或被积函数在积分区间上无界的积分，这两类积分称为广义积分或反常积分. 相应地，前面所讨论的定积分称为常义积分或正常积分.

5.4.1 无穷限的广义积分

定义 5.2 设函数 $f(x)$ 在无穷区间$[a,+\infty)$ 上连续，称

$$\int_a^{+\infty} f(x)dx$$

为**函数 $f(x)$ 在无穷区间$[a,+\infty)$ 上的广义积分**. 如果对任意的 $b>a$，极限$\lim\limits_{b\to+\infty}\int_a^b f(x)dx$ 存在，则称$\int_a^{+\infty} f(x)dx$ **收敛**，并规定

$$\int_a^{+\infty} f(x)dx = \lim_{b\to+\infty}\int_a^b f(x)dx.$$

否则，称$\int_a^{+\infty} f(x)dx$ **发散**，这时$\int_a^{+\infty} f(x)dx$ 仅仅是一个记号，没有数值意义.

类似地，设 $f(x)$ 是$(-\infty,b]$上的连续函数，如果对于任意的 $a<b$，极

限 $\lim\limits_{a \to -\infty}\int_a^b f(x)\mathrm{d}x$ 存在，则称 $f(x)$ **在** $(-\infty,b]$ **上的广义积分** $\int_{-\infty}^b f(x)\mathrm{d}x$ **收敛**，并规定

$$\int_{-\infty}^b f(x)\mathrm{d}x = \lim_{a \to -\infty}\int_a^b f(x)\mathrm{d}x.$$

否则称广义积分 $\int_{-\infty}^b f(x)\mathrm{d}x$ **发散**.

若 $f(x)$ 在 $(-\infty, +\infty)$ 上连续，且两个广义积分 $\int_{-\infty}^c f(x)\mathrm{d}x$ 和 $\int_c^{+\infty} f(x)\mathrm{d}x$ 都收敛，则称 $f(x)$ **在** $(-\infty, +\infty)$ **上的广义积分** $\int_{-\infty}^{+\infty} f(x)\mathrm{d}x$ **收敛**，并规定

$$\begin{aligned}\int_{-\infty}^{+\infty} f(x)\mathrm{d}x &= \int_{-\infty}^c f(x)\mathrm{d}x + \int_c^{+\infty} f(x)\mathrm{d}x \\ &= \lim_{a \to -\infty}\int_a^c f(x)\mathrm{d}x + \lim_{b \to +\infty}\int_c^b f(x)\mathrm{d}x.\end{aligned}$$

否则称 $\int_{-\infty}^{+\infty} f(x)\mathrm{d}x$ **发散**.

容易看出，广义积分 $\int_{-\infty}^{+\infty} f(x)\mathrm{d}x$ 收敛与否以及收敛时的值均与常数 c 的取法无关. 因此为了计算简单，常取 $c=0$.

上述广义积分统称为**无穷限的广义积分**.

利用牛顿-莱布尼茨公式，若 $F(x)$ 是 $f(x)$ 的一个原函数，则

$$\int_a^{+\infty} f(x)\mathrm{d}x = \lim_{b \to +\infty}\int_a^b f(x)\mathrm{d}x = \lim_{b \to +\infty}(F(b) - F(a)).$$

通常记

$$F(+\infty) = \lim_{b \to +\infty} F(b), \quad F(x)\Big|_a^{+\infty} = F(+\infty) - F(a).$$

当 $F(+\infty)$ 存在时，广义积分 $\int_a^{+\infty} f(x)\mathrm{d}x$ 收敛，且

$$\int_a^{+\infty} f(x)\mathrm{d}x = F(x)\Big|_a^{+\infty}.$$

类似地，记

$$F(-\infty) = \lim_{a \to -\infty} F(a).$$

当 $F(-\infty)$ 存在时，$\int_{-\infty}^b f(x)\mathrm{d}x$ 收敛，且

$$\int_{-\infty}^b f(x)\mathrm{d}x = F(x)\Big|_{-\infty}^b = F(b) - F(-\infty).$$

当 $F(+\infty)$ 和 $F(-\infty)$ 都存在时，$\int_{-\infty}^{+\infty} f(x)\mathrm{d}x$ 收敛，且

$$\int_{-\infty}^{+\infty} f(x)\mathrm{d}x = F(x)\Big|_{-\infty}^{+\infty} = F(+\infty) - F(-\infty).$$

例 5.16 计算广义积分 $\int_{0}^{+\infty} x\mathrm{e}^{-x^2}\mathrm{d}x$.

解 对任意的 $b>0$，有

$$\int_{0}^{b} x\mathrm{e}^{-x^2}\mathrm{d}x = -\frac{1}{2}\mathrm{e}^{-x^2}\Big|_{0}^{b} = \frac{1}{2}(1-\mathrm{e}^{-b^2}).$$

于是 $\lim\limits_{b\to+\infty}\int_{0}^{b} x\mathrm{e}^{-x^2}\mathrm{d}x = \lim\limits_{b\to+\infty}\frac{1}{2}(1-\mathrm{e}^{-b^2}) = \frac{1}{2}$. 所以

$$\int_{0}^{+\infty} x\mathrm{e}^{-x^2}\mathrm{d}x = \lim_{b\to+\infty}\int_{0}^{b} x\mathrm{e}^{-x^2}\mathrm{d}x = \frac{1}{2}.$$

在理解广义积分定义的实质后，上述求解过程也可直接写成

$$\int_{0}^{+\infty} x\mathrm{e}^{-x^2}\mathrm{d}x = -\frac{1}{2}\mathrm{e}^{-x^2}\Big|_{0}^{+\infty} = -\frac{1}{2}(0-1) = \frac{1}{2}.$$

例 5.17 判断广义积分 $\int_{0}^{+\infty} \sin x\ \mathrm{d}x$ 的敛散性.

解 对任意的 $b>0$，有

$$\int_{0}^{b} \sin x\ \mathrm{d}x = (-\cos x)\Big|_{0}^{b} = 1-\cos b.$$

因为 $\lim\limits_{b\to+\infty}(1-\cos b)$ 不存在，所以广义积分 $\int_{0}^{+\infty}\sin x\ \mathrm{d}x$ 发散.

例 5.18 计算广义积分 $\int_{-\infty}^{+\infty}\frac{\mathrm{d}x}{1+x^2}$.

解
$$\int_{-\infty}^{+\infty}\frac{\mathrm{d}x}{1+x^2} = (\arctan x)\Big|_{-\infty}^{+\infty} = \lim_{x\to+\infty}\arctan x - \lim_{x\to-\infty}\arctan x$$

$$= \frac{\pi}{2} - \left(-\frac{\pi}{2}\right) = \pi.$$

例 5.19 自地面垂直向上发射火箭，若要使火箭超出地球的引力范围，需要多大的初始速度？

解 设地球的半径为 R，地球的质量为 M，火箭的质量为 m. 当火箭上升至地面距离为 x 时，需要克服地球的引力做功，根据万有引力定律，该引力为

$$f = \frac{kMm}{(R+x)^2},$$

其中 k 为引力常数. 由于在地面(即 $x=0$)时，$f=mg$，故有 $kM=R^2g$. 代入上式，有

$$f=\frac{R^2gm}{(R+x)^2}.$$

当火箭再上升距离 $\mathrm{d}x$ 时，克服地球引力所做的微功是

$$\mathrm{d}W=\frac{R^2gm\mathrm{d}x}{(R+x)^2}.$$

火箭脱离地球的引力范围，可理解为火箭上升到无穷远处. 为此，克服地球引力所做的功为

$$W=\int_0^{+\infty}\mathrm{d}W=\int_0^{+\infty}\frac{R^2gm}{(R+x)^2}\mathrm{d}x=R^2gm\left(-\frac{1}{R+x}\right)\Big|_0^{+\infty}=Rgm.$$

最后，这些功是由火箭的动能转化来的. 若火箭离开地面时的初速度为 v_0，则它具有动能 $\frac{1}{2}mv_0^2$，所以，为了火箭能超出地面的引力范围，必须

$$\frac{1}{2}mv_0^2\geqslant Rmg,$$

即 $v_0\geqslant\sqrt{2Rg}$. 由于 $g=9.8\ \mathrm{m/s^2}$，$R=6.37\times10^6\mathrm{m}$，故有

$$v_0\geqslant\sqrt{2\times6.37\times10^6\times9.8}\approx11.2\times10^3\ \mathrm{m/s}=11.2\ \mathrm{km/s}.$$

也就是说，为了火箭能超出地球的引力范围，它的初速必须大于 11.2 km/s. 这个速度就是所谓**第二宇宙速度**.

5.4.2　无界函数的广义积分

下面我们把定积分的概念推广到被积函数在积分区间上无界的情况.

若函数 $f(x)$ 在区间 $[a,b]$ 上除某些点外连续，在这些点的小邻域内无界，则在形式上称“积分”

$$\int_a^b f(x)\mathrm{d}x$$

为**无界函数的广义积分**(或简称**瑕积分**)，而那些点则称为这个积分的**瑕点**.

定义 5.3　设函数 $f(x)$ 在区间 $(a,b]$ 上连续，在点 a 的右邻域内无界，取 $\varepsilon>0$. 如果极限

$$\lim_{\varepsilon\to0+}\int_{a+\varepsilon}^b f(x)\mathrm{d}x$$

存在，则称广义积分 $\int_a^b f(x)\mathrm{d}x$ **收敛**，并称此极限为**广义积分的值**，即有

$$\int_a^b f(x)\mathrm{d}x=\lim_{\varepsilon\to0+}\int_{a+\varepsilon}^b f(x)\mathrm{d}x.$$

否则称广义积分 $\int_a^b f(x)\mathrm{d}x$ **发散**，$x=a$ 为其**瑕点**.

类似地，设函数 $f(x)$ 在区间$[a,b)$上连续，在点 b 的左邻域内无界，若极限

$$\lim_{\varepsilon\to0+}\int_a^{b-\varepsilon}f(x)\mathrm{d}x$$

存在，则称广义积分$\int_a^b f(x)\mathrm{d}x$ **收敛**，否则称**发散**，此时 $x=b$ 为其**瑕点**.

若函数 $f(x)$ 在区间$[a,b]$上除点 c $(a<c<b)$ 外连续，在点 c 的小邻域内无界，则当两个广义积分$\int_a^c f(x)\mathrm{d}x$ 和$\int_c^b f(x)\mathrm{d}x$ 都收敛时，称广义积分$\int_a^b f(x)\mathrm{d}x$ **收敛**，并且

$$\int_a^b f(x)\mathrm{d}x=\int_a^c f(x)\mathrm{d}x+\int_c^b f(x)\mathrm{d}x$$

$$=\lim_{\varepsilon_1\to0+}\int_a^{c-\varepsilon_1}f(x)\mathrm{d}x+\lim_{\varepsilon_2\to0+}\int_{c+\varepsilon_2}^b f(x)\mathrm{d}x.$$

否则称广义积分$\int_a^b f(x)\mathrm{d}x$ **发散**，$x=c$ 为其**瑕点**.

例 5.20 求$\int_0^a\frac{1}{\sqrt{a^2-x^2}}\mathrm{d}x$ $(a>0)$.

解 被积函数 $f(x)=\frac{1}{\sqrt{a^2-x^2}}$ 在$[0,a)$上连续，且 $\lim\limits_{x\to a^-}f(x)=\infty$，即 $f(x)$ 在 $x=a$ 处无界，所以

$$\int_0^a\frac{1}{\sqrt{a^2-x^2}}\mathrm{d}x=\lim_{\varepsilon\to0+}\int_0^{a-\varepsilon}\frac{1}{\sqrt{a^2-x^2}}\mathrm{d}x=\lim_{\varepsilon\to0+}\left[\arcsin\frac{x}{a}\right]_0^{a-\varepsilon}$$

$$=\lim_{\varepsilon\to0+}\arcsin\frac{a-\varepsilon}{a}=\frac{\pi}{2}.$$

例 5.21 讨论积分$\int_{-1}^1\frac{1}{x^2}\mathrm{d}x$ 的敛散性.

解 被积函数 $f(x)=\frac{1}{x^2}$ 在$[-1,1]$上除 $x=0$ 外都连续，且 $\lim\limits_{x\to0}\frac{1}{x^2}=\infty$，即 $f(x)$ 在点 $x=0$ 处无界，所以

$$\int_{-1}^1\frac{1}{x^2}\mathrm{d}x=\int_{-1}^0\frac{1}{x^2}\mathrm{d}x+\int_0^1\frac{1}{x^2}\mathrm{d}x$$

$$=\lim_{\varepsilon_1\to0+}\int_{-1}^{0-\varepsilon_1}\frac{1}{x^2}\mathrm{d}x+\lim_{\varepsilon_2\to0+}\int_{0+\varepsilon_2}^1\frac{1}{x^2}\mathrm{d}x$$

$$=\lim_{\varepsilon_1\to0+}\left[-\frac{1}{x}\right]_{-1}^{-\varepsilon_1}+\lim_{\varepsilon_2\to0+}\left[-\frac{1}{x}\right]_{\varepsilon_2}^1$$

$$=\lim_{\varepsilon_1\to 0+}\left(\frac{1}{\varepsilon_1}-1\right)+\lim_{\varepsilon_2\to 0+}\left(-1+\frac{1}{\varepsilon_2}\right).$$

由于这两个极限都不存在，所以广义积分$\int_{-1}^{1}\frac{1}{x^2}dx$ 是发散的.

此题如果没有注意到$x=0$是被积函数的瑕点，仍然正常积分计算，就会得出如下错误的结果：

$$\int_{-1}^{1}\frac{1}{x^2}dx=\left[-\frac{1}{x}\right]_{-1}^{1}=-2.$$

习　题　5.4

1. 判断下列广义积分的敛散性，若收敛，求其值：

1）$\int_{1}^{+\infty}\frac{1}{x^4}dx$；　　2）$\int_{\frac{2}{\pi}}^{+\infty}\frac{1}{x^2}\sin\frac{1}{x}\,dx$；

3）$\int_{0}^{+\infty}e^{-\sqrt{x}}\,dx$；　　4）$\int_{1}^{5}\frac{x}{\sqrt{5-x}}dx$；

5）$\int_{1}^{e}\frac{dx}{x\sqrt{1-(\ln x)^2}}$；　　6）$\int_{\frac{\pi}{4}}^{\frac{3\pi}{4}}\frac{1}{\cos^2 x}dx$.

2. 已知$\int_{-\infty}^{+\infty}P(x)dx=1$，其中

$$P(x)=\begin{cases}\dfrac{C}{\sqrt{1-x^2}}, & |x|<1,\\ 0, & |x|\geqslant 1,\end{cases}$$

求 C 的值.

5.5 定积分的应用

定积分在几何学、物理学、经济学、社会学等方面都有着广泛的应用，它已经成为研究各种自然规律与社会现象必不可少的工具. 我们在学习的过程中，不仅要掌握计算某些实际问题的公式，更重要的还在于深刻领会用定积分解决实际问题的基本思想和方法 —— 微元法.

5.5.1　微元法

定积分的所有应用问题，一般总可按“分割、近似、求和、取极限”四个

步骤把所求量表示为定积分的形式. 为了更好地说明这种方法，我们先来回顾前面讨论过的求曲边梯形面积的问题.

设曲边梯形由连续曲线 $y=f(x)$ $(f(x)\geqslant 0)$，x 轴与直线 $x=a$，$x=b$ 所围成，试求面积 A.

1） 分割 任意插入 $n-1$ 个分点将区间 $[a,b]$ 分成长度为 $\Delta x_i(i=1,2,\cdots,n)$ 的 n 个小区间，相应地将曲边梯形分成 n 个小曲边梯形，记第 i 个曲边梯形面积为 ΔA_i.

2） 近似 在第 i 个小区间上任取一点 ξ_i，则

$$\Delta A_i \approx f(\xi_i)\Delta x_i.$$

3） 求和 得曲边梯形的面积 A 的近似值

$$A=\sum_{i=1}^{n}\Delta A_i \approx \sum_{i=1}^{n} f(\xi_i)\Delta x_i.$$

4） 取极限 得面积 A 的精确值

$$A=\lim_{\lambda\to 0}\sum_{i=1}^{n} f(\xi_i)\Delta x_i=\int_a^b f(x)\mathrm{d}x,$$

其中 $\lambda=\max\{\Delta x_1,\Delta x_2,\cdots,\Delta x_n\}$.

对上述分析过程，在实际应用中可略去其下标，改写如下：

1） 分割 把区间 $[a,b]$ 分成 n 个小区间，任取其中一个小区间 $[x,x+\mathrm{d}x]$，用 ΔA 表示 $[x,x+\mathrm{d}x]$ 上小曲边梯形的面积.

2） 近似 取 $[x,x+\mathrm{d}x]$ 的左端点 x 为 ξ，以点 x 处的函数值 $f(x)$ 为高、$\mathrm{d}x$ 底的小矩形的面积 $f(x)\mathrm{d}x$（也称**面积微元**，记为 $\mathrm{d}A$）作为 ΔA 的近似值(见图 5-9)，即

$$\Delta A \approx \mathrm{d}A=f(x)\mathrm{d}x.$$

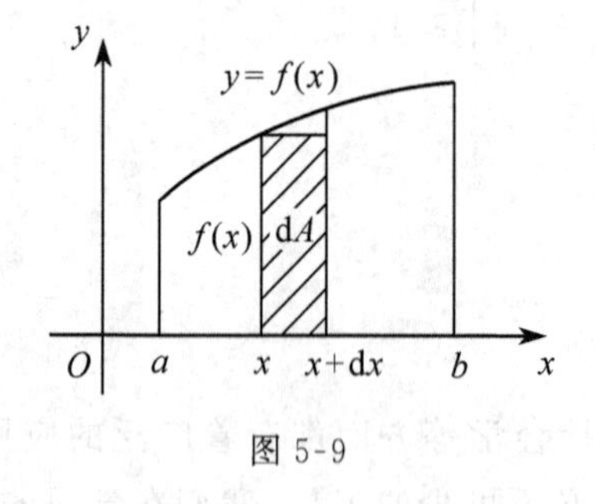

图 5-9

3） 求和 得面积 A 的近似值

$$A=\sum\Delta A\approx\sum\mathrm{d}A=\sum f(x)\mathrm{d}x.$$

4） 取极限 得面积 A 的精确值

$$A=\lim_{\lambda\to 0}\sum f(x)\mathrm{d}x=\int_a^b f(x)\mathrm{d}x.$$

由上述分析，我们可以抽象出在应用学科中广泛应用的将所求量 A 表示为定积分的方法 —— **微元法**.

一般地，如果某一实际问题中要求的量 A 满足以下条件：

1） 所求的量 A 与自变量 x 的一个变化区间 $[a,b]$ 有关；

2） 量 A 对于区间$[a,b]$具有可加性，即若把区间$[a,b]$分成若干部分区间，则 A 相应地分成若干个部分量 ΔA，而 A 是这些部分量 ΔA 之和；

3） 对于部分量 ΔA，能够求得它的近似值，即 $\Delta A \approx f(x)\Delta x$. 这里的近似，确切地说是指：当 $\Delta x \to 0$ 时，

$$\Delta A - f(x)\Delta x = o(\Delta x),$$

即 $f(x)\Delta x$ 是 ΔA 的线性主部，亦即 $dA = f(x)dx$ 是 A 的微分，称为 A 的**微元**.

于是由定积分的定义，将所求的微元"无限积累"，即从 a 到 b 积分，便得

$$A = \int_a^b dA = \int_a^b f(x)dx.$$

不难发现，微元法的关键是找到小区间$[x, x+dx]$上部分量 ΔA 的线性主部，即找 A 的微元：

$$dA = f(x)dx.$$

5.5.2　平面图形的面积

1. 直角坐标系下平面图形的面积

由前面的讨论我们知道，对于非负函数 $f(x)$，定积分$\int_a^b f(x)dx$ 表示由曲线 $y=f(x)$ 与直线 $x=a$，$x=b$ 以及 x 轴所围成的曲边梯形的面积. 被积表达式 $f(x)dx$ 就是面积微元 dA，即

$$dA = f(x)dx,$$

所求曲边梯形面积为

$$A = \int_a^b dA = \int_a^b f(x)dx.$$

一般地，由两条曲线 $y = f(x)$，$y = g(x)$ $(f(x) \geqslant g(x))$ 及直线 $x = a$，$x = b$ 所围成的图形(见图5-10)的面积 A，可取横坐标 x 为积分变量，它的变化区间为$[a,b]$，相应于$[a,b]$上的任一个小区间$[x, x+dx]$的窄条的面积近似等于高为 $f(x)-g(x)$，底为 dx 的窄矩形的面积，从而得到面积微元为

$$dA = (f(x) - g(x))dx.$$

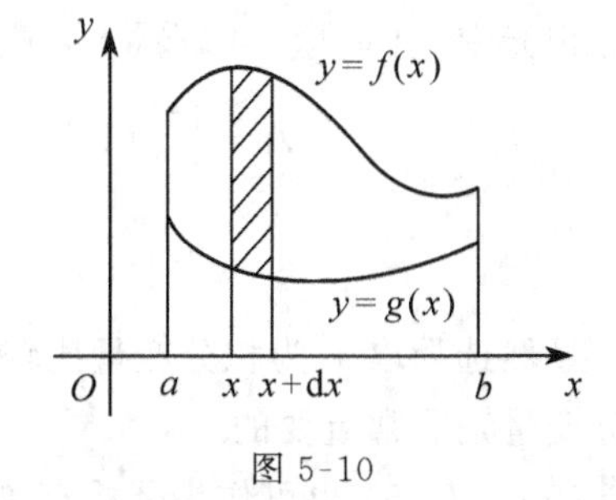

图 5-10

以$(f(x) - g(x))dx$ 为被积表达式，在区间$[a,b]$上求定积分，使得所求面积为

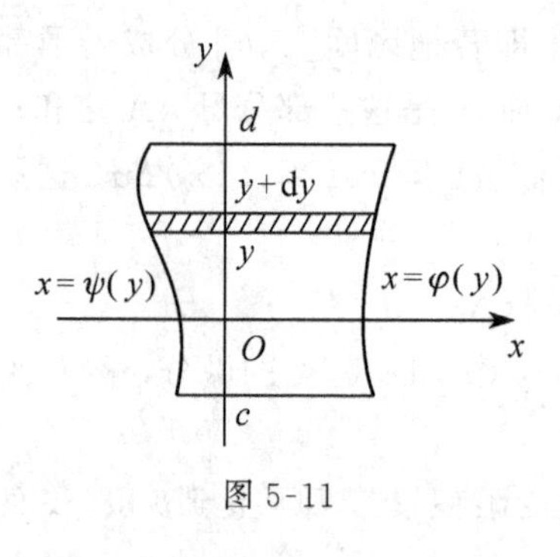

图 5-11

$$A=\int_a^b (f(x)-g(x))\mathrm{d}x. \quad (5.4)$$

类似地，若求由 $x=\psi(y)$，$x=\varphi(y)$ $(\varphi(y)\geqslant\psi(y))$ 及直线 $y=c$，$y=d$ 所围成的图形(见图 5-11) 的面积 A，可选择 y 为积分变量，由微元法得

$$A=\int_c^d (\varphi(y)-\psi(y))\mathrm{d}y. \quad (5.5)$$

例 5.22 求曲线 $y=\frac{1}{2}(x-1)^2$ 与直线 $y=x+3$ 所围图形面积.

解 作出草图，如图 5-12 所示，由方程组

$$\begin{cases} y=\frac{1}{2}(x-1)^2, \\ y=x+3, \end{cases}$$

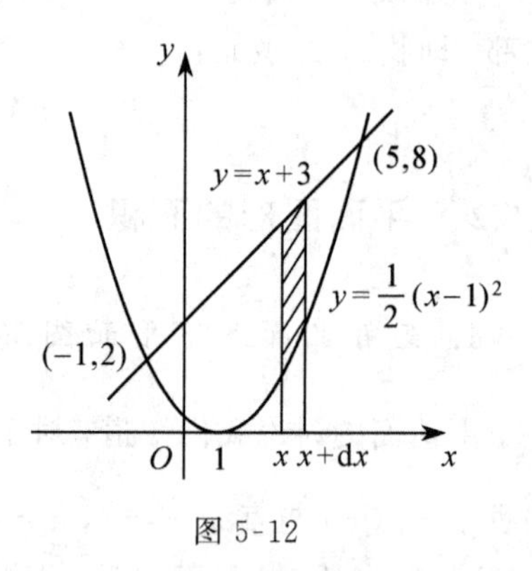

图 5-12

得交点为$(-1,2)$和$(5,8)$. 取 x 为积分变量，在$[-1,5]$区间上任取一区间$[x,x+\mathrm{d}x]$，对应的面积元素为

$$\mathrm{d}A=\left[(x+3)-\frac{1}{2}(x-1)^2\right]\mathrm{d}x.$$

故所求面积为

$$A=\int_{-1}^5\left[(x+3)-\frac{1}{2}(x-1)^2\right]\mathrm{d}x$$
$$=\left[\frac{(x+3)^2}{2}-\frac{1}{6}(x-1)^3\right]_{-1}^5=18.$$

上例如果取 y 为积分变量，则 y 的变化区间$[0,8]$应分成两个区间$[0,2]$和$[2,8]$，在$[0,2]$上面积元素为 $\mathrm{d}A=[(1+\sqrt{2y})-(1-\sqrt{2y})]\mathrm{d}y$，在$[2,8]$上面积元素 $\mathrm{d}A=[(1+\sqrt{2y})-(y-3)]\mathrm{d}y$，故所求面积为

$$A=\int_0^2[(1+\sqrt{2y})-(1-\sqrt{2y})]\mathrm{d}y$$
$$+\int_2^8[(1+\sqrt{2y})-(y-3)]\mathrm{d}y.$$

显然选择取 x 为积分变量比较简单，由此可见在具体计算中选取合适是积分变量是非常重要的.

(5.4),(5.5) 也可作为公式直接使用.

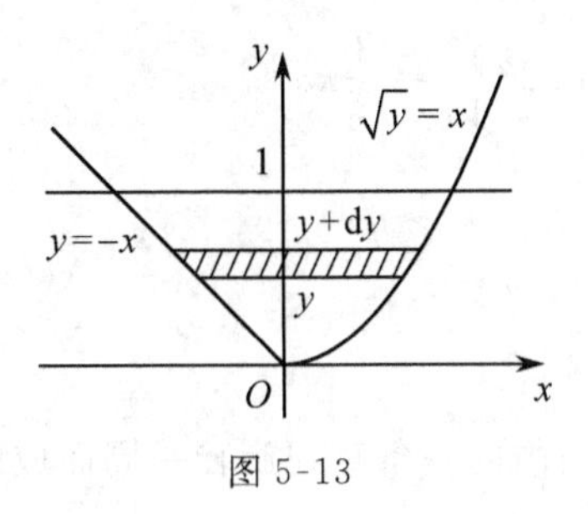

图 5-13

例 5.23　求抛物线$\sqrt{y}=x$与直线$y=-x$，$y=1$所围图形的面积.

解　作出草图，如图 5-13 所示，显然曲线交点为$(-1,1)$，$(0,0)$及$(1,1)$. 从图形看，选取y为积分变量较合适. y的变化范围为$[0,1]$，由(5.5)知所求面积为

$$A=\int_0^1[\sqrt{y}-(-y)]\mathrm{d}y=\frac{7}{6}.$$

2. 极坐标下平面图形的面积

设曲线方程由极坐标形式给出

$$r=r(\theta)\quad(\alpha\leqslant\theta\leqslant\beta),$$

求由曲线$r=r(\theta)$，射线$\theta=\alpha$和$\theta=\beta$所围成的曲边扇形(见图 5-14)的面积A. 可选取θ为积分变量，它的变化区间是$[\alpha,\beta]$，相应于$[\alpha,\beta]$上的任一小区间$[\theta,\theta+\mathrm{d}\theta]$的小曲边扇形的面积可以用半径为$r=r(\theta)$、中心角为$\mathrm{d}\theta$的圆扇形的面积来近似表示，从而得到曲边扇形的面积元素为

$$\mathrm{d}A=\frac{1}{2}(r(\theta))^2\mathrm{d}\theta.$$

以$\frac{1}{2}(r(\theta))^2\mathrm{d}\theta$为被积表达式，在闭区间$[\alpha,\beta]$上作定积分，便得所求面积为

$$A=\int_\alpha^\beta\frac{1}{2}(r(\theta))^2\mathrm{d}\theta.\qquad(5.6)$$

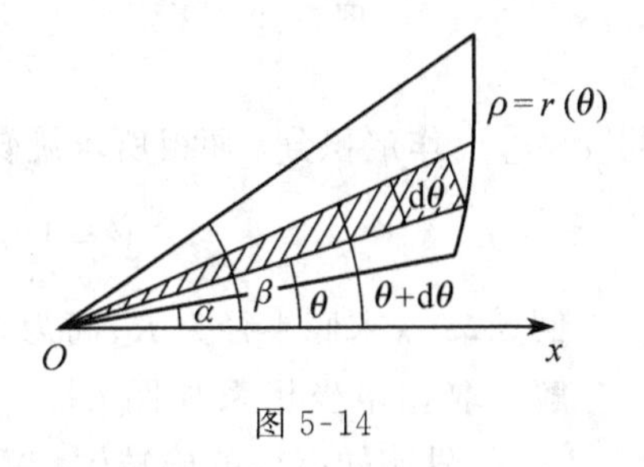

图 5-14

例 5.24　求心形线$r=a(1+\cos\theta)$所围成图形的面积($a>0$，为常数).

解　作出草图，如图 5-15 所示. 利用图形对称于极轴，得

$$\begin{aligned}A&=2\cdot\frac{1}{2}\int_0^\pi r^2(\theta)\mathrm{d}\theta\\&=\int_0^\pi a^2(1+\cos\theta)^2\mathrm{d}\theta\\&=a^2\int_0^\pi(1+2\cos\theta+\cos^2\theta)\mathrm{d}\theta\\&=a^2\int_0^\pi\left(\frac{3}{2}+2\cos\theta+\frac{1}{2}\cos 2\theta\right)\mathrm{d}\theta\end{aligned}$$

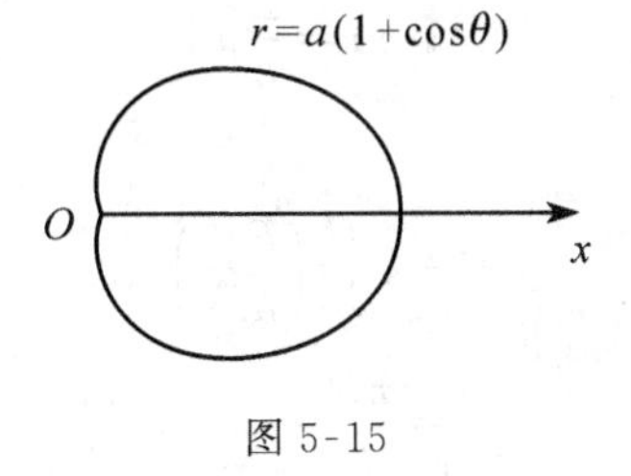

图 5-15

$$=a^2\left[\frac{3}{2}\theta+2\sin\theta+\frac{1}{4}\sin 2\theta\right]_0^{\pi}=\frac{3}{2}\pi a^2.$$

5.5.3 立体的体积

1. 旋转体的体积

旋转体是指由平面图形绕着它所在平面内的一条直线旋转一周而成的立体.

求由连续曲线 $y=f(x)$，直线 $x=a$，$x=b$ $(a<b)$ 及 x 轴所围成的曲边梯形绕 x 轴旋转一周而成的旋转体(见图 5-16) 的体积.

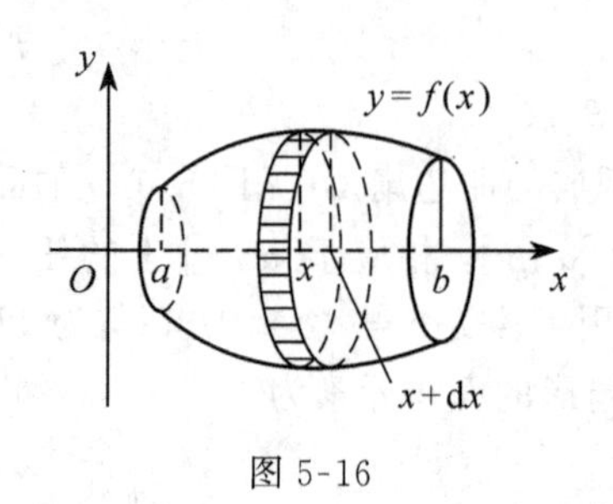

图 5-16

取 x 为积分变量，它的变化区间是$[a,b]$，在任一小区间$[x,x+\mathrm{d}x]$上的窄曲边梯形绕 x 轴旋转一周而成的薄片的体积，近似等于以$|f(x)|$为底半径、$\mathrm{d}x$ 为高的扁圆柱体的体积，即体积元素为

$$\mathrm{d}V=\pi(f(x))^2\mathrm{d}x,$$

以$\pi(f(x))^2\mathrm{d}x$ 为被积表达式，在闭区间$[a,b]$上作定积分，便得所求旋转体的体积为

$$V=\int_a^b\pi(f(x))^2\mathrm{d}x. \tag{5.7}$$

例 5.25 求底半径为 R、高为 h 的圆锥体的体积.

解 取直角坐标系如图 5-17 所示，圆锥体可以看做是由直角三角形 OAB 绕 x 轴旋转得到的旋转体. 而 OA 的方程为

$$y=\frac{R}{h}x.$$

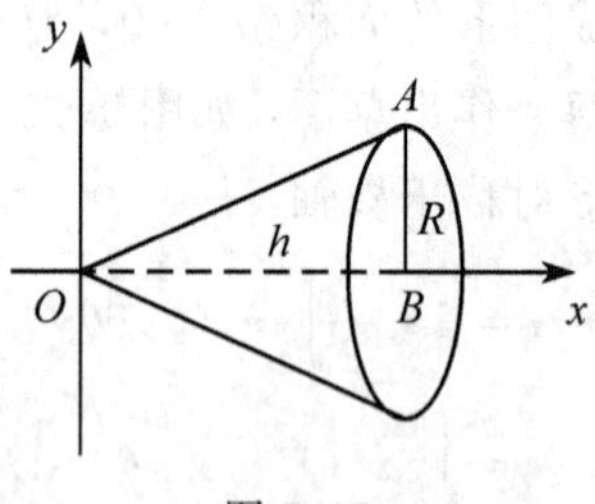

图 5-17

因此

$$V=\pi\int_0^h\left(\frac{R}{h}x\right)^2\mathrm{d}x$$

$$=\frac{\pi R^2}{h^2}\cdot\frac{1}{3}x^3\Big|_0^h$$

$$=\frac{\pi}{3}R^2h.$$

类似地，可求得由曲线 $x=\varphi(y)$，直线 $y=c$，$y=d$ $(c<d)$ 及 y 轴所围成的曲边梯形绕 y 轴旋转一周而成的旋转体(见图 5-18) 的体积为

$$V=\pi\int_c^d(\varphi(y))^2\mathrm{d}y. \qquad (5.8)$$

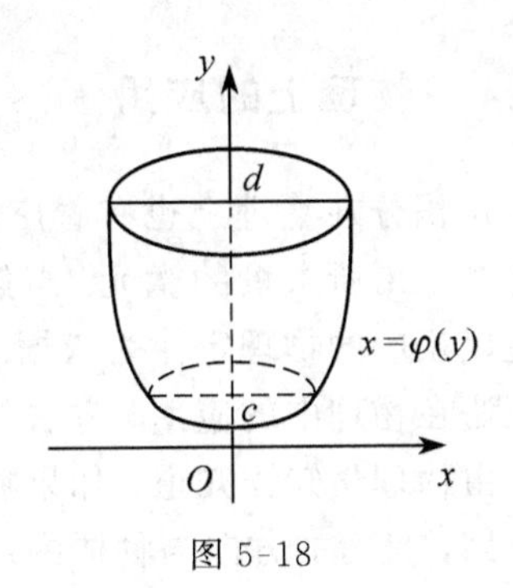

图 5-18

2. 平行截面面积为已知的立体的体积

设有一立体位于平面 $x=a$ 与 $x=b$ $(a<b)$ 之间. 设任意一个垂直于 x 轴的平面与该立体相截的截面积为 $A(x)$，它是区间 $[a,b]$ 上的连续函数，求这个立体（见图 5-19）的体积 V.

取 x 求积分变量，它的变化区间是 $[a,b]$. 在任一小区间 $[x,x+\mathrm{d}x]$ 小薄片的体积，近似等于以点 x 处的截面面积 $A(x)$ 为底面积，以 $\mathrm{d}x$ 为高的扁柱体的体积，即体积元素为

$$\mathrm{d}V=A(x)\mathrm{d}x,$$

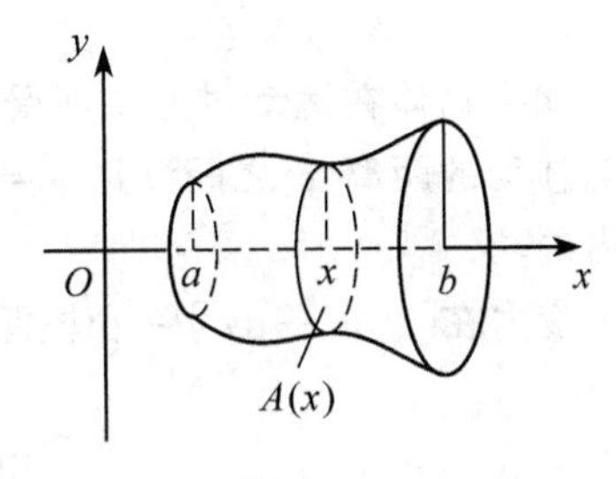

图 5-19

以 $A(x)\mathrm{d}x$ 为被积表达式，在闭区间 $[a,b]$ 上作定积分，便得所求立体的体积为

$$V=\int_a^b A(x)\mathrm{d}x. \qquad (5.9)$$

例 5.26　设有一个底面半径为 R 的圆柱，被经过底面直径的平面所截，且此平面与底面的夹角为 α，求这个平面截圆柱所得立体的体积.

解　如图 5-20 所示，取这个平面与圆柱体的底面的交线为 x 轴，底面上过圆心且垂直于 x 轴的直线为 y 轴，则底面圆的方程为

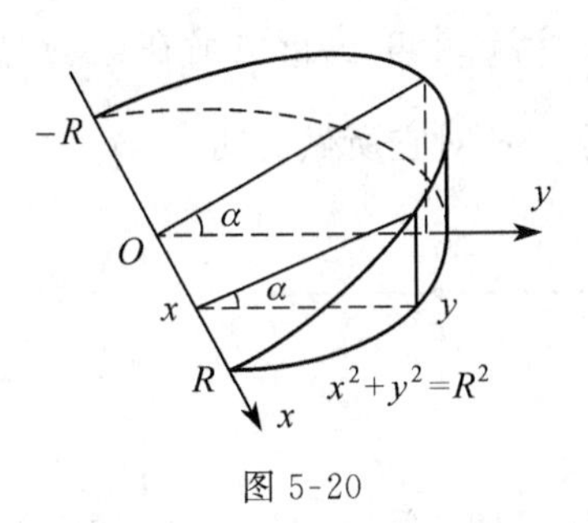

图 5-20

$$x^2+y^2=R^2.$$

取 x 求积分变量，变化区间为 $[-R,R]$，用过点 x 且垂直于 x 轴的平面截立体所得截面是一个直角三角形，截面积为

$$A(x)=\frac{1}{2}(R^2-x^2)\tan\alpha.$$

于是所求立体体积为

$$V=\int_{-R}^R A(x)\mathrm{d}x=\int_{-R}^R\frac{1}{2}(R^2-x^2)\tan\alpha\ \mathrm{d}x$$

$$=\frac{1}{2}\tan\alpha\left[R^2x-\frac{1}{3}x^3\right]_{-R}^R=\frac{2}{3}R^3\tan\alpha.$$

5.5.4 物理上的应用

定积分在物理上也有着广泛的应用. 与定积分在几何中的应用一样，关键是要找出所求量的微元. 当然，除了必须仔细分析所讨论问题的特点外，还应以相应的物理定律为依据. 下面仅以“变力沿直线所做的功”为例来说明微元法在物理中的应用，方法具有一般性.

由物理学知识知道，如果物体在做直线运动的过程中受一个不变的力 F 的作用，且力的方向与物体的运动方向一致，那么在物体移动一段距离 s 时，力 F 对物体所做的功为

$$W = F \cdot s.$$

如果物体在运动过程中所受的力是变化的，设做直线运动的物体所受的力与移动的距离 x 之间满足 $y = F(x)$，求此力将物体从 $x = a$ 移动到 $x = b$ 所做的功.

变力在 $[x, x + \mathrm{d}x]$ 一小段距离上所做的功可视为常力所做的功，功微元为

$$\mathrm{d}W = F(x)\mathrm{d}x,$$

因此，力 $F(x)$ 所做的总功为

$$W = \int_a^b F(x)\mathrm{d}x.$$

例 5.27 如图 5-21 所示，把一个带 $+q$ 电量的点电荷放在 r 轴上坐标原点处，它产生一个电场. 这个电场对周围的电荷有作用力. 由物理学知识可知，如果一个单位正电荷放在这个电场中距离原点为 r 的地方，那么电场对它的作用力的大小为 $F = k\dfrac{q}{r^2}$（k 为常数），当这个单位正电荷在电场中从 $r = a$ 处沿 r 轴移动到 $r = b$ 处时，计算电场力 F 对它所做的功.

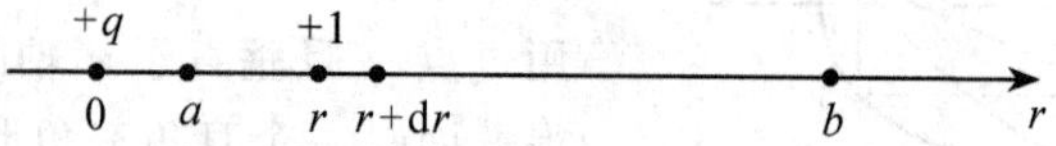

图 5-21

解 取 r 为积分变量，$r \in [a, b]$，取任一小区间 $[r, r + \mathrm{d}r]$，功元素为

$$\mathrm{d}W = \frac{kq}{r^2}\mathrm{d}r,$$

于是所求功为

$$W = \int_a^b \frac{kq}{r^2}\mathrm{d}r = kq \cdot \left(-\frac{1}{r}\right)\Bigg|_a^b = kq\left(\frac{1}{a} - \frac{1}{b}\right).$$

如果要考虑将单位电荷移到无穷远处，则

$$W=\int_a^{+\infty}\frac{kq}{r^2}\mathrm{d}r=kq\cdot\left(-\frac{1}{r}\right)\Big|_a^{+\infty}=\frac{kq}{a}.$$

例 5.28　一个圆柱形蓄水池高为 5 m，底半径为 3 m，池内盛满了水. 要把池内的水全部吸出，需做多少功？

解　建立坐标系，如图 5-22 所示，取 x 为积分变量，$x\in[0,5]$，取任一小区间 $[x,x+\mathrm{d}x]$，把这一薄层水吸出的功元素为

$$\mathrm{d}W=\rho g\,\mathrm{d}V=9.8\pi\cdot 3^2x\,\mathrm{d}x,$$

于是

$$W=\int_0^5 9.8\pi\cdot 3^2x\,\mathrm{d}x$$

$$=88.2\pi\left[\frac{x^2}{2}\right]_0^5\approx 3\,462\ (\mathrm{J}).$$

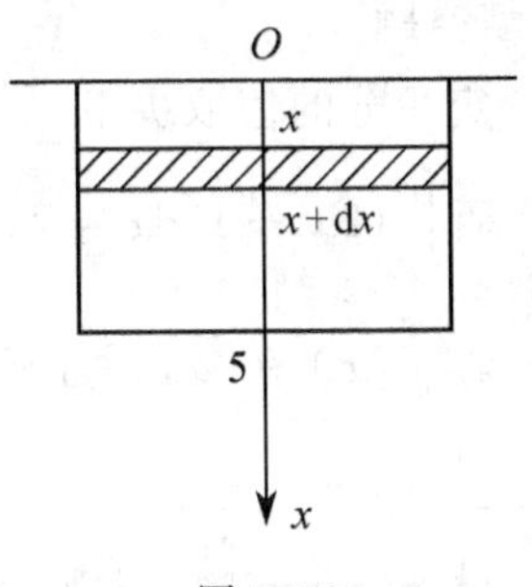

图 5-22

习　题　5.5

1. 求由曲线 $y=\sqrt{x}$ 与直线 $y=x$ 所围成图形的面积.

2. 求由抛物线 $y^2=2x$ 与直线 $x-y-4=0$ 所围成图形的面积.

3. 求由曲线 $y=\dfrac{1}{x}$ 与直线 $y=x$ 及 $x=2$ 所围成图形的面积.

4. 求在区间 $\left[0,\dfrac{\pi}{2}\right]$ 上，曲线 $y=\sin x$ 与直线 $x=0$，$y=1$ 所围成图形的面积.

5. 求由曲线 $r=2a\cos\theta$ 所围成图形的面积.

6. 求由曲线 $r=2a(2+\cos\theta)$ 所围成图形的面积.

7. 求下列平面图形分别绕 x 轴、y 轴旋转所得旋转体的体积：

1)　曲线 $y=\sqrt{x}$ 与直线 $x=1$，$x=4$，$y=0$ 围成的图形；

2)　曲线 $y=x^3$ 与直线 $x=2$，$y=0$ 所围成的图形.

8. 求底面是半径为 R 的圆，而垂直于底面上一条固定直径的所有截面都是等边三角形的立体体积.

9. 用求平行截面面积为已知的立体体积的方法导出求旋转体体积的公式(5.7)与(5.8).

10. 一物体按规律 $x=ct^3$ 做直线运动，媒质的阻力与速度的平方成正比，计算物体由 $x=0$ 移至 $x=a$ 克服媒质阻力所做的功.

11. 一圆锥形储水池，池口直径 20 m，深 15 m，池内盛满了水，求将全部池水抽到池外所做的功.

总习题五

1. 填空题

1) 定积分的值取决于__________.

2) 若$\int_0^a(2x-1)\mathrm{d}x=2$，则 $a=$__________.

3) 若 $f(x)$ 在$[a,b]$上连续，且$\int_a^b f(x)\mathrm{d}x=0$，则$\int_a^b(f(x)+1)\mathrm{d}x=$__________.

4) 设 $f(x)=\int_0^x|t|\mathrm{d}t$，则 $f'(x)=$__________.

5) 设 $f(x)$ 是连续的奇函数，且$\int_0^1 f(x)\mathrm{d}x=1$，则$\int_{-1}^0 f(x)\mathrm{d}x=$__________.

6) $\int_{-\infty}^{+\infty}\frac{A}{1+x^2}\mathrm{d}x=1$，则 $A=$__________.

2. 选择题

1) 定积分$\int_a^b f(x)\mathrm{d}x$ 是(　　).

A. 一个确定的常数　　B. $f(x)$ 的一个原函数

C. 一个函数族　　D. 一个非负常数

2) 下面积分正确的是(　　).

A. $\int_{-\frac{\pi}{2}}^{\frac{\pi}{2}}\sin x\,\mathrm{d}x=2\int_0^{\frac{\pi}{2}}\sin x\,\mathrm{d}x=2$　　B. $\int_{-\frac{\pi}{2}}^{\frac{\pi}{2}}\cos x\,\mathrm{d}x=2\int_0^{\frac{\pi}{2}}\cos x\,\mathrm{d}x=2$

C. $\int_{-1}^1\frac{1}{x^2}\mathrm{d}x=-\frac{1}{x}\Big|_{-1}^1=2$　　D. $\int_1^2\ln x\,\mathrm{d}x=\frac{1}{x}\Big|_1^2=-\frac{1}{2}$

3) 设 $f(x)$ 在$[a,b]$上连续，且 x 与 t 无关，则下面积分正确的是(　　).

A. $\int_a^b tf(x)\mathrm{d}x=t\int_a^b f(x)\mathrm{d}x$　　B. $\int_a^b xf(x)\mathrm{d}x=x\int_a^b f(x)\mathrm{d}x$

C. $\int_a^b tf(x)\mathrm{d}t=t\int_a^b f(x)\mathrm{d}t$　　D. $\int_a^b tf(t)\mathrm{d}t=x\int_a^b f(t)\mathrm{d}x$

4) 设 $f(x)$ 是连续函数，$F(x)=\int_x^{-x}f(t)\mathrm{d}t$，则 $F'(x)=$(　　).

A. $f(x)+f(-x)$　　B. $f(x)-f(-x)$

C. $-f(x)+f(-x)$　　D. $-f(x)-f(-x)$

5) 已知$\int_0^x (2f(t)-1)\mathrm{d}t=f(x)-1$，则 $f'(0)=($　　$)$.

A. 2　　B. 2e－1　　C. 1　　D. e－1

6) $\varphi(x)$ 在$[a,b]$上连续，$f(x)=(x-b)\int_a^x \varphi(t)\mathrm{d}t$，则由罗尔定理，必有 $\xi\in(a,b)$，使 $f'(\xi)=($　　$)$.

A. $\varphi(\xi)$　　B. 1　　C. －1　　D. 0

3. 求下列定积分：

1) $\int_0^{\frac{1}{3}} \frac{1}{4-3x}\mathrm{d}x$；　　2) $\int_0^{\pi} \cos^2\left(\frac{x}{2}\right)\mathrm{d}x$；

3) $\int_0^{\frac{\pi}{2}} \sqrt{1-\sin 2x}\,\mathrm{d}x$；　　4) $\int_0^{\pi} x\sqrt{\cos^2 x-\cos^4 x}\,\mathrm{d}x$；

5) $\int_0^{3} \frac{1}{(1+t)\sqrt{t}}\mathrm{d}t$；　　6) $\int_0^{1} x^5\ln^3 x\,\mathrm{d}x$；

7) $\int_{-3}^{2} \min\{2,x^2\}\mathrm{d}x$；　　8) $\int_2^{+\infty} \frac{1}{x^2-x}\mathrm{d}x$.

4. 设 $f(x)=\begin{cases} x^2, & 0\leqslant x\leqslant 1, \\ 2-x, & 1<x\leqslant 2, \end{cases}$ 求$\int_0^2 f(x)\mathrm{d}x$.

5. 设 $f(5)=2$，$\int_0^5 f(x)\mathrm{d}x=3$，求$\int_0^5 xf'(x)\mathrm{d}x$.

6. 求函数 $F(x)=\int_0^x t(t-4)\mathrm{d}t$ 在$[-1,5]$上的最大值与最小值.

7. 1) 证明：$\int_0^{\frac{\pi}{2}} \frac{\sin x}{\sin x+\cos x}\mathrm{d}x=\int_0^{\frac{\pi}{2}} \frac{\cos x}{\sin x+\cos x}\mathrm{d}x$.

2) 利用上面的结论求$\int_0^{\frac{\pi}{2}} \frac{\cos x}{\sin x+\cos x}\mathrm{d}x$.

8. 求由曲线 $y=\sin x$，$y=\cos x$ 与直线 $x=0$，$x=\pi$ 所围成图形的面积.

9. 求在区间$\left[0,\frac{\pi}{2}\right]$上，由曲线 $y=\sin x$ 与直线 $x=\frac{\pi}{2}$，$y=0$ 所围成的图形分别绕 x 轴、y 轴旋转所得的两个旋转体的体积.

第六章

多元函数微分学及其应用

前面几章讨论的函数都只有一个自变量，即一元函数. 但在很多实际问题中会出现一个变量依赖于多个变量的情形. 这就需要引入多元函数并需要讨论其微分和积分问题. 本章将在一元函数微分学的基础上，讨论多元函数的微分法及其应用. 讨论中我们以二元函数为主，而从二元函数到二元以上的多元函数则可以类推.

6.1 空间直角坐标系及空间中常见的几种曲面

6.1.1 空间直角坐标系

在空间内任取一固定点 O，过点 O 作三条相互垂直且有相同单位长度的数轴，依次记为 x 轴(横轴)、y 轴(纵轴)、z 轴(竖轴)，点 O 称为**坐标原点**，三个轴的方向要符合右手法则(即以右手握住 z 轴，当右手的 4 个手指从正向 x 轴以 $\frac{\pi}{2}$ 角度转向正向 y 轴时，大拇指的指向就是 z 轴的正向)，这就构成了一个**空间直角坐标系**(如图 6-1).

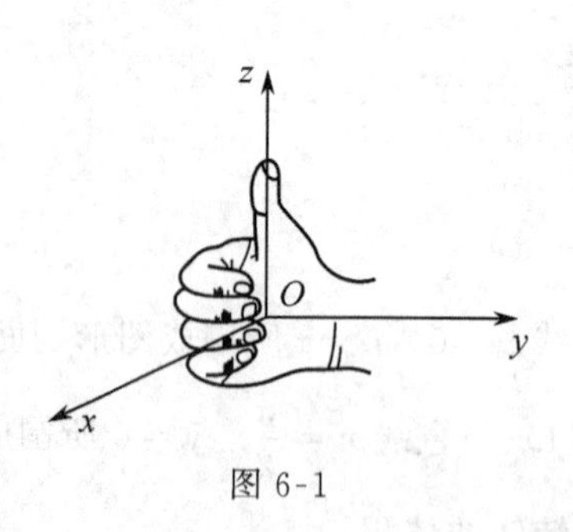

图 6-1

三条坐标轴中的任意两条所确定的平面称为**坐标平面**，由 x 轴和 y 轴所确定的平面称为 xOy 面，由 y 轴和 z 轴所确定的平面称为 yOz 面，由 z 轴和 x 轴所确定的平面称为 zOx 面. 三个坐标面把空间分成 8 个部分，每一部分称为一个**卦限**. 含有 x 轴、y 轴与 z 轴正半轴的卦限称为第一卦限，其他第二、第三、第四卦限，在 xOy 面的上方，按逆时针方向确定. 在 xOy 面下方与第一卦限至第四卦限相对应的有第五卦限至第八卦限，分别记为 Ⅰ,Ⅱ,Ⅲ,Ⅳ,Ⅴ,Ⅵ,Ⅶ,Ⅷ（如图 6-2）.

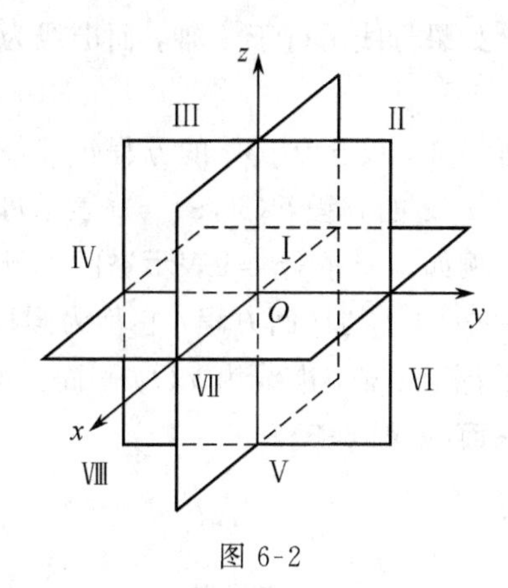

图 6-2

取定了空间直角坐标系，就可以建立空间中的点与有序数组间的一一对应关系.

设 M 是空间的一个点，过点 M 作三个平面分别垂直于 x 轴、y 轴、z 轴，并分别交这三个坐标轴于点 P，Q,R（如图 6-3）. 这三个点在 x 轴、y 轴、z 轴上的坐标依次为 x,y,z，于是 M 就唯一确定了有序数组(x,y,z). 反过来，任给定一有序数组(x,y,z)，则可以在 x 轴上取坐标为 x 的点 P，在 y 轴上取坐标为 y 的点Q，在 z 轴上取坐标为 z 的点R，然后过点 P,Q,R 分别作垂直于 x 轴、y 轴、z 轴的平面，这三个平面相交于唯一的点 M. 这样，空间的点与有序数组(x,y,z)就建立了一一对应的关系. 通常把这个有序数组(x,y,z)称为点 M 的**坐标**.

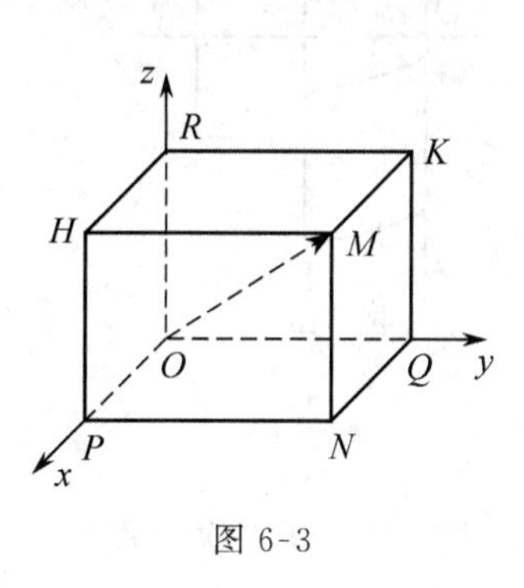

图 6-3

利用空间直角坐标系可以计算空间中两点的距离. 设 $M_1(x_1,y_1,z_1)$，$M_2(x_2,y_2,z_2)$是空间中两点，由勾股定理不难证明 M_1,M_2 之间的距离 d 为

$$d=|M_1M_2|=\sqrt{(x_2-x_1)^2+(y_2-y_1)^2+(z_2-z_1)^2}.$$

特别地，从原点 O 到 $M(x,y,z)$ 的距离为

$$d=|OM|=\sqrt{x^2+y^2+z^2}.$$

6.1.2　空间中常见的几种曲面的方程及其图形

我们对平面上的曲线的方程及其图形都已非常熟悉了. 为使读者对空间中的图形及其方程有初步了解，下面介绍几种空间中常见的曲面的方程及其图形，但不作详细讨论.

1. 柱面

动直线 l 沿定曲线C 平行移动所形成的轨迹称为**柱面**. 动直线 l 称为柱面的**母线**，曲线 C 称为柱面的**准线**.

如果母线平行于 z 轴，而准线为 xOy 平面上的曲线，则柱面方程为

$$F(x,y)=0.$$

同样可知，仅含有 y,z 的方程 $F(y,z)=0$ 表示母线平行于 x 轴的柱面，而仅含有 x,z 的方程 $F(x,z)=0$ 表示母线平行于 y 轴的柱面.

例如，$x^2+y^2=1$ 表示空间中母线平行于 z 轴，准线为 xOy 平面上的圆 $x^2+y^2=1$ 的柱面方程，它称为**圆柱面**(如图 6-4). 类似地，$y^2=2x$ 表示母线平行于 z 轴，准线为 xOy 平面上的抛物线 $y^2=2x$ 的柱面方程，它称为**抛物柱面**(如图 6-5).

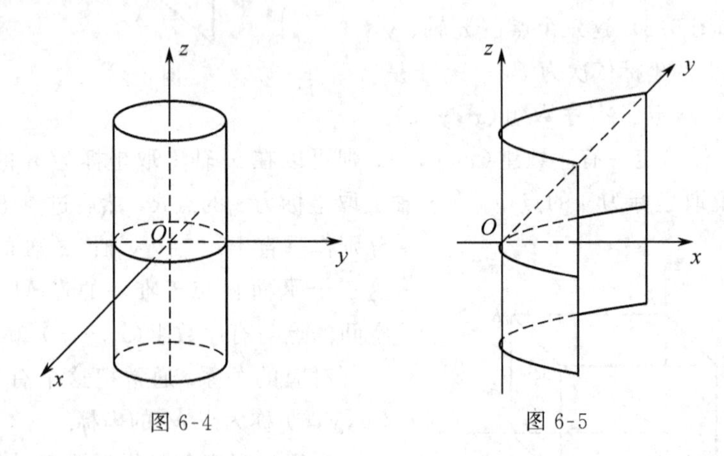

图 6-4　　图 6-5

2. 二次曲面

与平面解析几何中规定的二次曲线类似，我们把三元二次方程

$$ax^2+by^2+cz^2+a_1xy+b_1yz+c_1xz+a_2x+b_2y+c_2z+d=0$$

(其中二次项系数 a,b,c,a_1,b_1,c_1 不全为 0) 所表示的图形称为**二次曲面**.

1) 球面　$(x-x_0)^2+(y-y_0)^2+(z-z_0)^2=R^2\ (R>0)$，如图 6-6 所示.

2) 椭球面　$\dfrac{x^2}{a^2}+\dfrac{y^2}{b^2}+\dfrac{z^2}{c^2}=1$，如图 6-7 所示.

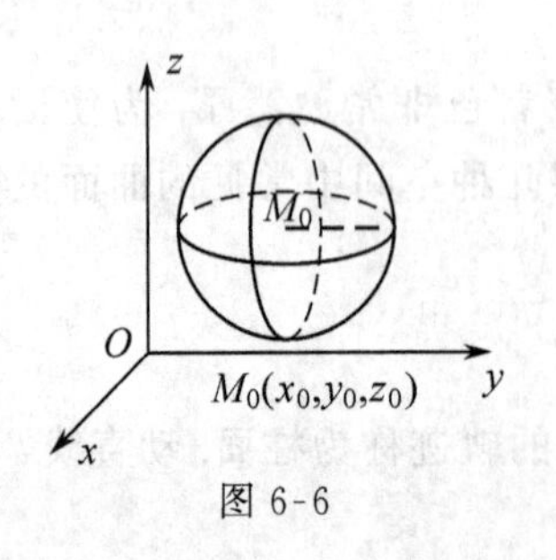

图 6-6

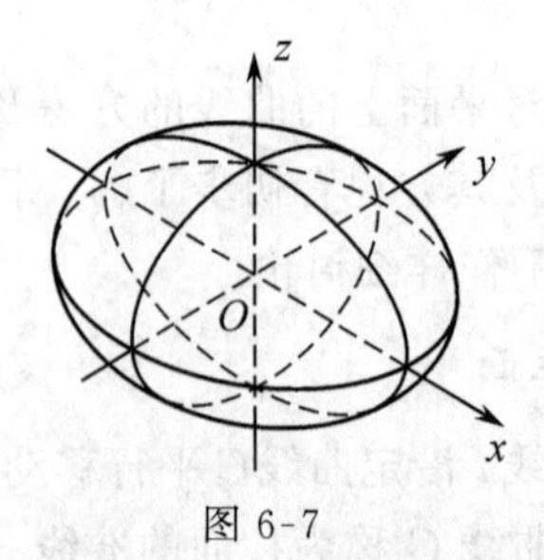

图 6-7

3）椭圆抛物面　$\frac{x^2}{a^2}+\frac{y^2}{b^2}=z$，如图 6-8 所示.

4）二次锥面　$\frac{x^2}{a^2}+\frac{y^2}{b^2}-\frac{z^2}{c^2}=0$，如图 6-9 所示.

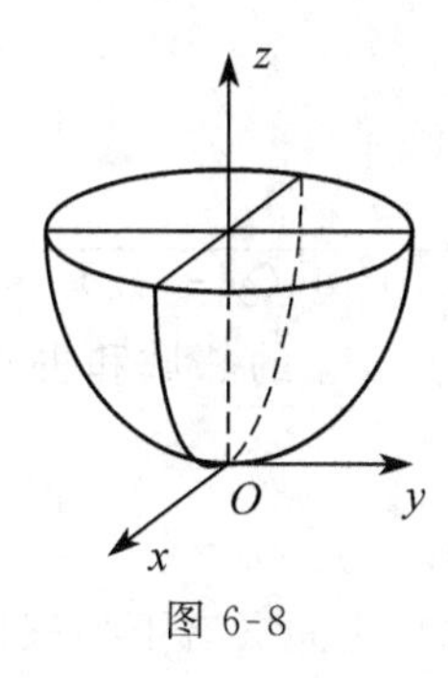

图 6-8

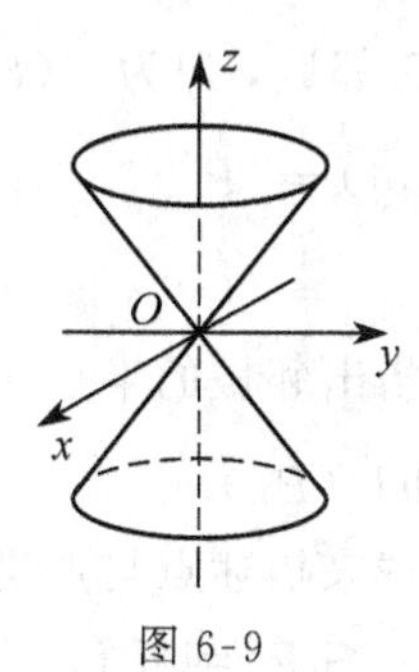

图 6-9

习　题　6.1

1. 求下列各题中两点间的距离：

1）$P_1(2,3,1),P_2(2,7,4)$；

2）$P_1(4,-1,2),P_2(-1,3,4)$.

2. 下列方程各表示什么曲面？

1）$4x^2+y^2=1$；　　2）$x^2-y^2=1$；

3）$\frac{z}{3}=\frac{x^2}{4}+\frac{y^2}{9}$；　　4）$z^2=\frac{x^2}{2}+\frac{y^2}{4}$.

6.2　多元函数的基本概念

6.2.1　平面点集

坐标平面上满足某种条件 P 的点的集合称为**平面点集**.

例如，全平面上的点组成的点集是

$$\mathbf{R}^2=\{(x,y)\mid -\infty<x<+\infty,-\infty<y<+\infty\}.$$

平面上以原点为圆心、半径为 r 的圆内所有点的集合是

$$A=\{(x,y)\mid x^2+y^2<r^2\}.$$

下面引入 $\mathbf{R}^2$ 中邻域的概念.

设 $P_0(x_0,y_0)$ 是 xOy 平面上的一个点，δ 是某一正数. 与点 $P_0(x_0,y_0)$ 距离小于 δ 的点 $P(x,y)$ 的全体，称为点 P_0 的 δ **邻域**，记为 $U(P_0,\delta)$，即 $U(P_0,\delta)=\{P \mid |PP_0|<\delta\}$，也即

$$U(P_0,\delta)=\{(x,y) \mid \sqrt{(x-x_0)^2+(y-y_0)^2}<\delta\}.$$

点 P_0 的去心 δ 邻域，记为 $\mathring{U}(P_0,\delta)$，即

$$\begin{aligned}\mathring{U}(P_0,\delta)&=\{P \mid 0<|PP_0|<\delta\}\\&=\{(x,y) \mid 0<\sqrt{(x-x_0)^2+(y-y_0)^2}<\delta\}.\end{aligned}$$

若不需要指出邻域的半径 δ，也可以将点 P_0 的邻域和去心邻域简单地记为 $U(P_0)$ 和 $\mathring{U}(P_0)$.

下面用邻域来描述点与点集之间的关系.

任意一点 $P\in\mathbf{R}^2$ 与任意一个点集 $E\subset\mathbf{R}^2$ 之间必有下列三种关系中的一种：

1) 内点　如果存在点 P 的某个邻域 $U(P)$，使得 $U(P)\subset E$，则称 P 为 E 的**内点**（如图 6-10 中，P_1 为 E 的内点）；

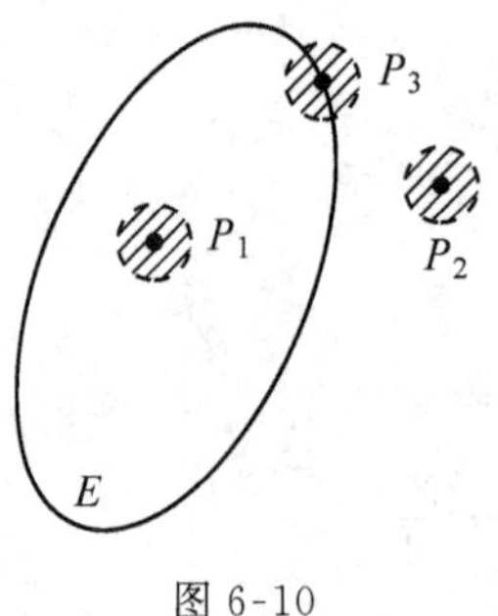

图 6-10

2) 外点　如果存在点 P 的某个邻域 $U(P)$，使得 $U(P)\cap E=\varnothing$，则称 P 为 E 的**外点**（如图 6-10 中，P_2 为 E 的外点）；

3) 边界点　如果点 P 的任一邻域内既含有属于 E 的点，又含有不属于 E 的点，则称 P 为 E 的**边界点**（如图 6-10 中，P_3 为 E 的边界点）.

E 的边界点的全体称为 E 的**边界**，记为 ∂E.

E 的内点必属于 E；E 的外点必定不属于 E；而 E 的边界点可能属于 E，也可能不属于 E.

下面定义一些重要的平面点集.

1) 开集　如果点集 E 的点都是 E 的内点，则称 E 为**开集**.

2) 闭集　如果点集 E 的边界 $\partial E\subset E$，则称 E 为**闭集**.

例如，集合 $\{(x,y) \mid 1<x^2+y^2<2\}$ 是开集；集合 $\{(x,y) \mid 1\leqslant x^2+y^2\leqslant 2\}$ 是闭集；而集合 $\{(x,y) \mid 1\leqslant x^2+y^2<2\}$ 既非开集也非闭集.

3) 连通集　如果点集 E 内任何两点都可用折线联结起来，且该折线上的点都属于 E，则称 E 为**连通集**.

4) 区域　连通的开集称为**区域**.

5) 闭区域　区域连同它的边界一起所构成的点集称为**闭区域**.

例如，集合$\{(x,y) \mid 1 < x^2 + y^2 < 2\}$是区域；而集合$\{(x,y) \mid 1 \leqslant x^2 + y^2 \leqslant 2\}$是闭区域.

6) 有界集与无界集　对于平面点集E，如果存在某一正数r，使得

$$E \subset U(O,r) \quad (\text{其中} O \text{是坐标原点}),$$

则称E为**有界集**. 不是有界集的集合称为**无界集**.

例如，集合$\{(x,y) \mid 1 \leqslant x^2 + y^2 \leqslant 2\}$是有界闭区域；集合$\{(x,y) \mid x + y > 0\}$是无界区域；集合$\{(x,y) \mid x + y \geqslant 0\}$是无界闭区域.

6.2.2　多元函数的概念

在自然科学和工程技术问题中，常常会遇到依赖于两个或更多个变量的函数，举例如下：

例 6.1　直圆柱体的侧面积S、底半径r、高h之间有关系式：

$$S = 2\pi rh \quad (r > 0,\ h > 0).$$

r与h是两个独立的变量，S的值随着r与h的取值而确定.

例 6.2　一定量的理想气体的压强P、体积V和绝对温度T之间具有关系

$$P = \frac{RT}{V} \quad (V > 0,\ T > T_0).$$

R为常数，V和T是两个独立的变量，P的值随着V与T的取值而确定.

上述两个例子的具体意义虽然各不相同，但它们却有共同的性质，抽象出这些共同性就可得出以下二元函数的定义.

定义 6.1　设集合$D \subset \mathbf{R}^2$，$D \neq \varnothing$. 若有一个映射(对应规则)f，它使得D中的每一点$P(x,y)$都有唯一的一个实数z与之对应，则称f为定义在D上的一个**二元函数**，记为

$$z = f(x,y)\ ((x,y) \in D), \quad \text{或}\ z = f(P)\ (P \in D).$$

x,y称为函数f的**自变量**，z称为**因变量**. 在对应规则f下，与点$P(x,y)$对应的z的值称为函数f在点P处的**函数值**，记为$f(P)$或$f(x,y)$，即

$$z = f(P) = f(x,y).$$

D称为函数f的**定义域**，f的全体函数值的集合称为f的**值域**，记为$f(D)$，即

$$f(D) = \{z \mid z = f(x,y),\ (x,y) \in D\}.$$

类似地，可以定义三元函数$u = f(x,y,z)$，$(x,y,z) \in D \subset \mathbf{R}^3$以及一般的$n$元函数$u = f(x_1,x_2,\cdots,x_n)$，$(x_1,x_2,\cdots,x_n) \in D \subset \mathbf{R}^n$.

关于多元函数的定义域，与一元函数类似，我们作如下约定：在一般地讨论用算式表达多元函数$u=f(\boldsymbol{x})$时，就以使这个算式有意义的变元$\boldsymbol{x}$的值所组成的点集为这个多元函数的自然定义域(即使得函数有意义的自变量的取值范围).

例 6.3 求下列函数的定义域：

1) $z=\ln(x-y)$；

2) $z=\arcsin(x+y)$；

3) $z=\dfrac{1}{\sqrt{4-x^2-y^2}}+\ln(x^2+y^2-1)$.

解 1) 函数的定义域为$D=\{(x,y)\mid x-y>0\}$，是直线$x-y=0$的右下方，见图 6-11 (a).

2) 函数的定义域为$D=\{(x,y)\mid -1\leqslant x+y\leqslant 1\}$，是平面上的一个带形区域，见图 6-11 (b).

3) 函数的定义域中的点必须满足

$$\begin{cases}4-x^2-y^2>0,\\ x^2+y^2-1>0,\end{cases}$$

即函数的定义域为$D=\{(x,y)\mid 1<x^2+y^2<4\}$，它是平面上的一个环形区域，见图 6-11 (c).

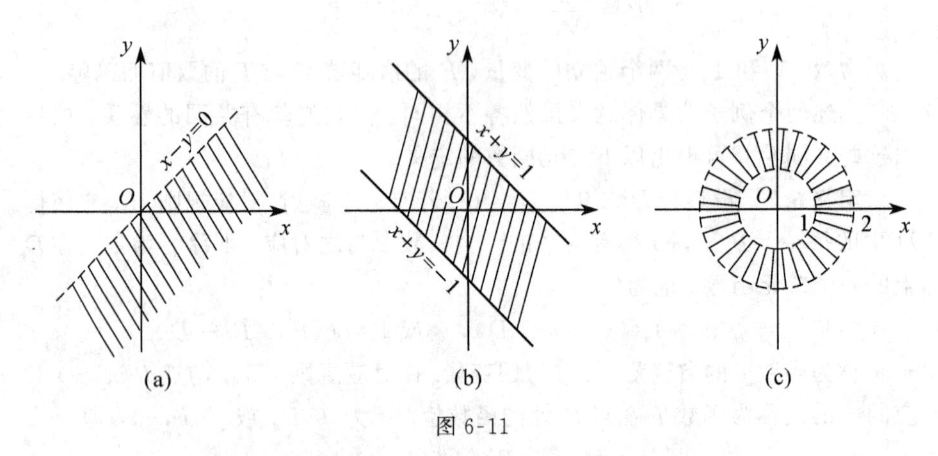

图 6-11

6.2.3 二元函数的极限

与一元函数类似，二元函数的极限也是研究函数值随自变量变化而变化的趋势. 一元函数的极限过程用$x\to x_0$或$x\to\infty$描述. 对于二元函数，只考虑有限的情形(即x,y分别趋向一个确定的值). 在平面上，说点$P(x,y)$无

限趋近于点 $P_0(x_0,y_0)$，即 $P\to P_0$ 或$(x,y)\to(x_0,y_0)$，其含义是

$$|P_0P|=\sqrt{(x-x_0)^2+(y-y_0)^2}\to 0,$$

即同时有 $x-x_0\to 0$ 和 $y-y_0\to 0$，也即同时有 $x\to x_0$ 和 $y\to y_0$，而 P 趋向于 P_0 的方式没有任何限制.

定义 6.2　对于二元函数 $z=f(x,y)$ $((x,y)\in D)$，假设 $\mathring{U}(P_0)$ 为点 $P_0(x_0,y_0)$ 的一个去心邻域，$\mathring{U}(P_0)\cap D\neq\varnothing$. 如果存在常数 A，使得 $\lim\limits_{P\to P_0}f(P)=A$ 或 $\lim\limits_{(x,y)\to(x_0,y_0)}f(x,y)=A$ 或

$$\lim_{\substack{x\to x_0\\ y\to y_0}}f(x,y)=A\quad(P(x,y)\in D),$$

则称 A 为函数 $f(P)$ 或 $f(x,y)$ 当 $P\to P_0$ 时的**极限**.

注　1）定义中的点 $P_0(x_0,y_0)$ 可以属于 D，也可以不属于 D.

2）定义中假定 $\mathring{U}(P_0)\cap D\neq\varnothing$，是为了保证在 $P\to P_0$ 的过程中，$f(P)$ 或 $f(x,y)$ 有意义.

3）由定义可知，在 $P\to P_0$ 时二元函数的极限存在是指 P 以任何方式趋近 P_0 时函数的极限均存在且相等. 因此，若当点 P 沿着不同的路径趋近 P_0 时，$f(P)$ 趋向于不同的值，则函数 $f(x,y)$ 在 $P\to P_0$ 时的极限就不存在.

例 6.4　设

$$f(x,y)=\begin{cases}\dfrac{xy}{x^2+y^2}, & x^2+y^2\neq 0,\\ 0, & x^2+y^2=0.\end{cases}$$

讨论极限 $\lim\limits_{(x,y)\to(0,0)}f(x,y)$ 的存在性.

解　当(x,y) 沿着直线 $y=kx$ 趋近于$(0,0)$ 时，有

$$\lim_{\substack{x\to 0\\ y=kx}}f(x,y)=\lim_{x\to 0}\frac{kx^2}{x^2+k^2x^2}=\frac{k}{1+k^2},$$

可见极限值随着 k 取值的改变而改变，因此极限 $\lim\limits_{(x,y)\to(0,0)}f(x,y)$ 不存在.

二元函数的极限运算与一元函数的极限运算有类似的运算法则，并且在求解二元函数的极限时，可以利用一元函数极限的一些法则和公式.

例 6.5　求下列极限：

1）$\lim\limits_{(x,y)\to(0,0)}\dfrac{xy^2}{x^2+y^2}$；

2）$\lim\limits_{(x,y)\to(0,2)}\dfrac{\sin xy}{x}$.

解　1）因为 $0\leqslant\left|\dfrac{xy}{x^2+y^2}\right|\leqslant 1$，又 $\lim\limits_{y\to 0}y=0$，所以利用无穷小量与有

界量的乘积仍是无穷小量这个结论，可知

$$\lim_{(x,y)\to(0,0)} \frac{xy^2}{x^2+y^2}=0.$$

2) 当$(x,y)\to(0,2)$时，$xy\to 0$，因此，利用$\lim\limits_{t\to 0}\frac{\sin t}{t}=1$和极限的运算性质可知

$$\lim_{(x,y)\to(0,2)} \frac{\sin xy}{x}=\lim_{(x,y)\to(0,2)} \frac{\sin xy}{xy}\cdot y=\lim_{(x,y)\to(0,2)} \frac{\sin xy}{xy}\cdot \lim_{(x,y)\to(0,2)} y$$
$$=2.$$

二元函数极限的概念可以推广到n ($n>2$) 元函数的情形.

6.2.4 二元函数的连续性

定义 6.3 设二元函数$f(x,y)$的定义域为D，点$P_0(x_0,y_0)$为D的内点. 如果

$$\lim_{P\to P_0} f(P)=f(P_0) \text{ 或 } \lim_{(x,y)\to(x_0,y_0)} f(x,y)=f(x_0,y_0),$$

则称函数$f(P)$在P_0点**连续**.

注 $f(x,y)$在P_0点连续，必须要求下面三点：

1) $f(x,y)$在P_0处有定义.

2) $f(x,y)$在P_0处极限存在.

3) $\lim\limits_{P\to P_0} f(P)=\lim\limits_{(x,y)\to(x_0,y_0)} f(x,y)=f(x_0,y_0)$.

如果二元函数$f(x,y)$在D的每一点都连续，则称$f(x,y)$在D上**连续**，或者称$f(x,y)$是D上的**连续函数**.

以上关于二元函数的连续性概念，可相应地推广到n ($n>2$) 元函数的情形.

例 6.6 讨论下列函数：

1) $$f(x,y)=\begin{cases}\dfrac{xy^2}{x^2+y^2}, & x^2+y^2\neq 0,\\ 0, & x^2+y^2=0;\end{cases}$$

2) $$g(x,y)=\begin{cases}\dfrac{xy}{x^2+y^2}, & x^2+y^2\neq 0,\\ 0, & x^2+y^2=0\end{cases}$$

在$(0,0)$点的连续性.

解 1) 由例 6.5 知 $\lim\limits_{(x,y)\to(0,0)} f(x,y)=0=f(0,0)$，故$f(x,y)$在$(0,0)$

点连续.

2) 由例 6.4 知，$\lim\limits_{(x,y)\to(0,0)} g(x,y)$ 不存在，故 $g(x,y)$ 在$(0,0)$点不连续.

如果函数 $f(x,y)$ 在点 $P_0(x_0,y_0)$ 不连续，则称 P_0 是 $f(x,y)$ 的**间断点**.

例如，函数$h(x,y)=\ln|y-x^2|$，其定义域为$D=\{(x,y)\mid y-x^2\neq 0\}$，抛物线 $y=x^2$ 上的任意一点都是函数 $h(x,y)$ 的间断点.

同一元函数一样，我们也有二元连续函数的运算法则，同样可以讨论二元连续函数在有界闭区域上的性质. 在有界闭区域上连续的二元函数和在闭区间上连续的一元函数一样，有以下两个性质：

性质 1（最大值和最小值定理）　*在有界闭区域上连续的二元函数必有最大值和最小值.*

性质 2（介值定理）　*在有界闭区域上连续的二元函数必取得介于最大值和最小值之间的任何值.*

同一元函数一样，我们也有二元初等函数：由 x,y 的基本初等函数经过有限次四则运算和复合运算得到的用含 x,y 的一个数学式子来表示的函数称为二元初等函数. 可以证明，二元初等函数 $z=f(x,y)$ 在它的定义域上是连续的，这就提供了许多常见的二元函数求极限的方法.

例 6.7　求 $\lim\limits_{(x,y)\to(0,0)} \dfrac{xy}{2-\sqrt{xy+4}}$.

解
$$\lim_{(x,y)\to(0,0)} \frac{xy}{2-\sqrt{xy+4}} = \lim_{(x,y)\to(0,0)} \frac{xy(2+\sqrt{xy+4})}{4-(xy+4)} = \lim_{(x,y)\to(0,0)} \frac{2+\sqrt{xy+4}}{-1} = -4.$$

最后一步运算用到了二元函数 $2+\sqrt{xy+4}$ 在$(0,0)$点的连续性.

与二元初等函数类似的方法，可定义多元初等函数，并且有结论：*所有多元初等函数在其定义域内都是连续函数.*

习　题　6.2

1. 判定下列平面点集中哪些是开集、闭集、区域、有界集、无界集：

1) $\{(x,y)\mid x\neq 0,\ y\neq 0\}$；

2) $\{(x,y)\mid 1<x^2+y^2\leqslant 4\}$；

3) $\{(x,y)\mid y>x^2\}$；

4) $\{(x,y)\mid x^2+(y-1)^2\geqslant 1\}\cap\{(x,y)\mid x^2+(y-2)^2\leqslant 4\}$.

2. 求下列各函数的定义域：

1） $z=\ln(y^2-2x+1)$；　　2） $z=\arccos(x-y)$；

3） $z=\sqrt{y-x^2}+\arccos(x^2+y^2)$；　　4） $z=\arcsin\dfrac{y}{x}$.

3. 求下列极限：

1） $\lim\limits_{(x,y)\to(0,0)} xy\sin\dfrac{1}{x^2+y^2}$；

2） $\lim\limits_{(x,y)\to(0,2)}\left[\dfrac{\sin xy}{x}+(x+y)^3\right]$；

3） $\lim\limits_{(x,y)\to(0,0)}\dfrac{3-\sqrt{xy+9}}{xy}$；

4） $\lim\limits_{(x,y)\to(0,2)}\left(\ln(y-x)+\dfrac{y}{\sqrt{1-x^2}}\right)$.

4. 证明：极限 $\lim\limits_{(x,y)\to(0,0)}\dfrac{\sin xy}{x^2+y^2}$ 不存在.

6.3 偏导数

在一元函数微分学中，导数定义为因变量对自变量的变化率. 对于多元函数，由于自变量多于一个，因变量与自变量的关系比一元函数要复杂得多. 在考虑多元函数的因变量对自变量的变化率时，最简单的是因变量对一个自变量的变化率，这时其余的自变量都看成常数，这就导致多元函数的偏导数概念.

6.3.1 偏导数的定义及其计算

定义 6.4 设函数 $z=f(x,y)$ 在点 (x_0,y_0) 的某一邻域内有定义，固定 $y=y_0$，而让 x 在 x_0 处取得改变量 Δx，则相应的 z 的改变量 $f(x_0+\Delta x,y_0)-f(x_0,y_0)$ 称为 z 关于 x 的**偏增量**，记为 $\Delta_x z$，即

$$\Delta_x z=f(x_0+\Delta x,y_0)-f(x_0,y_0).$$

此时如果极限

$$\lim_{\Delta x\to 0}\frac{f(x_0+\Delta x,y_0)-f(x_0,y_0)}{\Delta x}\tag{6.1}$$

存在，则称此极限为函数 $z=f(x,y)$ 在点 (x_0,y_0) 处**关于 x 的偏导数**，记为

$$\left.\frac{\partial z}{\partial x}\right|_{(x_0,y_0)},\ \left.\frac{\partial f}{\partial x}\right|_{(x_0,y_0)},\ \left.z'_x\right|_{(x_0,y_0)},\ f'_x(x_0,y_0).$$

极限(6.1)可以表示为

$$f'_x(x_0,y_0)=\lim_{\Delta x\to 0}\frac{f(x_0+\Delta x,y_0)-f(x_0,y_0)}{\Delta x}.$$

类似地，函数 $z=f(x,y)$ 在点 (x_0,y_0) 处**关于 y 的偏导数**定义为

$$\lim_{\Delta y\to 0}\frac{f(x_0,y_0+\Delta y)-f(x_0,y_0)}{\Delta y},\tag{6.2}$$

记为 $\left.\frac{\partial z}{\partial y}\right|_{(x_0,y_0)}$，$\left.\frac{\partial f}{\partial y}\right|_{(x_0,y_0)}$，$\left.z'_y\right|_{(x_0,y_0)}$ 或 $f'_y(x_0,y_0)$.

如果函数 $z=f(x,y)$ 在区域 D 内每一点 (x,y) 处对 x 的偏导数都存在，那么这个偏导数就是 x,y 的函数，称为 $z=f(x,y)$ **对自变量 x 的偏导函数**，记为

$$\frac{\partial z}{\partial x},\ \frac{\partial f}{\partial x},\ z'_x \text{或} f'_x(x,y).$$

类似地，可以定义 $z=f(x,y)$ 对自变量 y 的偏导函数，记为

$$\frac{\partial z}{\partial y},\ \frac{\partial f}{\partial y},\ z'_y \text{或} f'_y(x,y).$$

在不引起混淆时，常将偏导函数简称为**偏导数**.

注　由偏导数的概念可知，$f(x,y)$ 在点 (x_0,y_0) 处对 x 的偏导数 $f'_x(x_0,y_0)$ 就是偏导函数 $f'_x(x,y)$ 在点 (x_0,y_0) 处的函数值；$f'_y(x_0,y_0)$ 就是偏导函数 $f'_y(x,y)$ 在点 (x_0,y_0) 处的函数值.

求 $z=f(x,y)$ 的偏导数，并不需要用新的方法，因为这里只有一个自变量在变动，另一个自变量看做是固定的，所以实际上仍是一元函数微分法的问题. 也就是说在求 $\frac{\partial f}{\partial x}$ 时，只要将 y 暂时看做常量而对 x 求导数；在求 $\frac{\partial f}{\partial y}$ 时，只要将 x 暂时看做常量而对 y 求导数.

偏导数的概念可以推广到二元以上的函数情形. 例如，三元函数 $u=f(x,y,z)$ 在点 (x,y,z) 处对 x 的偏导数定义为

$$f'_x(x,y,z)=\lim_{\Delta x\to 0}\frac{f(x+\Delta x,y,z)-f(x,y,z)}{\Delta x}.$$

例 6.8　求 $z=x^2-xy+3y^2$ 在点 $(0,1)$ 处的偏导数.

解　$z'_x=2x-y$，$z'_y=-x+6y$，将 $(0,1)$ 代入上式，得到

$$\left.z'_x\right|_{(0,1)}=-1,\quad \left.z'_y\right|_{(0,1)}=6.$$

例 6.9　求 $z=x^y$ $(x>0$ 且 $x\neq 1)$ 的偏导数.

解 $z'_x = yx^{y-1}$，$z'_y = x^y \ln x$.

例 6.10 设 $z = \arctan \dfrac{y}{x}$，求 z'_x，z'_y.

解 $z'_x = \dfrac{1}{1+\left(\dfrac{y}{x}\right)^2} \cdot \dfrac{-y}{x^2} = \dfrac{-y}{x^2+y^2}$，$z'_y = \dfrac{1}{1+\left(\dfrac{y}{x}\right)^2} \cdot \dfrac{1}{x} = \dfrac{x}{x^2+y^2}$.

例 6.11 已知理想气体的状态方程 $PV = RT$ (R 为常数)，求证：

$$\frac{\partial P}{\partial V} \cdot \frac{\partial V}{\partial T} \cdot \frac{\partial T}{\partial P} = -1.$$

证 因为 $P = \dfrac{RT}{V}$，$\dfrac{\partial P}{\partial V} = -\dfrac{RT}{V^2}$；$V = \dfrac{RT}{P}$，$\dfrac{\partial V}{\partial T} = \dfrac{R}{P}$；$T = \dfrac{PV}{R}$，$\dfrac{\partial T}{\partial P} = \dfrac{V}{R}$，
所以

$$\frac{\partial P}{\partial V} \cdot \frac{\partial V}{\partial T} \cdot \frac{\partial T}{\partial P} = -\frac{RT}{V^2} \cdot \frac{R}{P} \cdot \frac{V}{R} = -\frac{RT}{PV} = -1.$$

我们知道，对一元函数来说，$\dfrac{\mathrm{d}y}{\mathrm{d}x}$ 可看做函数的微分 $\mathrm{d}y$ 与自变量的微分 $\mathrm{d}x$ 之商. 而上式表明，偏导数的记号是一个整体记号，不能看成分子与分母之商.

在一元函数中，有这样一个结论：如果一元函数在某点具有导数，则它在该点必定连续. 但对于多元函数来说，即使各偏导数在某点都存在，也不能保证函数在该点连续. 这是因为各偏导数存在只能保证点 P 沿着平行于坐标轴的方向趋近于 P_0 时，函数值 $f(P)$ 趋近于 $f(P_0)$，但不能保证点 P 按任何方式趋近于 P_0 时，函数值 $f(P)$ 都趋近于 $f(P_0)$. 例如，函数

$$z = f(x,y) = \begin{cases} \dfrac{xy}{x^2+y^2}, & x^2+y^2 \neq 0, \\ 0, & x^2+y^2 = 0 \end{cases}$$

在点(0,0) 对 x 的偏导数为

$$f'_x(0,0) = \lim_{\Delta x \to 0} \frac{f(0+\Delta x, 0) - f(0,0)}{\Delta x} = \lim_{\Delta x \to 0} 0 = 0;$$

同样有

$$f'_y(0,0) = \lim_{\Delta y \to 0} \frac{f(0, 0+\Delta y) - f(0,0)}{\Delta y} = \lim_{\Delta y \to 0} 0 = 0.$$

但由例 6.6 已经知道这函数在点(0,0) 处并不连续.

6.3.2 高阶偏导数

一般来说，二元函数 $z = f(x,y)$ 的两个偏导数 $\dfrac{\partial z}{\partial x}$，$\dfrac{\partial z}{\partial y}$ 还是 x，y 的二元

函数. 如果这两个偏导数关于自变量 x 和 y 的偏导数也存在，则称它们为函数 $z=f(x,y)$ 的**二阶偏导数**. 按照对变量求导次序的不同，有下列 4 个二阶偏导数：

$$\frac{\partial}{\partial x}\left(\frac{\partial z}{\partial x}\right)=\frac{\partial^2 z}{\partial x^2}=f''_{xx}(x,y)=z''_{xx},$$

$$\frac{\partial}{\partial y}\left(\frac{\partial z}{\partial x}\right)=\frac{\partial^2 z}{\partial x\partial y}=f''_{xy}(x,y)=z''_{xy},$$

$$\frac{\partial}{\partial x}\left(\frac{\partial z}{\partial y}\right)=\frac{\partial^2 z}{\partial y\partial x}=f''_{yx}(x,y)=z''_{yx},$$

$$\frac{\partial}{\partial y}\left(\frac{\partial z}{\partial y}\right)=\frac{\partial^2 z}{\partial y^2}=f''_{yy}(x,y)=z''_{yy},$$

其中 $f''_{xy}(x,y)$, $f''_{yx}(x,y)$ 称为**二阶混合偏导数**. 同样可得三阶、四阶以及 n 阶偏导数. 二阶及二阶以上的偏导数统称为**高阶偏导数**.

例 6.12　求 $z=e^{x^2y}$ 的所有二阶偏导数.

解　$z'_x=e^{x^2y}\cdot 2xy=2xye^{x^2y}$, $z'_y=e^{x^2y}\cdot x^2=x^2e^{x^2y}$,

$z''_{xx}=(z'_x)'_x=2ye^{x^2y}+2xye^{x^2y}\cdot 2xy=2y(1+2x^2y)e^{x^2y}$,

$z''_{xy}=(z'_x)'_y=2xe^{x^2y}+2xye^{x^2y}\cdot x^2=2x(1+x^2y)e^{x^2y}$,

$z''_{yx}=(z'_y)'_x=2xe^{x^2y}+x^2e^{x^2y}\cdot 2xy=2x(1+x^2y)e^{x^2y}$,

$z''_{yy}=(z'_y)'_y=x^2e^{x^2y}\cdot x^2=x^4e^{x^2y}$.

从例 6.12 可以看出，两个二阶混合偏导数相等，这不是偶然的，有如下定理：

定理 6.1　如果函数 $z=f(x,y)$ 的两个二阶混合偏导数 $f''_{xy}(x,y)$ 和 $f''_{yx}(x,y)$ 在区域 D 内连续，那么在该区域内这两个二阶混合偏导数相等.

例 6.13　证明：函数 $z=\ln\sqrt{x^2+y^2}$ 满足方程

$$\frac{\partial^2 z}{\partial x^2}+\frac{\partial^2 z}{\partial y^2}=0.$$

证　因为 $z=\ln\sqrt{x^2+y^2}=\frac{1}{2}\ln(x^2+y^2)$，所以

$$\frac{\partial z}{\partial x}=\frac{x}{x^2+y^2},\quad \frac{\partial z}{\partial y}=\frac{y}{x^2+y^2},$$

$$\frac{\partial^2 z}{\partial x^2}=\frac{(x^2+y^2)-x\cdot 2x}{(x^2+y^2)^2}=\frac{y^2-x^2}{(x^2+y^2)^2},$$

$$\frac{\partial^2 z}{\partial y^2}=\frac{(x^2+y^2)-y\cdot 2y}{(x^2+y^2)^2}=\frac{x^2-y^2}{(x^2+y^2)^2}.$$

故

$$\frac{\partial^2 z}{\partial x^2}+\frac{\partial^2 z}{\partial y^2}=\frac{y^2-x^2}{(x^2+y^2)^2}+\frac{x^2-y^2}{(x^2+y^2)^2}=0.$$

习 题 6.3

1. 求下列函数的偏导数：

1) $z=x^4+y^4-4x^2y^2$；　　2) $z=(1+3y)^{4x}$；

3) $z=\ln\tan\dfrac{x}{y}$；　　4) $u=x^{\frac{y}{z}}$.

2. 求下列函数的二阶偏导数$\dfrac{\partial^2 z}{\partial x^2}$，$\dfrac{\partial^2 z}{\partial y^2}$和$\dfrac{\partial^2 z}{\partial x\partial y}$：

1) $z=x\ln(x+y)$；　　2) $z=e^{xy^2}$；

3) $z=\sin(x^2+y^2)$.

6.4 全 微 分

6.4.1 全微分的定义及其计算

6.3 节讨论过 $z=f(x,y)$ 关于变量 x 及变量 y 的偏增量，而在实际问题中，有时需要研究多元函数中各个自变量都取得增量时因变量所获得的增量，即所谓全增量的问题. 下面以二元函数为例进行讨论.

设二元函数 $z=f(x,y)$ 在点 $P(x,y)$ 的某邻域内有定义，$Q(x+\Delta x, y+\Delta y)$ 为该邻域内的任意一点，称这两点的函数值之差 $f(x+\Delta x,y+\Delta y)-f(x,y)$ 为函数在点 P 对应于自变量的增量 $\Delta x,\Delta y$ 的全增量，记为 Δz，即

$$\Delta z=f(x+\Delta x,y+\Delta y)-f(x,y).$$

一般来讲，Δz 的计算是比较复杂的. 先来看一个简单的例子.

例 6.14 对于长为 x、宽为 y 的矩形，其面积 $A=xy$. 当 x 和 y 各有增量 $\Delta x,\Delta y$ 时，

$$\Delta A=(x+\Delta x)(y+\Delta y)-xy=y\Delta x+x\Delta y+\Delta x\cdot\Delta y.$$

若令 $\rho=\sqrt{(\Delta x)^2+(\Delta y)^2}$，则 $(\Delta x,\Delta y)\to(0,0)$ 等价于 $\rho\to 0$，而当 $\Delta x\cdot\Delta y\neq 0$ 且 $(\Delta x,\Delta y)\to(0,0)$ 时，

$$\frac{|\Delta x||\Delta y|}{\rho}=\frac{|\Delta x||\Delta y|}{\sqrt{(\Delta x)^2+(\Delta y)^2}}=\frac{1}{\sqrt{\left(\dfrac{1}{\Delta x}\right)^2+\left(\dfrac{1}{\Delta y}\right)^2}}\to 0,$$

故 $\Delta x \cdot \Delta y = o(\rho)$，从而

$$\Delta A = y\Delta x + x\Delta y + o(\rho) \approx y\Delta x + x\Delta y,$$

即用 $y\Delta x + x\Delta y$ 作为计算 ΔA 的近似值，所差的是 ρ 的高阶无穷小.

以上方法其实质是用自变量的增量 $\Delta x, \Delta y$ 的线性函数来近似地代替函数的全增量，这种方法具有普遍意义，从而引入如下定义.

定义 6.5　设函数 $z = f(x, y)$ 在点 (x, y) 的某邻域内有定义. 如果函数在点 (x, y) 的全增量

$$\Delta z = f(x + \Delta x, y + \Delta y) - f(x, y)$$

可表示为

$$\Delta z = A\Delta x + B\Delta y + o(\rho), \tag{6.3}$$

其中 A, B 不依赖于 $\Delta x, \Delta y$ 而仅与 x, y 有关，$\rho = \sqrt{(\Delta x)^2 + (\Delta y)^2}$，$o(\rho)$ 是 ρ 的高阶无穷小，则称函数 $z = f(x, y)$ 在点 (x, y) **可微分**(或**可微**)，并称 $A\Delta x + B\Delta y$ 为函数 $z = f(x, y)$ 在点 (x, y) 的**全微分**，记为 dz，即

$$dz = A\Delta x + B\Delta y.$$

如果函数在区域 D 内各点处都可微，那么称这函数在 D 内**可微分**(或**可微**).

函数 $z = f(x, y)$ 在什么条件下在 (x, y) 处可微？(6.3) 中的 Δx 和 Δy 的系数 A, B 是什么？进一步，在点 (x, y) 可微与 $f(x, y)$ 在点 (x, y) 有偏导数及在点 (x, y) 连续有何关系？这些都是我们所关心的问题.

下面两个定理回答了这些问题.

定理 6.2　假设函数 $z = f(x, y)$ 在点 (x, y) 可微，则

1) $z = f(x, y)$ 在点 (x, y) 连续；

2) $z = f(x, y)$ 在点 (x, y) 处的两个偏导数存在，且

$$A = \frac{\partial z}{\partial x},\quad B = \frac{\partial z}{\partial y}.$$

证　1) 因为函数 $z = f(x, y)$ 在点 (x, y) 处可微，故

$$\Delta z = f(x + \Delta x, y + \Delta y) - f(x, y) = A\Delta x + B\Delta y + o(\rho).$$

故当 $(\Delta x, \Delta y) \to (0,0)$ 时，$\Delta z \to 0$，即

$$\lim_{(\Delta x, \Delta y) \to (0,0)} f(x + \Delta x, y + \Delta y) = \lim_{(\Delta x, \Delta y) \to (0,0)} (f(x, y) + \Delta z) = f(x, y).$$

所以 $z = f(x, y)$ 在点 (x, y) 处连续.

2) $z = f(x, y)$ 在 (x, y) 处可微，即

$$\Delta z = A\Delta x + B\Delta y + o(\rho).$$

取 $\Delta y = 0$，此时 $\Delta z = f(x+\Delta x, y) - f(x, y) = A\Delta x + o(|\Delta x|)$ 为 $f(x, y)$ 关于 x 的偏增量 $\Delta_x z$，且 $\rho = |\Delta x|$，

$$\frac{\Delta_x z}{\Delta x} = \frac{f(x+\Delta x, y) - f(x, y)}{\Delta x} = A + \frac{o(|\Delta x|)}{\Delta x},$$

所以

$$\frac{\partial z}{\partial x} = \lim_{\Delta x \to 0} \frac{\Delta_x z}{\Delta x} = \lim_{\Delta x \to 0} \frac{f(x+\Delta x, y) - f(x, y)}{\Delta x} = \lim_{\Delta x \to 0}\left(A + \frac{o(|\Delta x|)}{\Delta x}\right) = A.$$

同理可证$\frac{\partial z}{\partial y} = B$. □

定理 6.2 的逆命题不成立，也就是说，函数 $z = f(x, y)$ 在点(x, y)处连续或两个偏导数存在不能保证函数在点(x, y)处可微，也即偏导数存在是函数可微的必要条件而非充分条件.

关于可微的充分条件，有下面的结论：

定理 6.3 如果函数 $z = f(x, y)$ 的偏导数 $f'_x(x, y), f'_y(x, y)$ 存在且两个偏导数在点(x, y)处连续，则 $z = f(x, y)$ 在该点可微.

证明从略.

综上所述，可以得到二元函数的可微性、偏导数存在和连续性之间的下述关系：

$$\left.\begin{matrix} f'_x(x, y) \\ f'_y(x, y) \end{matrix}\right\} \text{存在且连续} \Rightarrow f(x, y)\ \text{可微} \begin{matrix} \nearrow \\ \searrow \end{matrix} \begin{matrix} f(x, y)\ \text{连续} \\ \left\{\begin{matrix} f'_x(x, y) \\ f'_y(x, y) \end{matrix}\right. \text{存在} \end{matrix}$$

注 由 6.3 节知，$f(x, y)$ 在某点(x, y)的偏导数都存在，但不能保证 $f(x, y)$ 在该点连续. 而由 6.4 节可知，若 $f(x, y)$ 在某点(x, y)可微，则 $f(x, y)$ 在该点必连续.

以上关于二元函数全微分的定义及可微的必要条件和充分条件，可以完全类似地推广到三元和三元以上的多元函数情形.

习惯上将自变量的增量 $\Delta x, \Delta y$ 分别记为 dx, dy，并分别称为自变量 x，y 的微分. 这样，函数 $z = f(x, y)$ 的全微分就可写成

$$dz = \frac{\partial z}{\partial x}dx + \frac{\partial z}{\partial y}dy. \tag{6.4}$$

同理，三元函数 $u = f(x, y, z)$ 的全微分为

$$du = \frac{\partial u}{\partial x}dx + \frac{\partial u}{\partial y}dy + \frac{\partial u}{\partial z}dz.$$

例 6.15 求函数 $z=x^2y+e^x\sin y$ 的全微分.

解 $\dfrac{\partial z}{\partial x}=2xy+e^x\sin y$，$\dfrac{\partial z}{\partial y}=x^2+e^x\cos y$，故

$$dz=(2xy+e^x\sin y)dx+(x^2+e^x\cos y)dy.$$

例 6.16 求 $z=e^{xy}$ 在点(2,1)处的全微分.

解 $\left.\dfrac{\partial z}{\partial x}\right|_{(2,1)}=e^{xy}\cdot y\Big|_{(2,1)}=e^2$，$\left.\dfrac{\partial z}{\partial y}\right|_{(2,1)}=e^{xy}\cdot x\Big|_{(2,1)}=2e^2$，故

$$dz\Big|_{(2,1)}=e^2dx+2e^2dy=e^2(dx+2dy).$$

例 6.17 求函数 $u=x+\sin\dfrac{y}{2}+e^{yz}$ 的全微分.

解 $\dfrac{\partial u}{\partial x}=1$，$\dfrac{\partial u}{\partial y}=\dfrac{1}{2}\cos\dfrac{y}{2}+ze^{yz}$，$\dfrac{\partial u}{\partial z}=ye^{yz}$，故

$$du=dx+\left(\frac{1}{2}\cos\frac{y}{2}+ze^{yz}\right)dy+ye^{yz}dz.$$

6.4.2 全微分在近似计算中的应用

由二元函数全微分的定义及全微分存在的充分条件可知，当二元函数 $z=f(x,y)$ 的两个偏导数 $f'_x(x,y)$，$f'_y(x,y)$ 在点(x,y)处连续，且 $|\Delta x|$，$|\Delta y|$都较小时，就有近似等式

$$\Delta z\approx dz=f'_x(x,y)\Delta x+f'_y(x,y)\Delta y. \tag{6.5}$$

上式也可写成

$$f(x+\Delta x,y+\Delta y)\approx f(x,y)+f'_x(x,y)\Delta x+f'_y(x,y)\Delta y. \tag{6.6}$$

与一元函数的情形类似，可以利用(6.5)和(6.6)对二元函数作近似计算. 举例如下：

例 6.18 求 $1.08^{3.96}$ 的近似值.

解 设 $f(x,y)=x^y$. 显然，要计算的值就是函数在 $x=1.08$，$y=3.96$ 时的函数值 $f(1.08,3.96)$.

取 $x=1$，$y=4$，$\Delta x=0.08$，$\Delta y=-0.04$. 由于

$$f(1,4)=1^4=1,$$

$f'_x(x,y)=yx^{y-1}$，$f'_y(x,y)=x^y\ln x$，故

$$f'_x(1,4)=4,\quad f'_y(1,4)=\ln 1=0,$$

所以，利用公式(6.6)便有

$$\begin{aligned}1.08^{3.96}&=f(1.08,3.96)=f(1+0.08,4-0.04)\\&\approx f(1,4)+f'_x(1,4)\times 0.08+f'_y(1,4)\times(-0.04)\\&=1+4\times 0.08+0\times(-0.04)=1.32.\end{aligned}$$

例 6.19 设一直角三角形的斜边长为 2.1 m，一个锐角为 29°，求这个锐角的邻边长的近似值.

解 设所求的邻边长为 a，则 $a=2.1\cos 29°$. 因此设 $f(x,y)=x\cos y$. 令 $x=2$，$y=30°=\frac{\pi}{6}$，$\Delta x=0.1$，$\Delta y=-1°=-\frac{\pi}{180}$. 又 $f'_x(x,y)=\cos y$，$f'_y(x,y)=-x\sin y$，故

$$f'_x\left(2,\frac{\pi}{6}\right)=\cos\frac{\pi}{6},\quad f'_y\left(2,\frac{\pi}{6}\right)=-2\sin\frac{\pi}{6},$$

由公式(6.6) 得

$$\begin{aligned}2.1\cos 29° &= f(x+\Delta x,y+\Delta y)\\ &\approx f\left(2,\frac{\pi}{6}\right)+\cos\frac{\pi}{6}\times 0.1+\left(-2\sin\frac{\pi}{6}\right)\times\left(-\frac{\pi}{180}\right)\\ &=\sqrt{3}+0.1\times\frac{\sqrt{3}}{2}+\frac{\pi}{180}\approx 1.05\times 1.732+0.017\\ &\approx 1.836.\end{aligned}$$

故所求边长 a 的近似值为 1.836 m.

习 题 6.4

1. 求下列函数的全微分：

1） $z=e^{2x^2y}$；　　2） $z=\ln(x^2+y^2)$；

3） $z=\cos(x^2+2y)$；　　4） $u=z^{xy}$.

2. 求函数 $z=2^{xy}$ 在 $x=1$，$y=-1$ 处的全微分.

3. 求函数 $z=\frac{y}{x}$ 当 $x=2$，$y=1$，$\Delta x=0.1$，$\Delta y=-0.2$ 时的全增量和全微分.

4. 求 $1.04^{2.02}$ 的近似值.

6.5 多元复合函数与隐函数微分法

6.5.1 多元复合函数的求导法则

在一元函数微分学中，复合函数求导法则对导数的计算起着至关重要的作用，对于多元函数也是如此. 多元复合函数的求导法则在不同的函数复合情况下，表达形式有所不同. 下面对其中两种情况加以讨论.

1. 复合函数的中间变量均为一元函数的情形

定理 6.4 如果函数 $u=\varphi(x)$, $v=\psi(x)$ 都在点 x 可导, 函数 $z=f(u,v)$ 在对应点 (u,v) 具有连续偏导数, 则复合函数 $z=f(\varphi(x),\psi(x))$ (如图 6-12) 在点 x 可导, 且有

$$\frac{\mathrm{d}z}{\mathrm{d}x}=\frac{\partial z}{\partial u}\frac{\mathrm{d}u}{\mathrm{d}x}+\frac{\partial z}{\partial v}\frac{\mathrm{d}v}{\mathrm{d}x}. \tag{6.7}$$

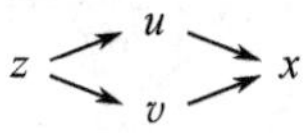

$z \to u \to x$, $z \to v \to x$

图 6-12

证 设 x 取得增量 Δx, 则 u 和 v 相应取得增量 Δu 和 Δv. 由于 $z=f(u,v)$ 可微, 故函数的全增量可表示为

$$\Delta z=\frac{\partial z}{\partial u}\Delta u+\frac{\partial z}{\partial v}\Delta v+o(\rho),$$

其中 $\rho=\sqrt{(\Delta u)^2+(\Delta v)^2}$. 将上式两端同除以 Δx, 得

$$\frac{\Delta z}{\Delta x}=\frac{\partial z}{\partial u}\frac{\Delta u}{\Delta x}+\frac{\partial z}{\partial v}\frac{\Delta v}{\Delta x}+\frac{o(\rho)}{\Delta x}.$$

当 $\Delta x\to 0$ 时, 有 $\frac{\Delta u}{\Delta x}\to\frac{\mathrm{d}u}{\mathrm{d}x}$, $\frac{\Delta v}{\Delta x}\to\frac{\mathrm{d}v}{\mathrm{d}x}$, 并且可证明 $\frac{o(\rho)}{\Delta x}\to 0$, 从而得到

$$\frac{\mathrm{d}z}{\mathrm{d}x}=\lim_{\Delta x\to 0}\frac{\Delta z}{\Delta x}=\frac{\partial z}{\partial u}\frac{\mathrm{d}u}{\mathrm{d}x}+\frac{\partial z}{\partial v}\frac{\mathrm{d}v}{\mathrm{d}x}.$$ □

用同样的方法可把(6.7)推广到复合函数的中间变量多于两个的情形. 例如, 设

$$z=f(u,v,w),\ u=\varphi(x),\ v=\psi(x),\ w=\omega(x).$$

复合函数

$$z=f(\varphi(x),\psi(x),\omega(x))$$

在与定理相类似的条件下, 该复合函数在点 x 可导, 且其导数可用下列公式计算:

$$\frac{\mathrm{d}z}{\mathrm{d}x}=\frac{\partial z}{\partial u}\frac{\mathrm{d}u}{\mathrm{d}x}+\frac{\partial z}{\partial v}\frac{\mathrm{d}v}{\mathrm{d}x}+\frac{\partial z}{\partial w}\frac{\mathrm{d}w}{\mathrm{d}x}. \tag{6.8}$$

公式(6.7)及(6.8)的导数 $\frac{\mathrm{d}z}{\mathrm{d}x}$ 称为**全导数**.

例 6.20 设 $z=u\mathrm{e}^{uv}$, $u=\cos x$, $v=x^3$, 求全导数 $\frac{\mathrm{d}z}{\mathrm{d}x}$.

解
$$\begin{aligned}\frac{\mathrm{d}z}{\mathrm{d}x}&=\frac{\partial z}{\partial u}\frac{\mathrm{d}u}{\mathrm{d}x}+\frac{\partial z}{\partial v}\frac{\mathrm{d}v}{\mathrm{d}x}\\&=(\mathrm{e}^{uv}+uv\mathrm{e}^{uv})\cdot(-\sin x)+u^2\mathrm{e}^{uv}\cdot 3x^2\\&=(-\sin x-x^3\cos x\ \sin x+3x^2\cos^2 x)\mathrm{e}^{x^3\cos x}.\end{aligned}$$

例 6.21 设 $z=u^v(u>0,\ u\neq 1)$，而 $u=u(x)$，$v=v(x)$ 均可导，求 $\dfrac{dz}{dx}$.

解 根据复合函数求导法则，z 可导，其导数为

$$\begin{aligned}\frac{dz}{dx}&=\frac{\partial z}{\partial u}\frac{du}{dx}+\frac{\partial z}{\partial v}\frac{dv}{dx}=vu^{v-1}\frac{du}{dx}+u^v\ln u\frac{dv}{dx}\\&=u^v\left(\frac{v}{u}\frac{du}{dx}+\ln u\frac{dv}{dx}\right).\end{aligned}$$

2. 复合函数的中间变量均为多元函数的情形

定理 6.5 如果函数 $u=\varphi(x,y)$ 及 $v=\psi(x,y)$ 都在点 (x,y) 具有对 x 及对 y 的偏导数，函数 $z=f(u,v)$ 在对应点 (u,v) 具有连续偏导数，则复合函数 $z=f(\varphi(x,y),\psi(x,y))$（如图 6-13）在点 (x,y) 的两个偏导数都存在，且有

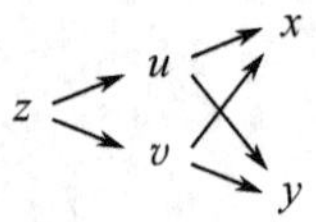

$$\frac{\partial z}{\partial x}=\frac{\partial z}{\partial u}\frac{\partial u}{\partial x}+\frac{\partial z}{\partial v}\frac{\partial v}{\partial x},\tag{6.9}$$

$$\frac{\partial z}{\partial y}=\frac{\partial z}{\partial u}\frac{\partial u}{\partial y}+\frac{\partial z}{\partial v}\frac{\partial v}{\partial y}.\tag{6.10}$$

图 6-13

证明从略.

类似地，设 $u=\varphi(x,y)$，$v=\psi(x,y)$ 及 $w=\omega(x,y)$ 都在点 (x,y) 具有对 x 及对 y 的偏导数，函数 $z=f(u,v,w)$ 在对应点 (u,v,w) 具有连续偏导数，则复合函数

$$z=f(\varphi(x,y),\psi(x,y),\omega(x,y))$$

在点 (x,y) 的两个偏导数都存在，且可用下列公式计算：

$$\frac{\partial z}{\partial x}=\frac{\partial z}{\partial u}\frac{\partial u}{\partial x}+\frac{\partial z}{\partial v}\frac{\partial v}{\partial x}+\frac{\partial z}{\partial w}\frac{\partial w}{\partial x},$$

$$\frac{\partial z}{\partial y}=\frac{\partial z}{\partial u}\frac{\partial u}{\partial y}+\frac{\partial z}{\partial v}\frac{\partial v}{\partial y}+\frac{\partial z}{\partial w}\frac{\partial w}{\partial y}.$$

例 6.22 设 $z=u^2\ln v$，而 $u=\dfrac{x}{y}$，$v=3x-2y$，求 $\dfrac{\partial z}{\partial x},\dfrac{\partial z}{\partial y}$.

解

$$\begin{aligned}\frac{\partial z}{\partial x}&=\frac{\partial z}{\partial u}\frac{\partial u}{\partial x}+\frac{\partial z}{\partial v}\frac{\partial v}{\partial x}=2u\ln v\cdot\frac{1}{y}+\frac{u^2}{v}\cdot 3\\&=\frac{2x}{y^2}\ln(3x-2y)+\frac{3x^2}{(3x-2y)y^2},\end{aligned}$$

$$\begin{aligned}\frac{\partial z}{\partial y}&=\frac{\partial z}{\partial u}\frac{\partial u}{\partial y}+\frac{\partial z}{\partial v}\frac{\partial v}{\partial y}=2u\ln v\cdot\frac{-x}{y^2}+\frac{u^2}{v}\cdot(-2)\\&=\frac{-2x^2}{y^3}\ln(3x-2y)-\frac{2x^2}{(3x-2y)y^2}.\end{aligned}$$

例 6.23　设 $z=f(x+y,x^2-y^2)$，f 具有连续的偏导数，求 $\frac{\partial z}{\partial x},\frac{\partial z}{\partial y}$.

解　令 $u=x+y$，$v=x^2-y^2$，则 $z=f(u,v)$，

$$\frac{\partial z}{\partial x}=\frac{\partial z}{\partial u}\frac{\partial u}{\partial x}+\frac{\partial z}{\partial v}\frac{\partial v}{\partial x}=f'_u\cdot 1+f'_v\cdot 2x=f'_u+2xf'_v,$$

$$\frac{\partial z}{\partial y}=\frac{\partial z}{\partial u}\frac{\partial u}{\partial y}+\frac{\partial z}{\partial v}\frac{\partial v}{\partial y}=f'_u\cdot 1+f'_v\cdot(-2y)=f'_u-2yf'_v.$$

我们知道，一元函数的一阶微分具有形式不变性. 对于二元函数的全微分也有类似的性质.

设 $z=f(u,v)$ 具有连续偏导数，当 u,v 是自变量时，有全微分

$$\mathrm{d}z=\frac{\partial z}{\partial u}\mathrm{d}u+\frac{\partial z}{\partial v}\mathrm{d}v.$$

如果 u,v 是中间变量，即 $u=\varphi(x,y)$，$v=\psi(x,y)$，且这两个函数具有连续偏导数，则复合函数 $z=f(\varphi(x,y),\psi(x,y))$ 的全微分为

$$\mathrm{d}z=\frac{\partial z}{\partial x}\mathrm{d}x+\frac{\partial z}{\partial y}\mathrm{d}y,$$

其中 $\frac{\partial z}{\partial x}$ 及 $\frac{\partial z}{\partial y}$ 分别由公式(6.9)及(6.10)给出. 把公式(6.9)及(6.10)中的 $\frac{\partial z}{\partial x}$ 及 $\frac{\partial z}{\partial y}$ 代入上式，得

$$\begin{aligned}\mathrm{d}z&=\left(\frac{\partial z}{\partial u}\frac{\partial u}{\partial x}+\frac{\partial z}{\partial v}\frac{\partial v}{\partial x}\right)\mathrm{d}x+\left(\frac{\partial z}{\partial u}\frac{\partial u}{\partial y}+\frac{\partial z}{\partial v}\frac{\partial v}{\partial y}\right)\mathrm{d}y\\&=\frac{\partial z}{\partial u}\left(\frac{\partial u}{\partial x}\mathrm{d}x+\frac{\partial u}{\partial y}\mathrm{d}y\right)+\frac{\partial z}{\partial v}\left(\frac{\partial v}{\partial x}\mathrm{d}x+\frac{\partial v}{\partial y}\mathrm{d}y\right)\\&=\frac{\partial z}{\partial u}\mathrm{d}u+\frac{\partial z}{\partial v}\mathrm{d}v.\end{aligned}$$

由此可知，无论 u,v 是自变量还是中间变量，函数 $z=f(u,v)$ 的全微分形式是一样的. 这个性质称为**全微分形式不变性**.

例 6.24　求函数 $z=(x-y)\mathrm{e}^{xy}$ 的偏导数与全微分.

解　由全微分形式的不变性可知

$$\begin{aligned}\mathrm{d}z&=\mathrm{d}((x-y)\mathrm{e}^{xy})=\mathrm{e}^{xy}\mathrm{d}(x-y)+(x-y)\mathrm{d}\,\mathrm{e}^{xy}\\&=\mathrm{e}^{xy}(\mathrm{d}x-\mathrm{d}y)+(x-y)\mathrm{e}^{xy}(x\mathrm{d}y+y\mathrm{d}x)\\&=\mathrm{e}^{xy}(1+xy-y^2)\mathrm{d}x+\mathrm{e}^{xy}(x^2-xy-1)\mathrm{d}y.\end{aligned}$$

故 $\frac{\partial z}{\partial x}=\mathrm{e}^{xy}(1+xy-y^2)$，$\frac{\partial z}{\partial y}=\mathrm{e}^{xy}(x^2-xy-1)$.

6.5.2　隐函数求导公式

一元函数微分法中已经提出了隐函数的概念，并指出不经过显化直接由

方程

$$F(x,y)=0 \tag{6.11}$$

求出它所确定的隐函数的导数方法. 但那时所讲的隐函数的微分法是在方程(6.11)能确定一个一元函数 $y=f(x)$，且该函数可导的前提下进行的. 然而形如(6.11)的方程并不一定都能确定一元函数 $y=f(x)$，例如方程

$$x^2+y^2+1=0,$$

由于 x,y 无论取什么实数都不满足这个方程，从而该方程不能确定任何实函数 $y=f(x)$. 这说明在应用隐函数求导法前必须明确两个问题：一是在什么条件下，方程(6.11)可以确定函数 $y=f(x)$；二是如果能够确定的话，这函数是否可导. 显然，这两个问题的答案均与(6.11)左端的二元函数 $F(x,y)$ 有关. 下面这个定理告诉我们，当 $F(x,y)$ 满足什么条件时，就保证(6.11)能确定一个函数 $y=f(x)$，并且这函数可导. 此外，还给出求这函数导数的公式.

隐函数存在定理 1 设函数 $F(x,y)$ 在点 $P(x_0,y_0)$ 的某一邻域内具有连续的偏导数，且 $F(x_0,y_0)=0$，$F'_y(x_0,y_0)\neq 0$，则方程 $F(x,y)=0$ 在 (x_0,y_0) 的某一邻域内能确定一个可导且有连续导数的函数 $y=f(x)$，它满足条件 $y_0=f(x_0)$，且有

$$\frac{\mathrm{d}y}{\mathrm{d}x}=-\frac{F'_x}{F'_y}. \tag{6.12}$$

(6.12)就是**隐函数求导公式**.

证明从略.

(6.12)右端一般同时含有 x 和 y，其中 y 是由方程(6.11)所确定的隐函数 $y=f(x)$，因此右端可以看做以 x 为自变量的复合函数. 如果 $F(x,y)$ 的二阶偏导数也都连续，那么在(6.12)两端对 x 求导便可得 $\frac{\mathrm{d}^2y}{\mathrm{d}x^2}$.

例 6.25 求由方程 $x^2+y^2-1=0$ 所确定的函数 $y=f(x)$ 的一阶与二阶导数.

解 令 $F(x,y)=x^2+y^2-1$，则 $F'_x=2x$，$F'_y=2y$. 由(6.12)得

$$\frac{\mathrm{d}y}{\mathrm{d}x}=-\frac{x}{y}.$$

对上式再次求导(注意 y 是 x 的函数)，得

$$\frac{\mathrm{d}^2y}{\mathrm{d}x^2}=-\frac{y-xy'}{y^2}=-\frac{y-x\left(-\frac{x}{y}\right)}{y^2}=-\frac{y^2+x^2}{y^3}=-\frac{1}{y^3}.$$

与隐函数存在定理1一样，同样可以从三元函数 $F(x,y,z)$ 的性质来判断由方程 $F(x,y,z)=0$ 所确定的二元函数 $z=f(x,y)$ 的存在性以及这个函数的性质. 这就是下面的定理.

隐函数存在定理 2　设函数 $F(x,y,z)$ 在点 $P(x_0,y_0,z_0)$ 的某一邻域内具有连续的偏导数，且 $F(x_0,y_0,z_0)=0$，$F'_z(x_0,y_0,z_0)\neq 0$，则方程 $F(x,y,z)=0$ 在点 (x_0,y_0,z_0) 的某一邻域内能唯一确定一个具有连续偏导数的函数 $z=f(x,y)$，它满足条件 $z_0=f(x_0,y_0)$，且有

$$\frac{\partial z}{\partial x}=-\frac{F'_x}{F'_z},\quad \frac{\partial z}{\partial y}=-\frac{F'_y}{F'_z}. \tag{6.13}$$

证明从略.

例 6.26　设 $z=z(x,y)$ 由方程 $\frac{x}{z}=\ln\frac{z}{y}$ 所确定，求 $\frac{\partial z}{\partial x},\frac{\partial z}{\partial y}$.

解　令 $F(x,y,z)=\frac{x}{z}-\ln\frac{z}{y}$，则 $F'_x=\frac{1}{z}$，$F'_y=\frac{1}{y}$，$F'_z=-\frac{x}{z^2}-\frac{1}{z}$，故

$$\frac{\partial z}{\partial x}=-\frac{F'_x}{F'_z}=\frac{z}{x+z},\quad \frac{\partial z}{\partial y}=-\frac{F'_y}{F'_z}=\frac{z^2}{y(x+z)}.$$

例 6.27　设 $x^3e^{y+z}-y\sin(x-z)=0$，求 $\frac{\partial z}{\partial x},\frac{\partial z}{\partial y}$.

解　令 $F(x,y,z)=x^3e^{y+z}-y\sin(x-z)$，则

$$F'_x=3x^2e^{y+z}-y\cos(x-z),$$
$$F'_y=x^3e^{y+z}-\sin(x-z),$$
$$F'_z=x^3e^{y+z}+y\cos(x-z).$$

由(6.13)，得

$$\frac{\partial z}{\partial x}=-\frac{F'_x}{F'_z}=-\frac{3x^2e^{y+z}-y\cos(x-z)}{x^3e^{y+z}+y\cos(x-z)},$$
$$\frac{\partial z}{\partial y}=-\frac{F'_y}{F'_z}=-\frac{x^3e^{y+z}-\sin(x-z)}{x^3e^{y+z}+y\cos(x-z)}.$$

例 6.28　设 $x^2+y^2+z^2-4z=0$，求 $\frac{\partial^2 z}{\partial x^2}$.

解　令 $F(x,y,z)=x^2+y^2+z^2-4z$，则

$$F'_x=2x,\quad F'_y=2y,\quad F'_z=2z-4.$$

由(6.13)，得

$$\frac{\partial z}{\partial x}=-\frac{F'_x}{F'_z}=-\frac{x}{z-2}=\frac{x}{2-z}.$$

上式再对 x 求偏导数，注意 z 是 x,y 的函数，得

$$\frac{\partial^2 z}{\partial x^2}=\frac{(2-z)+x\dfrac{\partial z}{\partial x}}{(2-z)^2}=\frac{(2-z)+x\dfrac{x}{2-z}}{(2-z)^2}=\frac{(2-z)^2+x^2}{(2-z)^3}.$$

习 题 6.5

1. 设 $z=e^{x^2y}$，其中 $x=\cos t$，$y=t^2$，求 $\dfrac{dz}{dt}$.

2. 设 $z=u^2+\sin 2v$，其中 $u=e^x$，$v=x^2$，求 $\dfrac{dz}{dx}$.

3. 设 $z=\ln(u^2+v)$，其中 $u=e^{x+y^2}$，$v=x^2+y$，求 $\dfrac{\partial z}{\partial x},\dfrac{\partial z}{\partial y}$.

4. 设 $z=u^2v-uv^2$，其中 $u=\cos xy$，$v=\sin xy$，求 $\dfrac{\partial z}{\partial x},\dfrac{\partial z}{\partial y}$.

5. 设 $e^{xy}+y^2=\cos x$，求 $\dfrac{dy}{dx}$.

6. 设 $\ln\sqrt{x^2+y^2}=\arctan\dfrac{y}{x}$，求 $\dfrac{dy}{dx}$.

7. 设 $x+2y+z-2\sqrt{xyz}=0$，求 $\dfrac{\partial z}{\partial x},\dfrac{\partial z}{\partial y}$.

6.6 多元函数的极值

6.6.1 多元函数的极值与最值

在实际问题中，往往会遇到求多元函数的最大值、最小值问题. 与一元函数的情形类似，多元函数的最大值、最小值与极大值、极小值有密切关系. 下面以二元函数为例，先来讨论多元函数的极值问题.

定义 6.6 设函数 $z=f(x,y)$ 的定义域为 D，$P_0(x_0,y_0)$ 为 D 的内点. 若存在 P_0 的某个邻域 $U(P_0)\subset D$，使得对于该邻域内异于 P_0 的任何点 (x,y)，都有

$$f(x,y)<f(x_0,y_0),$$

则称函数 $f(x,y)$ 在点 (x_0,y_0) 有**极大值** $f(x_0,y_0)$，点 (x_0,y_0) 称为函数 $f(x,y)$ 的**极大值点**；若对于该邻域内异于 P_0 的任何点 (x,y)，都有

$$f(x,y)>f(x_0,y_0),$$

则称函数 $f(x,y)$ 在点(x_0,y_0)有**极小值** $f(x_0,y_0)$，点(x_0,y_0)称为函数 $f(x,y)$ 的**极小值点**. 极大值、极小值统称为**极值**. 使得函数取得极值的点称为**极值点**.

类似地可以定义三元函数及三元以上函数的极值.

例如，易知，函数 $z=x^2+2y^2$ 在点$(0,0)$处有极小值 0；函数 $z=-\sqrt{x^2+y^2}$ 在$(0,0)$处有极大值 0；而函数 $z=xy$ 在点$(0,0)$处既不取得极大值也不取得极小值.

极值是函数的一种局部性质，它仅与函数在一个邻域中的性态有关.

下面运用二元函数的偏导数来解决极值的计算问题.

定理 6.6（极值的必要条件）　设函数 $z=f(x,y)$ 在点(x_0,y_0)具有偏导数，且在点(x_0,y_0)处有极值，则有

$$f'_x(x_0,y_0)=0,\quad f'_y(x_0,y_0)=0.$$

证　不妨设 $z=f(x,y)$ 在点(x_0,y_0)处有极大值 $f(x_0,y_0)$，则 $f(x_0,y_0)$必然也是一元函数 $f(x,y_0)$ 和 $f(x_0,y)$ 的极值. 而这两个函数分别在点 $x=x_0$ 和 $y=y_0$ 可导，即 $f(x,y)$ 在点(x_0,y_0)的两个偏导数 $f'_x(x_0,y_0)$ 和 $f'_y(x_0,y_0)$ 存在，所以由一元函数极值的必要条件有

$$f'_x(x_0,y_0)=0,\quad f'_y(x_0,y_0)=0.$$ □

类似地可推得，如果三元函数 $u=f(x,y,z)$ 在点(x_0,y_0,z_0)具有偏导数，则它在点(x_0,y_0,z_0)具有极值的必要条件是

$$f'_x(x_0,y_0,z_0)=0,\quad f'_y(x_0,y_0,z_0)=0,\quad f'_z(x_0,y_0,z_0)=0.$$

凡是能使

$$f'_x(x_0,y_0)=0,\quad f'_y(x_0,y_0)=0$$

同时成立的点(x_0,y_0)称为函数 $z=f(x,y)$ 的**驻点**. 由定理 6.6 知，具有偏导数的函数的极值点必定是驻点. 但函数的驻点不一定是极值点. 例如，点$(0,0)$是 $z=xy$ 的驻点，但并不是极值点.

怎样判定一个驻点是不是极值点呢？ 下面的定理回答了这个问题.

定理 6.7（极值的充分条件）　设函数 $z=f(x,y)$ 在点(x_0,y_0)的某邻域内有二阶连续偏导数，且 $f'_x(x_0,y_0)=0$，$f'_y(x_0,y_0)=0$，记

$$A=f''_{xx}(x_0,y_0),\quad B=f''_{xy}(x_0,y_0),\quad C=f''_{yy}(x_0,y_0),$$

则有下列结论：

1)　当 $B^2-AC<0$ 时，$f(x_0,y_0)$是函数 $f(x,y)$ 的极值，并且当 $A<0$ 时，$f(x_0,y_0)$是极大值；当 $A>0$ 时，$f(x_0,y_0)$是极小值；

2) 当 $B^2-AC>0$ 时，$f(x_0,y_0)$ 不是函数 $f(x,y)$ 的极值；

3) 当 $B^2-AC=0$ 时，$f(x_0,y_0)$ 可能是 $f(x,y)$ 的极值，也可能不是，需进一步判定.

证明从略.

利用定理 6.6 和定理 6.7，把具有二阶连续偏导数的函数 $z=f(x,y)$ 的极值的求法叙述如下：

第一步　解方程组

$$\begin{cases} f'_x(x,y)=0, \\ f'_y(x,y)=0, \end{cases}$$

即可求得一切驻点.

第二步　对于每一个驻点 (x_0,y_0)，求出二阶偏导数的值 A, B 和 C.

第三步　定出 B^2-AC 的符号，按定理 6.7 的结论判定 $f(x_0,y_0)$ 是否为极值，是极大值还是极小值.

例 6.29　求函数 $f(x,y)=x^2-2xy^2+2xy+y^3$ 的极值.

解　解方程组

$$\begin{cases} f'_x(x,y)=2x-2y^2+2y=0, \\ f'_y(x,y)=-4xy+2x+3y^2=0, \end{cases}$$

求得驻点为 $(0,0)$，$\left(-\dfrac{3}{16},\dfrac{1}{4}\right)$，$(2,2)$.

再求出二阶偏导数，

$$f''_{xx}(x,y)=2,\quad f''_{xy}(x,y)=-4y+2,\quad f''_{yy}(x,y)=-4x+6y.$$

在点 $(0,0)$ 处，

$$B^2-AC=4-2\times 0=4>0,$$

所以 $f(0,0)$ 不是极值；在点 $(2,2)$ 处，

$$B^2-AC=36-2\times 4=28>0,$$

所以 $f(2,2)$ 不是极值；在点 $\left(-\dfrac{3}{16},\dfrac{1}{4}\right)$ 处，

$$B^2-AC=1-2\times\frac{9}{4}=-\frac{7}{2}<0,$$

又 $A=2>0$，所以 $f\left(-\dfrac{3}{16},\dfrac{1}{4}\right)$ 是 $f(x,y)$ 的极小值，极小值为

$$f\left(-\frac{3}{16},\frac{1}{4}\right)=-\frac{5}{256}.$$

讨论函数的极值问题时，如果函数在所讨论的区域内具有偏导数，则由

定理 6.6 知，极值只可能在驻点处取得. 然而，如果函数在个别点处的偏导数不存在，这些点当然不是驻点，但也可能是极值点. 例如，函数 $z=-\sqrt{x^2+y^2}$ 在(0,0)处的两个偏导数不存在，但该函数在点(0,0)却具有极大值. 因此，在考虑函数的极值问题时，除了考虑函数的驻点外，如果有偏导数不存在的点，那么这些点也应当考虑.

与一元函数类似，我们可以利用函数的极值来求多元函数在某一区域上的最大值和最小值. 在 6.2 节中我们指出，有界闭区域上连续函数必能取得最大值和最小值.要想获得函数 f 在区域 D 上的最大值和最小值，必须考察函数 f 的所有驻点，偏导数不存在的点及函数在区域 D 边界上的函数值，这些值中最大(或最小)者便是函数 f 在区域 D 上的最大(或最小)值.

例 6.30　求函数 $f(x,y)=x^2y(4-x-y)$ 在闭区域

$$D=\{(x,y)\mid x\geqslant 0,\ y\geqslant 0,\ x+y\leqslant 6\}$$

上的最大值和最小值.

解　先求函数在 D 内的驻点，解方程组

$$\begin{cases} f'_x=2xy(4-x-y)-x^2y=0, \\ f'_y=x^2(4-x-y)-x^2y=0, \end{cases}$$

得函数在 D 内唯一驻点(2,1)，且 $f(2,1)=4$.

下面再求函数在 D 的边界上的最大(或最小)值.

在边界 $x=0\ (0\leqslant y\leqslant 6)$ 和 $y=0\ (0\leqslant x\leqslant 6)$ 上，$f(x,y)=0$，在边界 $x+y=6\ (x\geqslant 0,\ y\geqslant 0)$ 上，将 $y=6-x$ 代入函数 $f(x,y)$ 中，得

$$f(x,y)=2x^2(x-6).$$

利用一元函数极值的求法可知 $x=0$，$x=4$ 是两个驻点，且 $x=4$ 时，$y=2$，故 $f(4,2)=-64$.

比较以上各种情形可知，函数的最大值为 $f(2,1)=4$，最小值为 $f(4,2)=-64$.

实际生活中很多问题可利用求多元函数最值的方法求解.

例 6.31　某厂要用铁板做成一个体积为 2 m^3 的有盖的长方体水箱. 问当长、宽、高各取怎样的尺寸时，才能使用料最省？

解　设水箱长为 x m，宽为 y m，则其高应为 $\frac{2}{xy}$ m，此水箱所用材料的面积为

$$A=2\left(xy+y\frac{2}{xy}+x\frac{2}{xy}\right)=2\left(xy+\frac{2}{x}+\frac{2}{y}\right)\quad (x>0,\ y>0).$$

令

$$\begin{cases} A'_x = 2\left(y - \dfrac{2}{x^2}\right) = 0, \\ A'_y = 2\left(x - \dfrac{2}{y^2}\right) = 0, \end{cases}$$

得 $x = \sqrt[3]{2}$，$y = \sqrt[3]{2}$.

根据题意知，水箱所用材料面积的最小值一定存在，并在 $x > 0$，$y > 0$ 时取得. 又函数在定义域 $\{(x, y) \mid x > 0, y > 0\}$ 内只有唯一的驻点 $(\sqrt[3]{2}, \sqrt[3]{2})$，所以当长、宽各为 $\sqrt[3]{2}$ m 时，面积最小，此时高为

$$\frac{2}{\sqrt[3]{2} \cdot \sqrt[3]{2}} = \sqrt[3]{2}\ \text{m},$$

即长、宽、高各为 $\sqrt[3]{2}$ m 时，用料最省(由此可见，体积一定的长方体，以立方体的表面积最小).

6.6.2 条件极值

以上所讨论的极值问题，对于函数的自变量，除了限制在函数的定义域内以外，并无其他条件，所以有时称为**无条件极值**. 但在实际问题中，有时会遇到对函数的自变量还有附加条件的极值问题——称之为**条件极值**. 对于有些实际问题，可以把条件极值转化为无条件极值，再用以上方法加以解决. 但在很多情况下，将条件极值转化为无条件极值并不简便. 下面介绍一种直接求条件极值的方法，可以不必先把问题化为无条件极值. 这就是拉格朗日乘数法.

拉格朗日乘数法 求目标函数 $z = f(x, y)$ 在约束条件 $\varphi(x, y) = 0$ 下的极值.

第一步 构造拉格朗日函数

$$L(x, y) = f(x, y) + \lambda\varphi(x, y),$$

其中 λ 为参数，称为**拉格朗日乘数**.

第二步 求 $L(x, y)$ 关于 x 与 y 的一阶偏导数，并令其为 0，然后与 $\varphi(x, y) = 0$ 联立起来，即

$$\begin{cases} L'_x(x, y) = f'_x(x, y) + \lambda\varphi'_x(x, y) = 0, \\ L'_y(x, y) = f'_y(x, y) + \lambda\varphi'_y(x, y) = 0, \\ \varphi(x, y) = 0. \end{cases}$$

由该方程组消去 λ，解出 x, y，那么函数 $f(x, y)$ 的极值可能在解出的点 (x, y) 处取得.

第三步　判别(x,y)是否为极值点(一般可根据具体问题的性质来判别).

拉格朗日乘数法还可以推广到自变量多于两个而限制条件多于一个的情形. 例如，求函数$u=f(x,y,z)$在条件

$$\varphi(x,y,z)=0,\quad \psi(x,y,z)=0$$

下的极值. 可以构造拉格朗日函数

$$L(x,y,z)=f(x,y,z)+\lambda\varphi(x,y,z)+\mu\psi(x,y,z).$$

然后解方程组：

$$\begin{cases} f'_x(x,y,z)+\lambda\varphi'_x(x,y,z)+\mu\psi'_x(x,y,z)=0, \\ f'_y(x,y,z)+\lambda\varphi'_y(x,y,z)+\mu\psi'_y(x,y,z)=0, \\ f'_z(x,y,z)+\lambda\varphi'_z(x,y,z)+\mu\psi'_z(x,y,z)=0, \\ \varphi(x,y,z)=0, \\ \psi(x,y,z)=0. \end{cases}$$

由这个方程组解出的(x,y,z)点就是可能的极值点.

例 6.32　求函数$u=xyz$在附加条件

$$\frac{1}{x}+\frac{1}{y}+\frac{1}{z}=\frac{1}{a}\quad (x>0,\ y>0,\ z>0,\ a>0)$$

下的极值.

解　作拉格朗日函数

$$L(x,y,z)=xyz+\lambda\left(\frac{1}{x}+\frac{1}{y}+\frac{1}{z}-\frac{1}{a}\right).$$

令

$$L'_x=yz-\frac{\lambda}{x^2}=0,\quad L'_y=xz-\frac{\lambda}{y^2}=0,\quad L'_z=xy-\frac{\lambda}{z^2}=0,$$

解之得$x=y=z=3a$.

由此得到点$(3a,3a,3a)$是目标函数$u=xyz$在附加条件下唯一可能的极值点. 进一步判断可知点$(3a,3a,3a)$是函数$u=xyz$在附加条件下的极小值点. 因此函数的极小值为$27a^3$.

例 6.33　某厂生产甲、乙两种商品. 当两种产品的产量分别为x和y(单位：吨)时，总收益(单位：万元)函数为

$$R(x,y)=27x+42y-x^2-2xy-4y^2,$$

成本(单位：万元)函数为

$$C(x,y)=36+12x+8y.$$

除此之外，生产每吨甲种产品还需支付排污费1万元，生产每吨乙种产品需

支付排污费2万元. 在限制排污费支出总额为6万元的情况下，两种产品各生产多少时利润最大?

解 利润函数为

$$L(x,y)=R(x,y)-C(x,y)-(x+2y)$$
$$=14x+32y-x^2-2xy-4y^2-36.$$

因此，问题就转化为求函数 $L(x,y)$ 在附加条件 $x+2y=6$ 下的最大值.

作拉格朗日函数

$$F(x,y)=14x+32y-x^2-2xy-4y^2-36+\lambda(x+2y-6).$$

解方程组

$$\begin{cases}F'_x=14-2x-2y+\lambda=0,\\ F'_y=32-2x-8y+2\lambda=0,\\ x+2y-6=0,\end{cases}$$

得到唯一可能极值点(2,2). 又实际问题存在最大利润，因此当 $x=2$，$y=2$ 时利润最大，最大利润为 $L(2,2)=28$ 万元.

习 题 6.6

1. 求函数 $f(x,y)=-x^4-y^4+4xy-1$ 的极值.

2. 求函数 $f(x,y)=x^3-y^3+3x^2+3y^2-9x$ 的极值.

3. 求函数 $f(x,y)=\frac{1}{2}x^2-4xy+9y^2+3x-14y$ 的极值.

4. 求函数 $f(x,y)=2x^2+y^2$ 在附加条件 $\varphi(x,y)=x^2+y^2-1=0$ 下的极值.

5. 求表面积为 a^2 而体积最大的长方体的体积.

6. 某厂生产一种产品时需要使用甲、乙两种原料，已知当用甲种原料 x 单位、乙种原料 y 单位时可生产 Q 单位的产品，

$$Q=Q(x,y)=10xy+20.25x+30.37y-10x^2-5y^2,$$

而甲、乙两种原料的价格依次为25元/单位、37元/单位，产品的售价为100元/单位. 生产的固定成本(如机器损耗等)为2 000元. 问：当 x,y 为何值时工厂能获得最大利润?

总习题六

1. 填空题

1) $z=\arcsin(x-y)$ 的定义域为__________.

2) $\lim\limits_{(x,y)\to(0,1)}\dfrac{e^x+y}{x+y}=$__________.

3） 若 $f(x,y)=2xy+\ln(x^2y)$，则 $f'_x(1,2)=$ ________，$f'_y(1,2)=$ ________.

4） 函数 $z=f(x,y)$ 在 (x,y) 可微分是 $f(x,y)$ 在该点连续的________条件. $f(x,y)$ 在点 (x,y) 连续是 $f(x,y)$ 在该点可微分的________条件.

2. 选择题

1） 函数 $f(x,y)$ 在点 (x,y) 处存在偏导数是函数在该点可微分的(　　)条件，是函数在该点连续的(　　)条件.

A. 充分而不必要　　　B. 必要而不充分

C. 必要且充分　　　D. 既不必要又不充分

2） 函数

$$f(x,y)=\begin{cases}\dfrac{xy}{x^2+y^2}, & x^2+y^2\neq 0,\\ 0, & x^2+y^2=0\end{cases}$$

在(0,0)处(　　).

A. 连续但不存在偏导数　　　B. 存在偏导数但不连续

C. 既不连续又不存在偏导数　　　D. 既连续又存在偏导数

3） 下列4个函数中，函数(　　)在点(0,0)处不取得极值但点(0,0)是它的驻点；函数(　　)在点(0,0)处取得极值但在该点处偏导数不存在.

A. $f(x,y)=xy$　　　B. $f(x,y)=x^2+y^2$

C. $f(x,y)=-(x^2+y^2)$　　　D. $f(x,y)=\sqrt{x^2+y^2}$

3. 求下列极限：

1） $\lim\limits_{(x,y)\to(0,0)}\dfrac{y^3-x^3}{x^2+y^2}$；　　　2） $\lim\limits_{(x,y)\to(0,1)}\dfrac{1-xy}{x^2+y^2}$；

3） $\lim\limits_{(x,y)\to(0,0)}(x^2+y^2)\sin\dfrac{3}{x^2+y^2}$；

4） $\lim\limits_{(x,y)\to(0,0)}\dfrac{2-\sqrt{xy+4}}{xy}$.

4. 求下列函数的一阶偏导数：

1） $z=a^{xy^2}+\sin x^2y$；　　　2） $z=\dfrac{\ln x}{\ln y}$；

3） $z=\arctan\dfrac{x+y}{x-y}$.

5. 求下列函数的二阶偏导数：

1） $z=y^{\ln x}$；

2） $z=x\sin(x+y)+y\cos(x+y)$；

3） $z=\ln(x+y^2)$.

6. 求下列函数的全微分：

1） $z=\sqrt{\dfrac{y}{x}}$；　　　　2） $z=x^y-2\sqrt{xy}$.

7. 求下列复合函数的一阶偏导数或导数：

1） $z=u^2\ln v$，$u=\dfrac{y}{x}$，$v=x^2+y^2$，求$\dfrac{\partial z}{\partial x},\dfrac{\partial z}{\partial y}$；

2） $z=\mathrm{e}^{u-2v}$，$u=\sin x$，$v=x^3$，求$\dfrac{\mathrm{d}z}{\mathrm{d}x}$；

3） $z=x^y$，$x=\sin t$，$y=\cos t$，求$\dfrac{\mathrm{d}z}{\mathrm{d}t}$；

4） $z=f(x^2-y^2,\mathrm{e}^{xy})$，求$\dfrac{\partial z}{\partial x},\dfrac{\partial z}{\partial y}$.

8. 设函数 $y=y(x)$ 由方程 $\sin x^2y+2y=0$ 确定，求$\dfrac{\mathrm{d}y}{\mathrm{d}x}$.

9. 设函数 $z=f(x,y)$ 由方程 $\arctan xy+xyz=0$ 确定，求$\dfrac{\partial z}{\partial x},\dfrac{\partial z}{\partial y}$.

10. 求下列函数的极值：

1） $f(x,y)=x^3-y^3+3x^2+3y^2-9x$；

2） $f(x,y)=x^3+y^3-3xy$.

11. 设商品 A 的需求量为 x 吨，价格为 p(万元 / 吨)，需求函数为 $x=26-p$；商品 B 的需求量为 y 吨，价格为 q(万元 / 吨)，需求函数为 $y=10-\dfrac{1}{4}q$；生产两种商品的总成本为 $C(x,y)=x^2+2xy+y^2$，问两种商品各生产多少时，才能使利润最大？ 最大利润为多少？

第七章

二重积分

一元函数中讨论的定积分，其被积函数是一元函数，积分范围是区间，在应用中只能用来计算与一元函数及区间有关的量. 但在实际应用与科学技术中，往往需要计算与多元函数或空间区域有关的量，如立体体积、曲面面积、非均匀物体的质量、质心等. 这些量的计算一般不能直接用定积分来解决. 因此，将定积分推广，当被积函数是二元函数或三元函数，积分范围是平面区域或空间区域时，这样的积分就成为二重积分或三重积分. 本章仅对二重积分进行讨论.

7.1 二重积分的概念及其性质

7.1.1 二重积分的概念

设 $z=f(x,y)$ 是定义在 xOy 平面中的有界闭区域 D 上的非负连续函数. 以曲面 $z=f(x,y)$ 为顶，D 为底，侧面以 D 的边界曲线为准线而母线平行于 z 轴的柱面的立体称为**曲顶柱体**（如图 7-1）. 下面要计算这个曲顶柱体的体积.

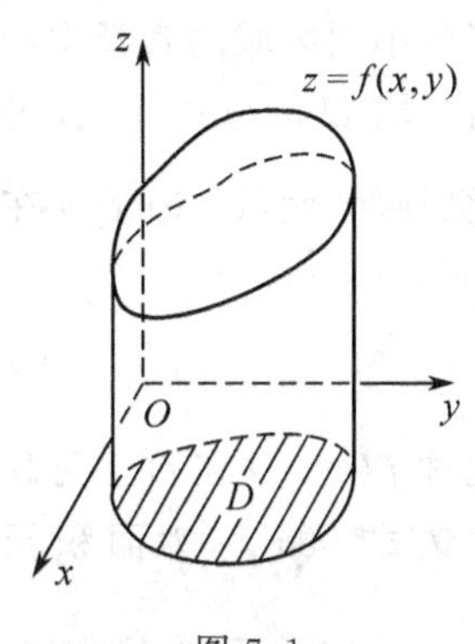

图 7-1

我们知道，平顶柱体的体积＝底面积×高. 而曲顶柱体，当点 (x,y) 在闭区域 D 上变动时，高 $f(x,y)$ 是一个变量，其体积不能直接利用平顶柱体的体积公式来计算，可用前面求曲边梯形面积的思想来解决.

首先，将区域 D 分成 n 个小闭区域：$\Delta\sigma_1,\Delta\sigma_2,\cdots,\Delta\sigma_n$（第 i 个小区域的面积也

表示为$\Delta\sigma_i$). 以这些小闭区域的边界曲线为准线，作母线平行于z轴的柱面，这些柱面把原来的曲顶柱体分割为n个小曲顶柱体$\Delta V_1,\Delta V_2,\cdots,\Delta V_n$.当这些小闭区域的直径(即$\Delta\sigma_i$上任意两点间距离的最大者)很小时，由于$f(x,y)$在$\Delta\sigma_i$上连续，对同一个小闭区域来说，$f(x,y)$的值变化很小，因此以$\Delta\sigma_i$为底的小曲顶柱体$\Delta V_i$可近似地看做以$f(\xi_i,\eta_i)$为高的平顶柱体，其中$(\xi_i,\eta_i)$是$\Delta\sigma_i$中任意一点(如图7-2). 于是

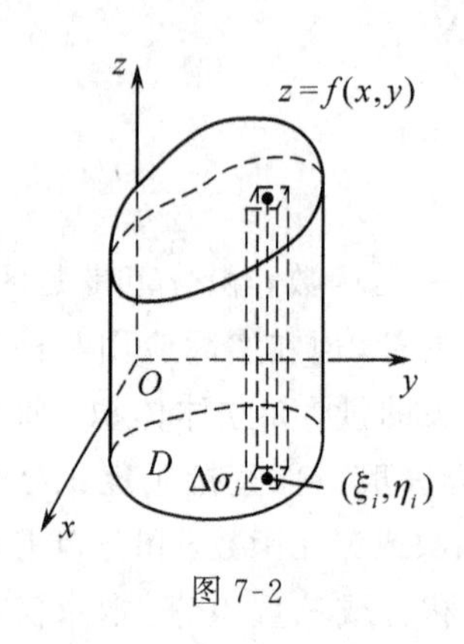

图 7-2

$$\Delta V_i \approx f(\xi_i,\eta_i)\Delta\sigma_i \quad (i=1,2,\cdots,n).$$

从而所求立体的体积V近似地为

$$V=\sum_{i=1}^{n}\Delta V_i \approx \sum_{i=1}^{n} f(\xi_i,\eta_i)\Delta\sigma_i.$$

随着分割越来越细，和式$\sum\limits_{i=1}^{n} f(\xi_i,\eta_i)\Delta\sigma_i$与$V$越来越接近. 若令所有小闭区域的直径中的最大值(记为λ)趋于零，则极限$\lim\limits_{\lambda\to 0}\sum\limits_{i=1}^{n} f(\xi_i,\eta_i)\Delta\sigma_i$就是所求的曲顶柱体的体积$V$.

可以看到，与引进定积分的概念时一样，上述求曲顶柱体的体积，也是通过分割、近似、求和、取极限这个过程得到的. 由此，抽象出下述二重积分的定义.

定义 7.1 设$f(x,y)$是有界闭区域D上的有界函数. 将D任意分成n个小闭区域$\Delta\sigma_1,\Delta\sigma_2,\cdots,\Delta\sigma_n$，其中$\Delta\sigma_i$表示第$i$个小闭区域，也表示它的面积. 在每个$\Delta\sigma_i$上任取一点$(\xi_i,\eta_i)$，作乘积$f(\xi_i,\eta_i)\Delta\sigma_i (i=1,2,\cdots,n)$，并作和

$$\sum_{i=1}^{n} f(\xi_i,\eta_i)\Delta\sigma_i.$$

如果当各小闭区域的直径中的最大值λ趋于零时，这个和的极限存在，且极限值与区域D的分法无关，也与每个小区域$\Delta\sigma_i$中点(ξ_i,η_i)的取法无关，则称此极限为函数$f(x,y)$在闭区域D上的**二重积分**，记为$\iint\limits_D f(x,y)\mathrm{d}\sigma$，即

$$\iint\limits_D f(x,y)\mathrm{d}\sigma=\lim_{\lambda\to 0}\sum_{i=1}^{n} f(\xi_i,\eta_i)\Delta\sigma_i. \tag{7.1}$$

此时也称$f(x,y)$在D上**可积**. 其中$f(x,y)$称为**被积函数**，$f(x,y)\mathrm{d}\sigma$称为**被积表达式**，$\mathrm{d}\sigma$称为**面积元素**，x,y称为**积分变量**，D称为**积分区域**，$\sum\limits_{i=1}^{n} f(\xi_i,\eta_i)\Delta\sigma_i$称为**积分和**.

在上述二重积分的定义中，对闭区域 D 的划分是任意的. 如果在直角坐标系中用平行于坐标轴的直线网来划分 D，那么除了少数包含边界点的一些小闭区域外(求和的极限时，这些小闭区域所对应的项的和的极限为零，因此这些小闭区域可以略去不计)，其余的小闭区域都是矩形闭区域. 设矩形闭区域 $\Delta\sigma_i$ 的边长为 Δx_i 和 Δy_i，则 $\Delta\sigma_i = \Delta x_i \Delta y_i$. 因此，在直角坐标系中，有时也把面积元素 $d\sigma$ 记为 $dx\,dy$，相应地把二重积分记为

$$\iint_D f(x,y)d\sigma = \iint_D f(x,y)dx\,dy.$$

这里要指出，当 $f(x,y)$ 在闭区域 D 上连续时，(7.1) 右端和的极限必定存在，也就是说，函数 $f(x,y)$ 在 D 上的二重积分必定存在. 以后总假定函数 $f(x,y)$ 在闭区域 D 上连续，所以 $f(x,y)$ 在 D 上的二重积分都是存在的，下面就不再每次加以说明了.

由二重积分的定义可知，当 $f(x,y) \geqslant 0$ 时，二重积分 $\iint_D f(x,y)d\sigma$ 就是底为 D、顶为曲面 $z=f(x,y)$ 的曲顶柱体的体积，即

$$V = \iint_D f(x,y)d\sigma.$$

当 $f(x,y) \leqslant 0$ 时，柱体就在 xOy 面的下方. 二重积分的绝对值仍等于曲顶柱体的体积，即 $\iint_D f(x,y)d\sigma = -V$；若 $f(x,y)$ 在 D 上若干部分区域上为正，而在其他部分区域上是负的，那么 $f(x,y)$ 在 D 上的二重积分就等于 xOy 面上方的柱体的体积减去 xOy 面下方的柱体体积所得之差.

7.1.2　二重积分的性质

二重积分与定积分有类似的性质，现叙述如下：

性质 1　如果在 D 上，$f(x,y) \equiv 1$，σ 为 D 的面积，则 $\iint_D d\sigma = \sigma$.

注　此性质说明，在积分区域 D 上，若被积函数为常数 1，则二重积分值为被积分区域 D 的面积.

性质 2　设 α,β 为常数，则

$$\iint_D (\alpha f(x,y) + \beta g(x,y))d\sigma = \alpha\iint_D f(x,y)d\sigma + \beta\iint_D g(x,y)d\sigma.$$

性质3 如果闭区域D被有限条曲线分为有限个部分闭区域，则在D上的二重积分等于在各部分闭区域上的二重积分的和. 例如D分为两个闭区域D_1与D_2，则

$$\iint\limits_D f(x,y)\mathrm{d}\sigma=\iint\limits_{D_1} f(x,y)\mathrm{d}\sigma+\iint\limits_{D_2} f(x,y)\mathrm{d}\sigma.$$

注 此性质表明二重积分对于积分区域具有可加性.

性质4 如果在D上，$f(x,y)\leqslant g(x,y)$，则有

$$\iint\limits_D f(x,y)\mathrm{d}\sigma\leqslant\iint\limits_D g(x,y)\mathrm{d}\sigma.$$

特别地，由于$-|f(x,y)|\leqslant f(x,y)\leqslant|f(x,y)|$，则

$$\left|\iint\limits_D f(x,y)\mathrm{d}\sigma\right|\leqslant\iint\limits_D |f(x,y)|\mathrm{d}\sigma.$$

性质5 如果在D上，$m\leqslant f(x,y)\leqslant M$，$\sigma$为$D$的面积，则

$$m\sigma\leqslant\iint\limits_D f(x,y)\mathrm{d}\sigma\leqslant M\sigma.$$

注 利用该性质，可对二重积分值进行估计.

性质6（二重积分的中值定理） 设函数$f(x,y)$在闭区域D上连续，σ是D的面积，则在D上至少存在一点(ξ,η)，使得

$$\iint\limits_D f(x,y)\mathrm{d}\sigma=f(\xi,\eta)\sigma.$$

证 显然$\sigma\neq0$. 由性质5知，$m\sigma\leqslant\iint\limits_D f(x,y)\mathrm{d}\sigma\leqslant M\sigma$，两边各除以$\sigma$，有

$$m\leqslant\frac{1}{\sigma}\iint\limits_D f(x,y)\mathrm{d}\sigma\leqslant M.$$

这说明，数值$\frac{1}{\sigma}\iint\limits_D f(x,y)\mathrm{d}\sigma$是介于函数$f(x,y)$的最大值$M$与最小值$m$之间的. 根据闭区域上连续函数的介值定理，在$D$上至少存在一点$(\xi,\eta)$，使得函数在该点的值与之相等，即

$$\frac{1}{\sigma}\iint\limits_D f(x,y)\mathrm{d}\sigma=f(\xi,\eta).$$

由此即得性质6. □

例 7.1 设 $D=\{(x,y)\mid 1\leqslant x^2+y^2\leqslant 9\}$. 求$\iint\limits_D 2\mathrm{d}\sigma$.

解 D 是由半径分别为 3 和 1 的两个同心圆围成的圆环，其面积

$$\sigma=\pi\cdot 3^2-\pi\cdot 1^2=8\pi.$$

由性质 1 知$\iint\limits_D 2\mathrm{d}\sigma=2\iint\limits_D \mathrm{d}\sigma=16\pi$.

例 7.2 估计二重积分$\iint\limits_D (x+y+1)\mathrm{d}\sigma$ 的值，其中

$$D=\{(x,y)\mid 0\leqslant x\leqslant 1,\ 0\leqslant y\leqslant 2\}.$$

解 在积分区域 D 上有 $0=0+0\leqslant x+y\leqslant 1+2=3$，所以

$$1\leqslant x+y+1\leqslant 4.$$

又积分区域为长、宽分别为 1 和 2 的矩形，其面积为 2，所以

$$1\times 2\leqslant\iint\limits_D (x+y+1)\mathrm{d}\sigma\leqslant 4\times 2,$$

即 $2\leqslant\iint\limits_D (x+y+1)\mathrm{d}\sigma\leqslant 8$.

习 题 7.1

1. 根据二重积分的性质，比较下列积分的大小：

1) $\iint\limits_D (x+y)^2\mathrm{d}\sigma$ 与$\iint\limits_D (x+y)^3\mathrm{d}\sigma$，其中 D 是由 x 轴、y 轴与直线 $x+y=1$ 所围成；

2) $\iint\limits_D \ln(x+y)\,\mathrm{d}\sigma$ 与$\iint\limits_D (\ln(x+y))^2\mathrm{d}\sigma$，其中 D 是三角形闭区域，三顶点分别为(1,0)，(1,1)，(2,0).

2. 根据二重积分的性质，估计下列积分的值：

1) $I=\iint\limits_D \sin^2 x\ \sin^2 y\ \mathrm{d}\sigma$，其中 $D=\{(x,y)\mid 0\leqslant x\leqslant\pi,\ 0\leqslant y\leqslant\pi\}$；

2) $I=\iint\limits_D (x^2+4y^2+9)\mathrm{d}\sigma$，其中 $D=\{(x,y)\mid x^2+y^2\leqslant 4\}$.

7.2 二重积分的计算

上一节给出了二重积分的概念和性质，本节将根据二重积分的几何意义

来得出其计算方法. 二重积分的计算可归结为求二次定积分(也称为累次积分). 下面分别在直角坐标系和极坐标系下讨论二重积分的计算.

7.2.1 直角坐标系下二重积分的计算

首先介绍两种最简单的区域——X 型区域和 Y 型区域.

若积分区域 D 可以表示为

$$D=\{(x,y)\mid a\leqslant x\leqslant b,\varphi_1(x)\leqslant y\leqslant\varphi_2(x)\}\quad(\text{其中 } a,b \text{ 为常数}),$$

则称此区域为 **X 型区域**, 如图 7-3 所示. 其特点是: 穿过 D 内部且平行于 y 轴的直线与 D 的边界相交不多于两点.

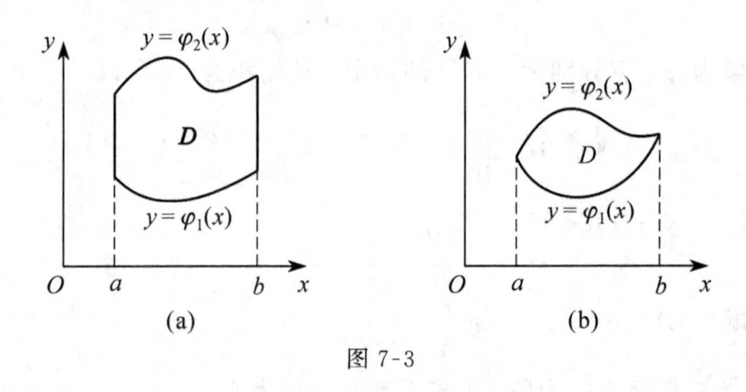

图 7-3

若积分区域 D 可以表示为

$$D=\{(x,y)\mid \psi_1(y)\leqslant x\leqslant\psi_2(y),c\leqslant y\leqslant d\}\quad(\text{其中 } c,d \text{ 为常数}),$$

则称此区域为 **Y 型区域**, 如图 7-4 所示. 其特点是: 穿过 D 内部且平行于 x 轴的直线与 D 的边界相交不多于两点.

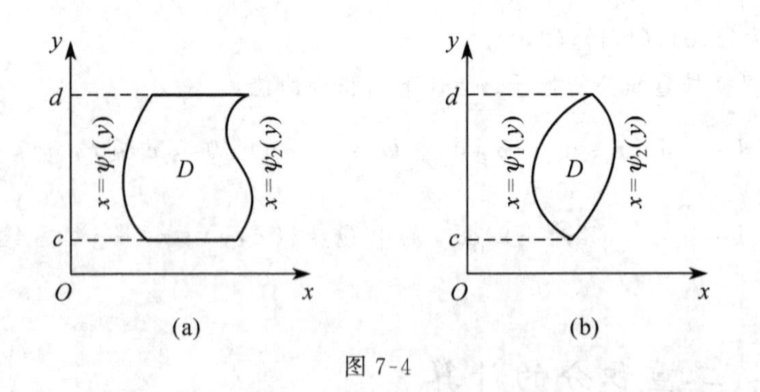

图 7-4

对于一般性的区域, 总可以将它分割成有限个 X 型区域和有限个 Y 型区域, 我们称之为混合型区域, 如图 7-5 所示.

下面以求 X 型区域 D 上曲顶柱体的体积为例来说明如何将二重积分转化为二次积分.

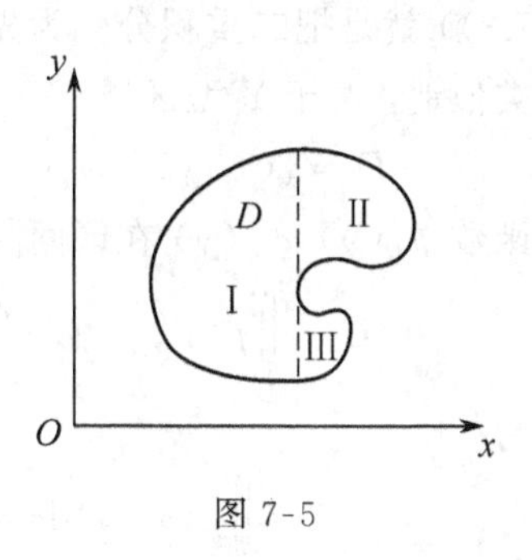

图 7-5

设函数 $z=f(x,y)$ 在 X 型区域

$$D=\{(x,y) \mid a\leqslant x\leqslant b,\ \varphi_1(x)\leqslant y\leqslant \varphi_2(x)\}$$

上连续，且 $f(x,y)\geqslant 0$，则二重积分 $\iint\limits_D f(x,y)\mathrm{d}\sigma$ 是区域 D 上以 $z=f(x,y)$ 为顶的曲顶柱体(如图 7-6) 的体积. 下面我们用求“平行截面积为已知的立体的体积”的方法来计算曲顶柱体体积.

先计算截面面积. 在 $x_0(a\leqslant x_0\leqslant b)$ 处用平行于 yOz 坐标平面的平面去截曲顶柱体，所得的截面是一个以区间$[\varphi_1(x_0),\varphi_2(x_0)]$为底、曲线 $z=f(x_0,y)$ 为曲边的曲边梯形(图 7-6 中的阴影部分). 由定积分知识可知，该截面面积为

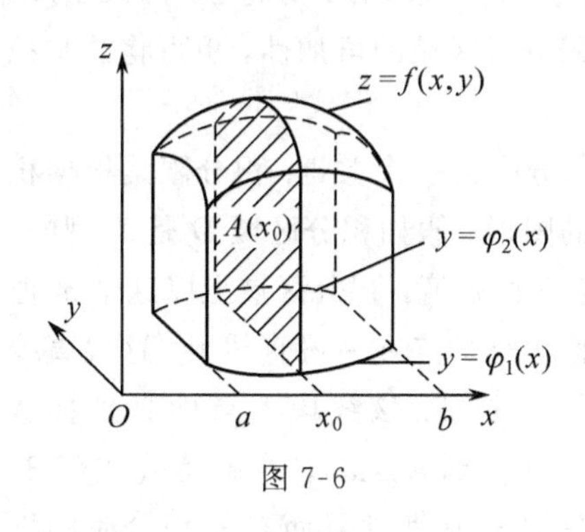

图 7-6

$$A(x_0)=\int_{\varphi_1(x_0)}^{\varphi_2(x_0)} f(x_0,y)\mathrm{d}y.$$

一般地，过区间$[a,b]$上任一点 x 且平行于 yOz 面的平面截曲顶柱体所得截面的面积为

$$A(x)=\int_{\varphi_1(x)}^{\varphi_2(x)} f(x,y)\mathrm{d}y.$$

于是，应用计算平行截面面积为已知的立体体积的方法，得曲顶柱体体积为

$$V=\int_a^b A(x)\mathrm{d}x=\int_a^b\left(\int_{\varphi_1(x)}^{\varphi_2(x)} f(x,y)\mathrm{d}y\right)\mathrm{d}x,$$

即

$$\iint\limits_D f(x,y)\mathrm{d}\sigma=\int_a^b\left(\int_{\varphi_1(x)}^{\varphi_2(x)} f(x,y)\mathrm{d}y\right)\mathrm{d}x. \tag{7.2}$$

常记为

$$\iint\limits_D f(x,y)\mathrm{d}\sigma=\int_a^b \mathrm{d}x\int_{\varphi_1(x)}^{\varphi_2(x)} f(x,y)\mathrm{d}y. \tag{7.3}$$

上式右端的积分称为**先对 y、后对 x 的二次积分**. 可理解为：先把 x 看做常数，把 $f(x,y)$ 只看做 y 的函数，并对 y 计算从 $\varphi_1(x)$ 到 $\varphi_2(x)$ 的定积分；然后把算得的结果(是 x 的函数) 再对 x 计算在区间$[a,b]$上的定积分. (7.2)

(或(7.3)) 就是把二重积分化为先对 y 后对 x 的二次积分公式.

类似地，对于 Y 型区域

$$D=\{(x,y)\mid \psi_1(y)\leqslant x\leqslant \psi_2(y),\ c\leqslant y\leqslant d\},$$

其中函数 $\psi_1(y),\psi_2(y)$ 在区间 $[c,d]$ 上连续，那么就有

$$\iint_D f(x,y)\mathrm{d}\sigma=\int_c^d\left(\int_{\psi_1(y)}^{\psi_2(y)}f(x,y)\mathrm{d}x\right)\mathrm{d}y. \tag{7.4}$$

常记为

$$\iint_D f(x,y)\mathrm{d}\sigma=\int_c^d\mathrm{d}y\int_{\psi_1(y)}^{\psi_2(y)}f(x,y)\mathrm{d}x. \tag{7.5}$$

(7.4) (或(7.5)) 是把二重积分化为先对 x 后对 y 的二次积分公式.

在上述讨论中，我们假定 $f(x,y)\geqslant 0$. 事实上，公式(7.3)、(7.5) 成立并不受此条件限制. 因此，去掉 $f(x,y)\geqslant 0$ 公式(7.3) 和(7.5) 仍成立.

由以上讨论可知，应用公式(7.3) 时，积分区域必须是 X 型区域，应用公式(7.5) 时，积分区域必须是 Y 型的. 对于混合型区域 D，可将 D 分解成有限个 X 型区域和有限个 Y 型区域，并利用积分对区域的可加性，也可将二重积分化为二次积分.

将二重积分化为二次积分时，确定积分限是一个关键. 积分限是根据积分区域 D 来确定的. 先画出积分区域 D 的图形，假如积分区域 D 是 X 型的，如图 7-7 所示，在区间 $[a,b]$ 上任意取定一个 x 值，积分区域上以这个 x 值为横坐标的点在一段直线上，这段直线平行于 y 轴. 该线段上点的纵坐标从 $\varphi_1(x)$ 变到 $\varphi_2(x)$，这就是公式(7.3) 中先把 x 看做常量而对 y 积分时的下限和上限. 因为上面的 x 值是在 $[a,b]$ 上任意取定的，所以再把 x 看做变量而对 x 积分时，积分区间就是 $[a,b]$.

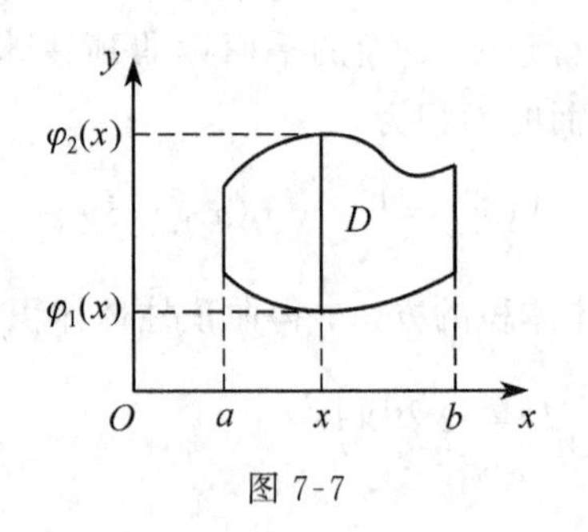

图 7-7

注 若积分区域 D 是一矩形，即

$$D=\{(x,y)\mid a\leqslant x\leqslant b,\ c\leqslant y\leqslant d\},$$

则二重积分

$$\iint_D f(x,y)\mathrm{d}\sigma=\int_a^b\mathrm{d}x\int_c^d f(x,y)\mathrm{d}y=\int_c^d\mathrm{d}y\int_a^b f(x,y)\mathrm{d}x.$$

此时，若函数 $f(x,y)$ 还是变量可分离的，即 $f(x,y)=f(x)f(y)$，则二重积分

$$\iint_D f(x,y)\mathrm{d}\sigma=\int_a^b f(x)\mathrm{d}x\int_c^d f(y)\mathrm{d}y.$$

例 7.3　计算二重积分$\iint\limits_D x^2 y\mathrm{d}x\,\mathrm{d}y$，其中区域 D 是由 $x=0$，$y=0$ 与 $x^2+y^2=1$ 所围成的第一象限的图形.

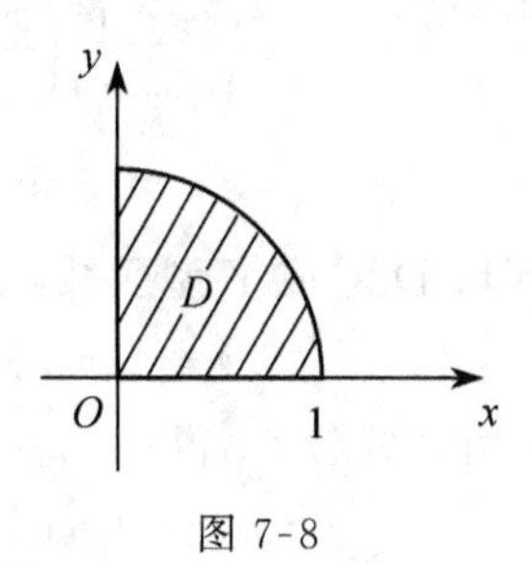

图 7-8

解　区域 D 如图 7-8 所示，既是 X 型区域又是 Y 型区域.

首先把它看成 X 型区域，此时 D 为

$$D=\{(x,y)\mid 0\leqslant x\leqslant 1,\ 0\leqslant y\leqslant\sqrt{1-x^2}\},$$

因此，由公式(7.3)得

$$\begin{aligned}\iint\limits_D x^2 y\mathrm{d}x\,\mathrm{d}y&=\int_0^1\mathrm{d}x\int_0^{\sqrt{1-x^2}}x^2y\mathrm{d}y=\int_0^1 x^2\left(\frac{1}{2}y^2\right)\Big|_0^{\sqrt{1-x^2}}\mathrm{d}x\\&=\int_0^1\frac{1}{2}x^2(1-x^2)\mathrm{d}x=\frac{1}{2}\left(\frac{1}{3}x^3-\frac{1}{5}x^5\right)\Big|_0^1\\&=\frac{1}{15}.\end{aligned}$$

下面，把区域 D 看成 Y 型区域，此时 D 为

$$D=\{(x,y)\mid 0\leqslant y\leqslant 1,\ 0\leqslant x\leqslant\sqrt{1-y^2}\},$$

因此，由公式(7.5)得

$$\begin{aligned}\iint\limits_D x^2 y\mathrm{d}x\,\mathrm{d}y&=\int_0^1\mathrm{d}y\int_0^{\sqrt{1-y^2}}x^2y\mathrm{d}x=\int_0^1 y\left(\frac{1}{3}x^3\right)\Big|_0^{\sqrt{1-y^2}}\mathrm{d}y\\&=\int_0^1\frac{1}{3}y(1-y^2)\sqrt{1-y^2}\,\mathrm{d}y\\&=-\int_0^1\frac{1}{6}(1-y^2)^{\frac{3}{2}}\mathrm{d}(1-y^2)\\&=-\frac{1}{15}(1-y^2)\Big|_0^1=\frac{1}{15}.\end{aligned}$$

例 7.4　计算二重积分$\iint\limits_D\frac{\sin x}{x}\mathrm{d}\sigma$，其中 $D=\{(x,y)\mid 0\leqslant x\leqslant 1,\ 0\leqslant y\leqslant x\}$.

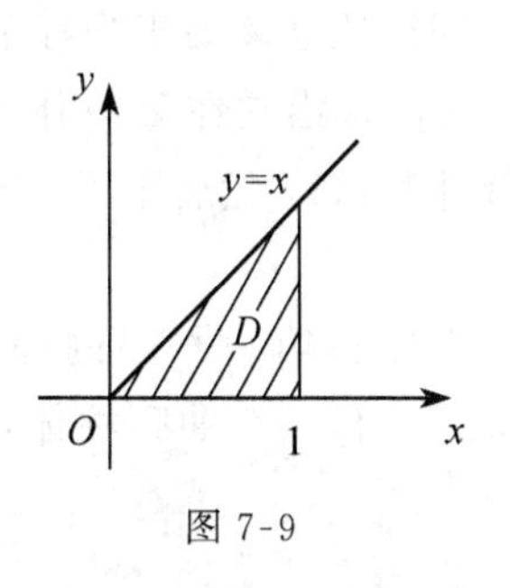

图 7-9

解　区域 D 如图 7-9 所示，既是 X 型区域又是 Y 型区域. 若把区域 D 看成 X 型区域，则由公式(7.3)得

$$\iint\limits_D\frac{\sin x}{x}\mathrm{d}\sigma=\int_0^1\mathrm{d}x\int_0^x\frac{\sin x}{x}\mathrm{d}y$$

$$=\int_0^1\left(\frac{\sin x}{x}y\right)\Big|_0^x\,dx=\int_0^1\sin x\,dx$$

$$=-\cos x\Big|_0^1=1-\cos 1.$$

若把区域 D 看成 Y 型区域，此时 D 为

$$D=\{(x,y)\mid 0\leqslant y\leqslant 1,\ y\leqslant x\leqslant 1\},$$

因此，由公式(7.5)得

$$\iint_D\frac{\sin x}{x}d\sigma=\int_0^1 dy\int_y^1\frac{\sin x}{x}dx,$$

积分$\int_y^1\frac{\sin x}{x}dx$“无法积出”. 所以积分次序的选择，不仅牵涉到积分计算的难易，有时甚至有“积不出来”的可能.

例 7.5 交换积分次序

$$\int_0^{\sqrt{2}}dx\int_0^{x^2}f(x,y)dy+\int_{\sqrt{2}}^{\sqrt{6}}dx\int_0^{\sqrt{6-x^2}}f(x,y)dy.$$

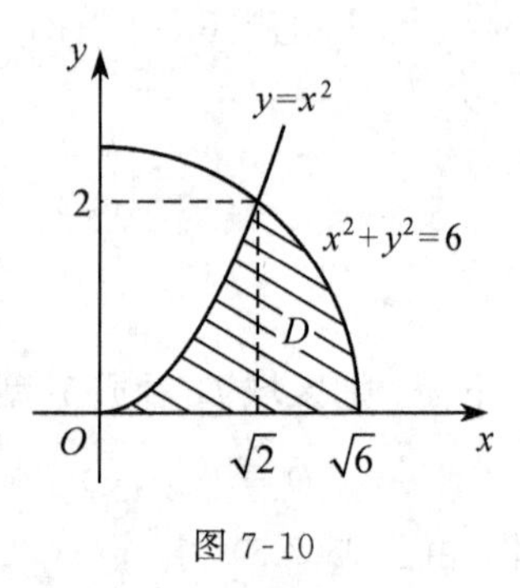

图 7-10

解 上式积分是将区域 D 看成 X 型区域时，函数 $f(x,y)$ 在区域 D 上的二重积分. 将积分区域 D 恢复，如图 7-10 所示. 若将 D 看成 Y 型区域，此时 D 为

$$D=\{(x,y)\mid 0\leqslant y\leqslant 2,\ \sqrt{y}\leqslant x\leqslant\sqrt{6-y^2}\},$$

因此

$$\int_0^{\sqrt{2}}dx\int_0^{x^2}f(x,y)dy+\int_{\sqrt{2}}^{\sqrt{6}}dx\int_0^{\sqrt{6-x^2}}f(x,y)dy=\int_0^2 dy\int_{\sqrt{y}}^{\sqrt{6-y^2}}f(x,y)dx.$$

例 7.6 求方程分别为 $x^2+y^2=R^2$ 及 $x^2+z^2=R^2$ 的两个直交圆柱面所围成的立体的体积 V.

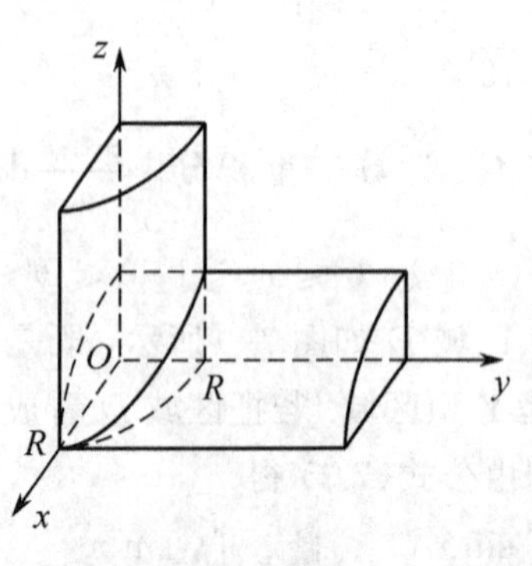

图 7-11

解 利用该立体关于坐标平面的对称性，只需求出它在第一卦限的体积 V_1(如图 7-11)，然后乘以 8 即得所求立体的体积.

所求立体在第一卦限的部分 V_1 可以看成是这样一个曲顶柱体：其底为

$$D=\{(x,y)\mid 0\leqslant x\leqslant R,0\leqslant y\leqslant\sqrt{R^2-x^2}\},$$

顶为柱面 $z=\sqrt{R^2-x^2}$. 所以

$$\begin{aligned}V_1&=\iint_D\sqrt{R^2-x^2}\,\mathrm{d}\sigma=\int_0^R\mathrm{d}x\int_0^{\sqrt{R^2-x^2}}\sqrt{R^2-x^2}\,\mathrm{d}y\\&=\int_0^R\left(\sqrt{R^2-x^2}\,y\right)\Big|_0^{\sqrt{R^2-x^2}}\mathrm{d}x\\&=\int_0^R(R^2-x^2)\mathrm{d}x=\frac{2}{3}R^3.\end{aligned}$$

故 $V=8V_1=\dfrac{16}{3}R^3$.

7.2.2 极坐标系下二重积分的计算

前面讨论了二重积分在直角坐标系下化为二次积分的计算方法. 在有些问题中，对被积函数或积分区域利用直角坐标系来计算往往很复杂或计算不出来，而利用极坐标系计算则比较简单，现在讨论极坐标系下二重积分的计算.

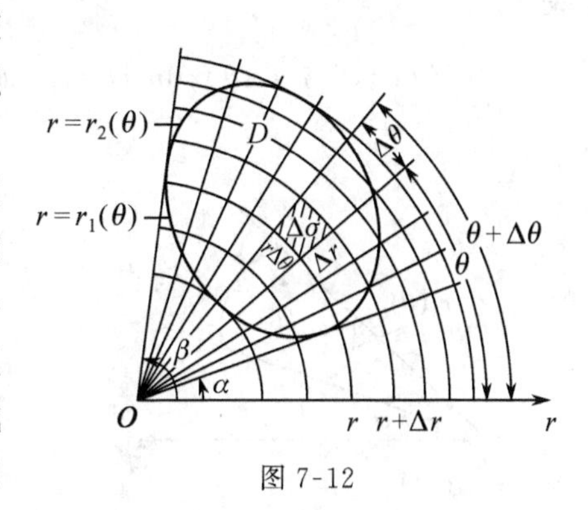

图 7-12

假设从极点 O 出发且穿过闭区域 D 内部的射线与 D 的边界曲线相交不多于两点. 我们用以极点为中心的一组同心圆(即 $r=$ 常数) 和一组通过极点的射线($\theta=$ 常数)，把区域 D 划分成若干个小的区域，如图 7-12 所示.

将极角分别为 $\theta,\theta+\Delta\theta$ 的两条射线和半径分别为 $r,r+\Delta r$ 的两条圆弧所围成的小区域的面积记为 $\Delta\sigma$，则由扇形面积公式得

$$\Delta\sigma=\frac{1}{2}(r+\Delta r)^2\Delta\theta-\frac{1}{2}r^2\Delta\theta=r\Delta r\,\Delta\theta+\frac{1}{2}(\Delta r)^2\Delta\theta.$$

当分割细度趋于 0 时，$\Delta r,\Delta\theta$ 亦趋于 0，而 $\dfrac{1}{2}(\Delta r)^2\Delta\theta$ 是 $\Delta r\,\Delta\theta$ 的高阶无穷小量，故 $\Delta\sigma$ 的主要部分为 $r\Delta r\,\Delta\theta$，即

$$\Delta\sigma\approx r\Delta r\,\Delta\theta,$$

故面积元素为

$$\mathrm{d}\sigma=r\,\mathrm{d}r\,\mathrm{d}\theta.$$

又在平面极坐标系下，任意一点的极坐标(r,θ)与其直角坐标(x,y)有如下关系：

$$\begin{cases} x=r\cos\theta, \\ y=r\sin\theta. \end{cases}$$

因此，在极坐标系下，被积函数化为

$$f(x,y)=f(r\cos\theta,r\sin\theta),$$

于是得到极坐标系下函数$f(x,y)$的二重积分表达形式为

$$\iint_D f(x,y)\mathrm{d}\sigma=\iint_D f(x,y)\mathrm{d}x\,\mathrm{d}y=\iint_D f(r\cos\theta,r\sin\theta)r\mathrm{d}r\,\mathrm{d}\theta. \tag{7.6}$$

对于极坐标系下二重积分的计算，同直角坐标系作法一样，需要将二重积分转化为二次积分. 下面分三种情况来讨论.

1) 极点O在区域D之外(如图 7-13). 区域D由两射线$\theta=\alpha$与$\theta=\beta$ $(\alpha<\beta)$及曲线$r=r_1(\theta)$，$r=r_2(\theta)$所围，此时区域D可表示为

$$D=\{(r,\theta)\mid\alpha\leqslant\theta\leqslant\beta,\ r_1(\theta)\leqslant r\leqslant r_2(\theta)\},$$

于是

$$\iint_D f(r\cos\theta,r\sin\theta)r\mathrm{d}r\,\mathrm{d}\theta=\int_\alpha^\beta\mathrm{d}\theta\int_{r_1(\theta)}^{r_2(\theta)}f(r\cos\theta,r\sin\theta)r\mathrm{d}r.$$

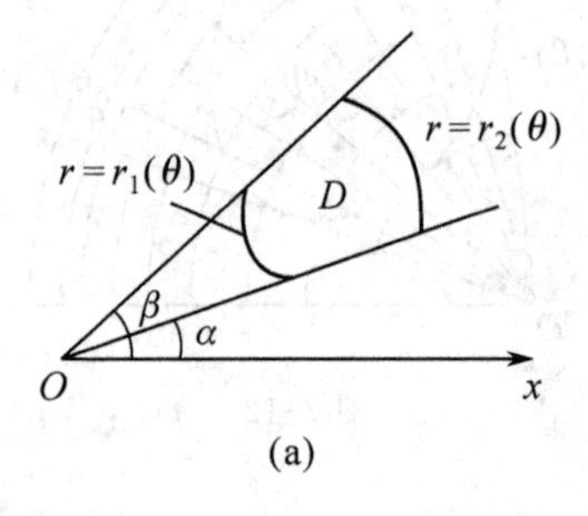

(a) (b)

图 7-13

2) 极点O在区域D的边界上(如图 7-14). 若区域D的边界方程是$r=r(\theta)$，此时区域D可表示为

$$D=\{(r,\theta)\mid\alpha\leqslant\theta\leqslant\beta,\ 0\leqslant r\leqslant r(\theta)\},$$

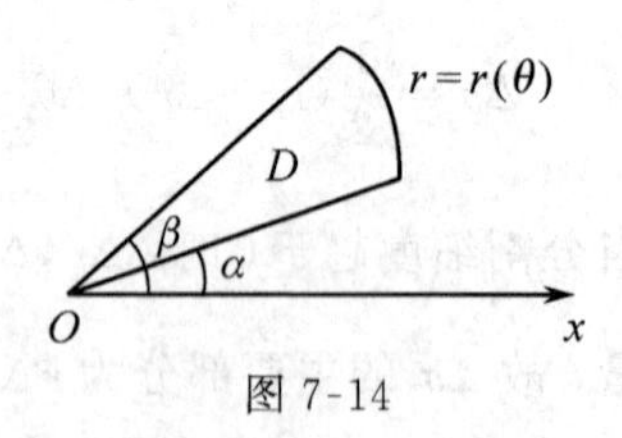

图 7-14

于是

$$\iint_D f(r\cos\theta,r\sin\theta)r\mathrm{d}r\,\mathrm{d}\theta=\int_\alpha^\beta\mathrm{d}\theta\int_0^{r(\theta)}f(r\cos\theta,r\sin\theta)r\mathrm{d}r.$$

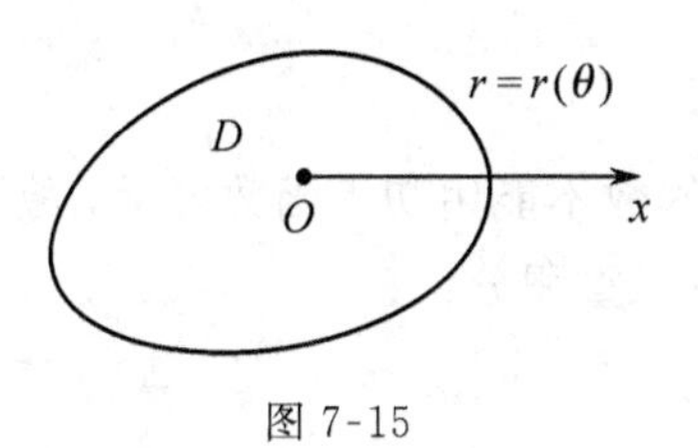

图 7-15

3) 极点 O 在区域 D 的内部(如图 7-15). 若区域 D 的边界方程是 $r=r(\theta)$，此时区域 D 可表示为

$$D=\{(r,\theta)\mid 0\leqslant\theta\leqslant 2\pi,\ 0\leqslant r\leqslant r(\theta)\},$$

于是

$$\iint_D f(r\cos\theta,r\sin\theta)r\,\mathrm{d}r\,\mathrm{d}\theta=\int_0^{2\pi}\mathrm{d}\theta\int_0^{r(\theta)}f(r\cos\theta,r\sin\theta)r\,\mathrm{d}r.$$

注　当积分区域是圆域或圆域的一部分，或者被积函数的形式为 $f(x^2+y^2)$ 时，一般采用极坐标系计算二重积分较方便.

例 7.7　计算二重积分 $\iint_D \mathrm{e}^{-x^2-y^2}\,\mathrm{d}\sigma$，其中 D 是圆 $x^2+y^2=a^2(a>0)$ 在第一象限的部分.

解　圆 $x^2+y^2=a^2$ 在极坐标系下的方程是 $r=a$，因此积分区域 D 可表示为

$$D=\left\{(r,\theta)\mid 0\leqslant\theta\leqslant\frac{\pi}{2},\ 0\leqslant r\leqslant a\right\},$$

于是

$$\iint_D \mathrm{e}^{-x^2-y^2}\,\mathrm{d}\sigma=\iint_D \mathrm{e}^{-r^2}\cdot r\,\mathrm{d}r\,\mathrm{d}\theta=\int_0^{\frac{\pi}{2}}\mathrm{d}\theta\int_0^a r\mathrm{e}^{-r^2}\,\mathrm{d}r=\frac{\pi}{4}(1-\mathrm{e}^{-a^2}).$$

例 7.8　计算二重积分 $\iint_D \sqrt{x^2+y^2}\,\mathrm{d}\sigma$，其中 D 是圆 $x^2+y^2=2y$ 所围成区域.

解　画出区域 D 的图形(如图 7-16)，圆 $x^2+y^2=2y$ 在极坐标系下的方程是 $r=2\sin\theta$，因此积分区域 D 可表示为

$$D=\{(r,\theta)\mid 0\leqslant\theta\leqslant\pi,\ 0\leqslant r\leqslant 2\sin\theta\},$$

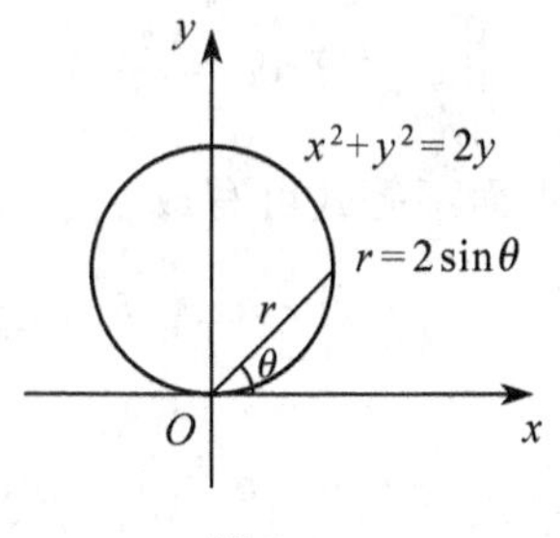

图 7-16

于是

$$\begin{aligned}\iint_D \sqrt{x^2+y^2}\,\mathrm{d}\sigma&=\iint_D r\cdot r\,\mathrm{d}r\,\mathrm{d}\theta=\int_0^{\pi}\mathrm{d}\theta\int_0^{2\sin\theta}r^2\,\mathrm{d}r\\&=\int_0^{\pi}\left(\frac{1}{3}r^3\right)\Big|_0^{2\sin\theta}\mathrm{d}\theta=\frac{8}{3}\int_0^{\pi}\sin^3\theta\,\mathrm{d}\theta\\&=\frac{8}{3}\int_0^{\pi}(\cos^2\theta-1)\mathrm{d}\cos\theta=\frac{32}{9}.\end{aligned}$$

例 7.9 计算泊松积分 $I=\int_0^{+\infty}e^{-x^2}\mathrm{d}x$.

解 这是一个广义积分，因 e^{-x^2} 的原函数不能用初等函数表示，故不能直接用牛顿 - 莱布尼茨公式. 因此考虑如下二重积分：

$$\iint_D e^{-x^2-y^2}\mathrm{d}\sigma.$$

考虑 D 分别为以下三个区域：

$$D_1=\{(x,y)\mid x^2+y^2\leqslant R^2,\ x\geqslant 0,\ y\geqslant 0\},$$
$$D_2=\{(x,y)\mid x^2+y^2\leqslant 2R^2,\ x\geqslant 0,\ y\geqslant 0\},$$
$$S=\{(x,y)\mid 0\leqslant x\leqslant R,\ 0\leqslant y\leqslant R\}.$$

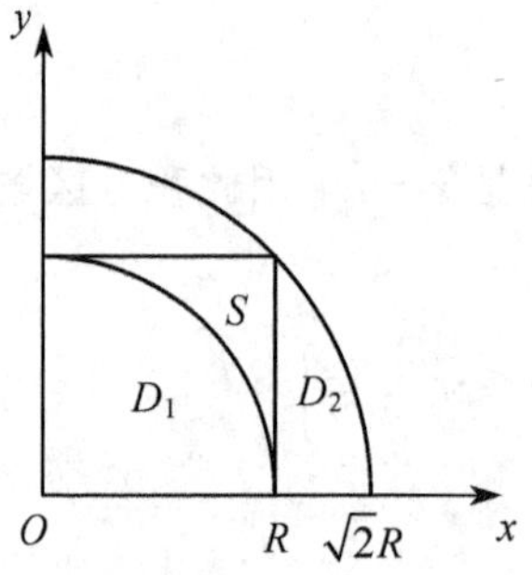

显然 $D_1\subset S\subset D_2$（见图 7-17）. 由于 $e^{-x^2-y^2}>0$，从而在这些闭区域上的二重积分之间有不等式

$$\iint_{D_1}e^{-x^2-y^2}\mathrm{d}\sigma<\iint_{S}e^{-x^2-y^2}\mathrm{d}\sigma<\iint_{D_2}e^{-x^2-y^2}\mathrm{d}\sigma.$$

图 7-17

因为

$$\iint_S e^{-x^2-y^2}\mathrm{d}\sigma=\int_0^R e^{-x^2}\mathrm{d}x\int_0^R e^{-y^2}\mathrm{d}y$$
$$=\left(\int_0^R e^{-x^2}\mathrm{d}x\right)^2,$$

又由例 7.7 知

$$\iint_{D_1}e^{-x^2-y^2}\mathrm{d}\sigma=\frac{\pi}{4}(1-e^{-R^2}),\quad \iint_{D_2}e^{-x^2-y^2}\mathrm{d}\sigma=\frac{\pi}{4}(1-e^{-2R^2}),$$

于是上面不等式可写成

$$\frac{\pi}{4}(1-e^{-R^2})<\left(\int_0^R e^{-x^2}\mathrm{d}x\right)^2<\frac{\pi}{4}(1-e^{-2R^2}).$$

因为 $\lim\limits_{R\to+\infty}\frac{\pi}{4}(1-e^{-R^2})=\lim\limits_{R\to+\infty}\frac{\pi}{4}(1-e^{-2R^2})=\frac{\pi}{4}$，故

$$\lim_{R\to+\infty}\left(\int_0^R e^{-x^2}\mathrm{d}x\right)^2=\frac{\pi}{4},$$

从而 $I=\int_0^{+\infty}e^{-x^2}\mathrm{d}x=\frac{\sqrt{\pi}}{2}$.

泊松积分 $I=\int_0^{+\infty}e^{-x^2}\mathrm{d}x$ 也称为概率积分，在概率论与数理统计中经常用到，可作为一个公式记忆.

习 题 7.2

1. 计算下列二重积分：

1) $\iint\limits_D (2x+3y)\mathrm{d}x\,\mathrm{d}y$，其中 $D=\{(x,y)\mid 0\leqslant x\leqslant 3,1\leqslant y\leqslant 2\}$；

2) $\iint\limits_D \mathrm{e}^{x+y}\mathrm{d}x\,\mathrm{d}y$，其中 $D=\{(x,y)\mid 0\leqslant x\leqslant 1,1\leqslant y\leqslant 2\}$；

3) $\iint\limits_D xy\,\mathrm{d}\sigma$，其中 D 是由 $y^2=x$ 及 $y=x-2$ 所围成的闭区域.

2. 计算下列二重积分：

1) $\iint\limits_D \sqrt{x}\,\mathrm{d}x\,\mathrm{d}y$，其中 $D=\{(x,y)\mid x^2+y^2\leqslant x\}$；

2) $\iint\limits_D \sqrt{R^2-x^2-y^2}\,\mathrm{d}x\,\mathrm{d}y$，其中 $D=\{(x,y)\mid x^2+y^2\leqslant R^2\}$；

3) $\iint\limits_D x\,\mathrm{d}\sigma$，其中 D 为由 $x^2+y^2=2Rx$ 与 x 轴所围成的在第一象限中的闭区域.

3. 交换下列积分次序：

1) $\int_0^1\mathrm{d}y\int_0^{2y}f(x,y)\mathrm{d}x+\int_1^3\mathrm{d}y\int_0^{3-y}f(x,y)\mathrm{d}x$；

2) $\int_0^1\mathrm{d}y\int_{1-y}^{\sqrt{1-y^2}}f(x,y)\mathrm{d}x$；

3) $\int_0^1\mathrm{d}x\int_0^{x^2}f(x,y)\mathrm{d}y+\int_1^2\mathrm{d}x\int_0^{2-x}f(x,y)\mathrm{d}y$.

4. 把下列积分化为极坐标形式并计算其值：

1) $\int_0^{2a}\mathrm{d}x\int_0^{\sqrt{2ax-x^2}}(x^2+y^2)\mathrm{d}y$；

2) $\int_0^{a}\mathrm{d}y\int_0^{\sqrt{a^2-y^2}}(x^2+y^2)\mathrm{d}x$.

总习题七

1. 填空题

1) $\iint\limits_{x^2+y^2\leqslant 1}\mathrm{d}\sigma=$__________.

2) $\int_{-\infty}^{+\infty}\mathrm{e}^{-x^2}\mathrm{d}x=$__________.

3) $\int_0^2 dx \int_x^2 e^{-y^2} dy =$ ________.

2. 选择题

1) 设 $D=\{(x,y) \mid x^2+y^2 \leqslant 2\}$，则 $\iint\limits_D (x^2+y^2) dx\, dy =$ (　　).

A. $\int_0^{\pi} d\theta \int_0^2 r^3 dr$　　B. $\int_0^{2\pi} d\theta \int_0^{\sqrt{2}} r^3 dr$

C. $\int_0^{2\pi} d\theta \int_0^2 r^2 dr$　　D. $\int_0^{2\pi} d\theta \int_0^{\sqrt{2}} r^2 dr$

2) 设 $D=\{(x,y) \mid 1 \leqslant x^2+y^2 \leqslant 4$ 且 $y \geqslant 0\}$，则 $\iint\limits_D (x^2+y^2)^2 dx\, dy =$ (　　).

A. $\frac{63}{3}\pi$　　B. $\frac{31}{3}\pi$　　C. $\frac{31}{6}\pi$　　D. $\frac{63}{6}\pi$

3) 设 $I=\int_0^1 dy \int_0^y f(x,y) dx$，交换积分次序后 $I=$ (　　).

A. $\int_0^1 dx \int_0^1 f(x,y) dy$　　B. $\int_0^1 dx \int_x^1 f(x,y) dy$

C. $\int_0^1 dx \int_1^x f(x,y) dy$　　D. $\int_0^1 dx \int_{-x}^x f(x,y) dy$

3. 计算下列二重积分：

1) $\iint\limits_D y\, dx\, dy$，其中 D 由 $y=x$，$y=x+1$，$y=1$ 及 $y=3$ 所围成；

2) $\iint\limits_D \cos(x+y)\, dx\, dy$，其中 D 由 $x=0$，$y=\pi$ 及 $y=x$ 所围成；

3) $\iint\limits_D x\sqrt{y}\, dx\, dy$，其中 D 由抛物线 $y=\sqrt{x}$ 及 $y=x^2$ 所围成.

4. 计算下列二重积分：

1) $\iint\limits_D \sin\sqrt{x^2+y^2}\, d\sigma$，其中 D：$\pi^2 \leqslant x^2+y^2 \leqslant 4\pi^2$；

2) $\iint\limits_D \ln(1+x^2+y^2)\, d\sigma$，其中 $D=\{(x,y) \mid x^2+y^2 \leqslant 1,\ x \geqslant 0,\ y \geqslant 0\}$.

5. 交换下列积分次序：

1) $\int_0^1 dx \int_{x-1}^{1-x} f(x,y) dy$；

2) $\int_{\frac{1}{2}}^1 dy \int_{\frac{1}{y}}^2 f(x,y) dx + \int_1^2 dy \int_y^2 f(x,y) dx$.

6. 求以圆周 $x^2+y^2=ax$ $(a>0)$ 围成的闭区域为底，而以旋转抛物面 $z=x^2+y^2$ 为顶的曲顶柱体的体积 V.

7. 证明：

$$\int_0^a \mathrm{d}y \int_0^y \mathrm{e}^{b(x-a)} f(x)\mathrm{d}x = \int_0^a (a-x)\mathrm{e}^{b(x-a)} f(x)\mathrm{d}x,$$

其中 a,b 为常数且 $a>0$.

第八章

微分方程

在工程技术、力学与物理学等自然科学及经济学等各个领域中，经常需要确定变量间的函数关系. 但很多情况下不能或不易直接得到所研究的变量之间的函数关系，然而却可以根据问题所具备的条件，建立一个含有要找的未知函数而且还包含着这些函数的导数或微分的方程或方程组. 然后通过求解这些方程(或方程组) 确定这些函数关系. 这种含有未知函数导数的方程就是微分方程. 本章主要介绍微分方程的基本概念和几种常用的微分方程的解法.

8.1 微分方程的基本概念

下面首先通过几个具体的例题来说明微分方程的基本概念.

例 8.1 一曲线通过点$(2,1)$，且在该曲线上任何一点(x,y)处切线的斜率为$-x$，求该曲线的方程.

解 由导数的几何意义知

$$y'=-x. \tag{8.1}$$

此外，未知函数还满足如下条件：

$$x=2 \text{ 时 } y=1. \tag{8.2}$$

将(8.1) 两端积分，得 $y=\int(-x)\mathrm{d}x$，即

$$y=-\frac{1}{2}x^2+C. \tag{8.3}$$

把条件(8.2) 代入(8.3)，得 $1=-\frac{1}{2}\times 2^2+C$，即 $C=3$.故所求曲线方程为

$$y=-\frac{1}{2}x^2+3. \tag{8.4}$$

例 8.2 列车在平直线路上以 20 m/s (相当于 72 km/h) 的速度行驶，当制动时列车获得加速度 $-0.4\ \mathrm{m/s^2}$. 问开始制动后多少时间列车才能停住以

及列车在这段时间里行驶了多少路程？

解 设列车在开始制动后 t s 行驶了 s m. 根据题意得关系式

$$\frac{d^2 s}{dt^2}=-0.4. \tag{8.5}$$

此外，未知函数 $s=s(t)$ 还应满足下列条件：

$$t=0 \text{ 时}, s=0, v=\frac{ds}{dt}=20. \tag{8.6}$$

将(8.5) 两端积分一次，得

$$v=\frac{ds}{dt}=-0.4t+C_1, \tag{8.7}$$

再积分一次，得

$$s=-0.2t^2+C_1 t+C_2, \tag{8.8}$$

其中 C_1, C_2 都是任意常数. 把条件“$t=0$ 时，$v=20$”代入(8.7)，得 $C_1=20$. 把条件“$t=0$ 时，$s=0$”代入(8.8)，得 $C_2=0$. 把 C_1, C_2 的值代入(8.7) 及(8.8)，得

$$v=-0.4t+20, \tag{8.9}$$

$$s=-0.2t^2+20t. \tag{8.10}$$

在(8.9) 中令 $v=0$，得到列车从开始制动到完全停住所需要的时间

$$t=\frac{20}{0.4}=50 \text{ (s)}.$$

再把 $t=50$ 代入(8.10)，得到列车在制动阶段行驶的路程

$$s=-0.2\times 50^2+20\times 50=500 \text{ (m)}.$$

上述两个例子中，关系式(8.1)，(8.5) 都含有未知函数的导数，它们都是微分方程.

定义 8.1 含有未知函数的导数(或微分) 的方程称为**微分方程**.

例如，(8.1) 和(8.5) 都是微分方程.

定义 8.2 如果微分方程中的未知函数是一元函数，就称为**常微分方程**；如果未知函数是多元函数，就称为**偏微分方程**.

例如，$y'+x^2y=x^3$ 是常微分方程；$\frac{\partial u}{\partial x}=2x+y^2$ 是偏微分方程.

定义 8.3 微分方程中所出现的未知函数的最高阶导数(或微分) 的阶数，称为**微分方程的阶**.

例如，(8.1) 是一阶微分方程，(8.5) 是二阶微分方程. 又如，方程

$$x^3y'''+x^2y''-4xy'=3x^2$$

是三阶微分方程.

一般地，n 阶微分方程的形式为

$$F(x,y,y',\cdots,y^{(n)})=0.$$

定义 8.4 未知函数及其各阶导数都是一次幂的微分方程称为**线性微分方程**.

例如，$y'+2x^2y=e^x$，$2y''+y'-2y=x^2$ 都是线性微分方程；而 $(y')^2+2x^2y=\sin x$，$y''\cdot y'-2y^2=x$ 都不是线性微分方程.

定义 8.5 使微分方程成为恒等式的函数称为**微分方程的解**.

例如，(8.3) 和(8.4) 都是微分方程(8.1) 的解；(8.8) 和(8.10) 都是微分方程(8.5) 的解.

定义 8.6 如果微分方程的解中含有相互独立的任意常数，且任意常数的个数与微分方程的阶数相同，这样的解称为**微分方程的通解**.

例如，(8.3) 是(8.1) 的通解；(8.8) 是(8.5) 的通解.

注 相互独立的任意常数是指它们不能通过合并而使得通解中任意常数的个数减少.

由于通解中含有任意常数，所以它还不能完全确定地反映某一客观事物的规律性. 要完全确定地反映客观事物的规律性，必须确定通解中这些任意常数的值. 为此，要根据问题的实际情况，提出确定这些常数的条件. 例如，例 8.1 中的条件(8.2) 及例 8.2 中的条件(8.6) 便是这样的条件.

如果微分方程是一阶的，通常用来确定任意常数的条件是

$$x=x_0 \text{ 时，} y=y_0\text{，或写成 } y\Big|_{x=x_0}=y_0,$$

其中 x_0,y_0 都是给定的值.

如果微分方程是二阶的，通常用来确定任意常数的条件是

$$x=x_0 \text{ 时，} y=y_0,\ y'=y'_0\text{，或写成 } y\Big|_{x=x_0}=y_0,\ y'\Big|_{x=x_0}=y'_0,$$

其中 x_0,y_0,y'_0 都是给定的值.

定义 8.7 用来确定微分方程的通解中的任意常数的条件称为**定解条件**.

如上述 $y\Big|_{x=x_0}=y_0$，$y'\Big|_{x=x_0}=y'_0$ 的定解条件称为**初始条件**. 本章讨论的定解条件一般均为初始条件.

定义 8.8 确定了微分方程通解中的任意常数后得到的解称为**微分方程的特解**.

例如，(8.4) 是方程(8.1) 满足条件(8.2) 的特解；(8.10) 是方程(8.5) 满足条件(8.6) 的特解.

定义 8.9 求微分方程满足初始条件的特解这样一个问题，称为**微分方程的初值问题**.

例如，一阶微分方程的初值问题一般可表示为

$$\begin{cases} F(x,y,y')=0, \\ y\big|_{x=x_0}=y_0; \end{cases}$$

二阶微分方程的初值问题可表示为

$$\begin{cases} F(x,y,y',y'')=0, \\ y\big|_{x=x_0}=y_0,\ y'\big|_{x=x_0}=y'_0. \end{cases}$$

其中 x_0,y_0,y'_0 均为给定的常数.

例 8.3 验证 $y=x\sin 2x$ 是初值问题

$$\begin{cases} y''+4y=4\cos 2x, \\ y\big|_{x=0}=0,\ y'\big|_{x=0}=0 \end{cases}$$

的解.

解 $y'=\sin 2x+2x\cos 2x$，$y''=4\cos 2x-4x\sin 2x$，代入方程 $y''+4y=4\cos 2x$，易知恒等，且满足 $y\big|_{x=0}=0$，$y'\big|_{x=0}=0$. 因此，$y=x\sin 2x$ 是此初值问题的解.

例 8.4 验证函数 $y=C_1\mathrm{e}^x+C_2\mathrm{e}^{-x}$ 是微分方程 $y''-y=0$ 的通解，其中 C_1,C_2 为任意常数.

解 $y'=C_1\mathrm{e}^x-C_2\mathrm{e}^{-x}$，$y''=C_1\mathrm{e}^x+C_2\mathrm{e}^{-x}$，所以

$$y''-y=(C_1\mathrm{e}^x+C_2\mathrm{e}^{-x})-(C_1\mathrm{e}^x+C_2\mathrm{e}^{-x})=0,$$

满足 $y''-y=0$. 因此，$y=C_1\mathrm{e}^x+C_2\mathrm{e}^{-x}$ 是微分方程 $y''-y=0$ 的解. 又因其含有两个相互独立的任意常数，其个数与微分方程的阶数相同，故 $y=C_1\mathrm{e}^x+C_2\mathrm{e}^{-x}$ 是微分方程 $y''-y=0$ 的通解.

习 题 8.1

1. 指出下列微分方程的阶数：

1） $\dfrac{\mathrm{d}^2y}{\mathrm{d}x^2}=xy^3+y^5$；

2） $(y''')^2+2yy'=x^4$.

2. 验证下列各函数是相应微分方程的解：

1） $y=4x^2$，$\dfrac{\mathrm{d}y}{\mathrm{d}x}-\dfrac{2}{x}y=0$；

2） $y=3\sin x-4\cos x$，$y''+y=0$；

3） $y=C_1\mathrm{e}^{\lambda x}+C_2x\mathrm{e}^{\lambda x}$，$y''-2\lambda y'+\lambda^2y=0$；

4） $y=3\mathrm{e}^{2x}+(2+x)\mathrm{e}^x$，$y''-3y'+2y=-\mathrm{e}^x$.

3. 下列各题给出了微分方程的通解，按照所给的初值条件确定特解：

1） $x^2-4y^2=C$，$y\big|_{x=0}=1$；

2） $y=(C_1+C_2x)e^{2x}$，$y\big|_{x=0}=0$，$y'\big|_{x=0}=1$；

3） $y=C_1\cos 2x+C_2\sin 2x$，$y\big|_{x=0}=5$，$y'\big|_{x=0}=0$.

8.2 可分离变量的微分方程

定义 8.10 若一阶微分方程能写成

$$g(y)dy=f(x)dx \tag{8.11}$$

的形式，则称该微分方程为**可分离变量的微分方程**.

可分离变量的微分方程的求解过程如下：

1） 分离变量，将微分方程化为 $g(y)dy=f(x)dx$ 的形式.

2） 两边分别积分，即可得到通解 $\int g(y)dy=\int f(x)dx$，即

$$G(y)=F(x)+C,$$

其中 $G(y)$ 和 $F(x)$ 分别为 $g(y)$ 和 $f(x)$ 的原函数（不含任意常数），C 为任意常数.

例 8.5 求微分方程 $\frac{dy}{dx}=2xy$ 的通解.

解 求解的微分方程是可分离变量的，分离变量后得

$$\frac{dy}{y}=2x\,dx,$$

两端积分 $\int\frac{1}{y}dy=\int 2x\,dx$，得 $\ln|y|=x^2+C_1$，即

$$y=\pm e^{x^2+C_1}=\pm e^{C_1}e^{x^2}.$$

因为 $\pm e^{C_1}$ 是任意非零常数，又 $y\equiv 0$ 也是原方程的解，故原方程的通解为

$$y=Ce^{x^2}.$$

注 为了以后计算方便，我们约定凡是 $\ln|y|$ 均写为 $\ln y$，这是因为其符号可通过任意常数来处理.

例 8.6 求微分方程 $\sin x\ \cos y\ dx-\cos x\ \sin y\ dy=0$ 的通解.

解 分离变量得

$$\frac{\sin x}{\cos x}dx=\frac{\sin y}{\cos y}dy.$$

两边积分，得$\int \frac{\sin x}{\cos x}dx = \int \frac{\sin y}{\cos y}dy$，即

$$-\ln\cos x = -\ln\cos y - \ln C$$

(为简化过程，将任意常数写为$-\ln C$). 求得通解为

$$\cos x = C\cos y.$$

例 8.7　某种细菌总量每天以 10% 的速度递增. 若当今有 10 000 个，试问 10 天后有多少个？ 20 天后呢？

解　由题意，$\frac{dP}{dt}=0.1P$，$P(0)=10\,000$，其中 $P(t)$ 为时刻 t 时细菌总量. 于是

$$\frac{dP}{P}=0.1\,dt，\quad \ln P = 0.1t + C，\quad P(t)=Ce^{0.1t}.$$

又 $P(0)=10\,000$，故 $C=10\,000$. 从而

$$P(10)=10\,000\,e^{0.1\times 10}=10\,000\,e\approx 27\,183,$$

$$P(20)=10\,000\,e^{0.1\times 20}=10\,000\,e^2\approx 73\,891,$$

即 10 天后细菌有 27 183 个，20 天后细菌有 73 891 个.

习　题　8.2

1. 求下列微分方程的通解：

1）$\frac{dy}{dx}=e^{x+y}$；

2）$xy' + y\ln y = 0$；

3）$\sqrt{1-y^2}\,dx + y\sqrt{1-x^2}\,dy = 0$；

4）$(y^2+1)dx + xy\,dy = 0$.

2. 求下列微分方程满足所给初始条件的特解：

1）$\frac{dy}{dx}=\frac{y\ln y}{\sin x}$，$y\big|_{x=\frac{\pi}{2}}=e$；

2）$\sin x\ \cos y\ dy = \cos x\ \sin y\ dx$，$y\big|_{x=\frac{\pi}{6}}=\frac{\pi}{4}$；

3）$\frac{dy}{dx}=2\sqrt{y}\,\ln x$，$y(e)=1$.

3. 某商品的需求量 Q 对价格 P 的弹性为 $P\ln 4$ $\left(即 -\frac{P}{Q}\frac{dQ}{dP}=P\ln 4\right)$. 已知该商品的最大需求量为 90（即 $Q(0)=90$)，求需求量 Q 对价格 P 的函数关系.

8.3 齐 次 方 程

定义 8.11 若一阶微分方程可化成

$$\frac{\mathrm{d}y}{\mathrm{d}x}=f\left(\frac{y}{x}\right) \tag{8.12}$$

的形式，那么就称该微分方程为**齐次方程**.

例如，$(xy-y^2)\mathrm{d}x-(x^2-2xy)\mathrm{d}y=0$ 是齐次方程，因为它可化成

$$\frac{\mathrm{d}y}{\mathrm{d}x}=\frac{xy-y^2}{x^2-2xy}=\frac{\frac{y}{x}-\left(\frac{y}{x}\right)^2}{1-2\left(\frac{y}{x}\right)}.$$

求解齐次方程的步骤如下：

1） 变量替换 令 $u=\frac{y}{x}$ 就可化为可分离变量的微分方程. 因为 $u=\frac{y}{x}$，即 $y=ux$，$\frac{\mathrm{d}y}{\mathrm{d}x}=u+x\frac{\mathrm{d}u}{\mathrm{d}x}$，代入方程(8.12)得

$$u+x\frac{\mathrm{d}u}{\mathrm{d}x}=f(u).$$

2） 分离变量 $\frac{1}{f(u)-u}\mathrm{d}u=\frac{1}{x}\mathrm{d}x$.

3） 两边积分 $\int\frac{1}{f(u)-u}\mathrm{d}u=\int\frac{1}{x}\mathrm{d}x$.

4） 变量回代 积分后，再以 $\frac{y}{x}$ 代替 u，求得通解.

例 8.8 求微分方程 $\frac{\mathrm{d}y}{\mathrm{d}x}=\frac{y}{x}+\tan\frac{y}{x}$ 的通解，并求满足初始条件 $y\big|_{x=1}=\frac{\pi}{2}$ 的特解.

解 令 $u=\frac{y}{x}$，则 $y=ux$，$\frac{\mathrm{d}y}{\mathrm{d}x}=u+x\frac{\mathrm{d}u}{\mathrm{d}x}$，代入原方程得

$$u+x\frac{\mathrm{d}u}{\mathrm{d}x}=u+\tan u,$$

即 $x\frac{\mathrm{d}u}{\mathrm{d}x}=\tan u$. 分离变量，整理得

$$\frac{\cos u}{\sin u}\mathrm{d}u=\frac{1}{x}\mathrm{d}x,$$

两边积分，$\int \frac{\cos u}{\sin u}\mathrm{d}u = \int \frac{1}{x}\mathrm{d}x$，求积分可得通解

$$\ln \sin u = \ln x + \ln C，即 \sin u = Cx.$$

将 $u = \frac{y}{x}$ 代入上式，得通解为 $\sin \frac{y}{x} = Cx$. 将初始条件 $x = 1$，$y = \frac{\pi}{2}$ 代入得 $C = 1$，故特解为 $\sin \frac{y}{x} = x$.

例 8.9 求方程 $\frac{\mathrm{d}y}{\mathrm{d}x} = \frac{5x - 3y}{5y - 3x}$ 的通解.

解 令 $u = \frac{y}{x}$，即 $y = ux$，可得 $x\frac{\mathrm{d}u}{\mathrm{d}x} + u = \frac{5 - 3u}{5u - 3}$，即

$$x\frac{\mathrm{d}u}{\mathrm{d}x} = \frac{5(1 - u^2)}{5u - 3}.$$

当 $1 - u^2 \neq 0$ 时，分离变量得

$$\frac{5u - 3}{1 - u^2}\mathrm{d}u = 5\frac{\mathrm{d}x}{x},$$

又 $\frac{5u - 3}{1 - u^2} = \frac{1}{1 - u} - \frac{4}{1 + u}$，代入上式，求积分，可得通解

$$-\ln(1 - u) - 4\ln(1 + u) = 5\ln x - \ln C.$$

化简，得通解为 $x^5(1 - u)(1 + u)^4 = C$. 将 $u = \frac{y}{x}$ 代入得

$$(x - y)(x + y)^4 = C.$$

若上式中 $C = 0$，则包含 $1 - u^2 = 0$，故方程的全部解可表示为

$$(x - y)(x + y)^4 = C.$$

习 题 8.3

1. 求下列齐次方程的通解：

1) $xy' - y - \sqrt{y^2 - x^2} = 0$；

2) $x\frac{\mathrm{d}y}{\mathrm{d}x} = y\ln\frac{y}{x}$；

3) $(x^3 + y^3)\mathrm{d}x - 3xy^2\mathrm{d}y = 0$；

4) $y^2 + x^2\frac{\mathrm{d}y}{\mathrm{d}x} = xy\frac{\mathrm{d}y}{\mathrm{d}x}$.

2. 求下列齐次方程满足所给初始条件的特解：

1) $(y^2 - 3x^2)\mathrm{d}y + 2xy\mathrm{d}x = 0$，$y\big|_{x=0} = 1$；

2) $y' = \frac{x}{y} + \frac{y}{x}$，$y\big|_{x=1} = 2$.

8.4 一阶线性微分方程

定义 8.12 形如

$$y' + P(x)y = Q(x) \tag{8.13}$$

的方程称为**一阶线性微分方程**，其中 $P(x)$,$Q(x)$ 为某个区间 I 上的已知连续函数.

当 $Q(x) \equiv 0$ 时，方程

$$y' + P(x)y = 0 \tag{8.14}$$

称为**一阶线性齐次微分方程**.

当 $Q(x) \not\equiv 0$ 时，方程(8.13) 称为**一阶线性非齐次微分方程**.

8.4.1 一阶线性齐次微分方程的求解

方程(8.14) 是可分离变量的，分离变量后得

$$\frac{\mathrm{d}y}{y} = -P(x)\mathrm{d}x,$$

两端积分得 $\ln y = -\int P(x)\mathrm{d}x + C_1$，即

$$y = C\mathrm{e}^{-\int P(x)\mathrm{d}x} \quad (C = \pm \mathrm{e}^{C_1}). \tag{8.15}$$

这便是方程(8.14) 的通解.

例 8.10 求 $xy' + y = 0$ 的通解.

解 将原方程化为 $y' + \frac{1}{x}y = 0$ (其中 $x \neq 0$)，则 $P(x) = \frac{1}{x}$. 利用(8.15)得通解

$$y = C\mathrm{e}^{-\int P(x)\mathrm{d}x} = C\mathrm{e}^{-\int \frac{1}{x}\mathrm{d}x} = C\mathrm{e}^{\ln\frac{1}{x}} = \frac{C}{x}.$$

故当 $x = 0$ 时，特解为 $y = 0$；当 $x \neq 0$ 时，通解为 $y = \frac{C}{x}$.

例 8.11 求解初值问题：

$$\begin{cases} y' + \dfrac{x-1}{x^2}y = 0, \\ y(1) = 1. \end{cases}$$

解 $P(x) = \frac{x-1}{x^2}$，代入(8.15)，

$$y=C\mathrm{e}^{-\int P(x)\mathrm{d}x}=C\mathrm{e}^{-\int\frac{x-1}{x^2}\mathrm{d}x}=C\mathrm{e}^{-\ln x-\frac{1}{x}}$$
$$=C\mathrm{e}^{-\ln x}\mathrm{e}^{-\frac{1}{x}}=C\frac{1}{x}\mathrm{e}^{-\frac{1}{x}}.$$

将 $x=1$ 时 $y=1$ 代入上式得 $C=\mathrm{e}$. 故初值问题的解为

$$y=\frac{1}{x}\mathrm{e}^{-\frac{1}{x}+1}.$$

8.4.2 一阶线性非齐次微分方程的求解

下面使用常数变易法推导非齐次方程(8.13)的通解公式. 此方法是根据方程(8.13)与(8.14)的联系，即(8.14)是(8.13)的特殊情形，因此可以设想它们之间的解也有某种关系：把方程(8.14)的通解(8.15)中的任意常数 C 换成关于 x 的未知函数 $C(x)$，即

$$y=C(x)\mathrm{e}^{-\int P(x)\mathrm{d}x}. \tag{8.16}$$

假定(8.16)是方程(8.13)的解，将(8.16)代入方程(8.13)中，若由此可以求出待定函数 $C(x)$，则(8.16)便是方程(8.13)的解.

事实上，$y=C(x)\mathrm{e}^{-\int P(x)\mathrm{d}x}$，则

$$y'=C'(x)\mathrm{e}^{-\int P(x)\mathrm{d}x}-C(x)P(x)\mathrm{e}^{-\int P(x)\mathrm{d}x}.$$

代入(8.13)，得

$$C'(x)\mathrm{e}^{-\int P(x)\mathrm{d}x}-C(x)P(x)\mathrm{e}^{-\int P(x)\mathrm{d}x}+C(x)P(x)\mathrm{e}^{-\int P(x)\mathrm{d}x}=Q(x),$$

即 $C'(x)=Q(x)\mathrm{e}^{\int P(x)\mathrm{d}x}$. 两边积分，得

$$C(x)=\int Q(x)\mathrm{e}^{\int P(x)\mathrm{d}x}\mathrm{d}x+C. \tag{8.17}$$

将(8.17)代入(8.16)，便得非齐次方程(8.13)的通解：

$$y=\mathrm{e}^{-\int P(x)\mathrm{d}x}\left(\int Q(x)\mathrm{e}^{\int P(x)\mathrm{d}x}\mathrm{d}x+C\right). \tag{8.18}$$

将(8.18)改写成两项之和：

$$y=C\mathrm{e}^{-\int P(x)\mathrm{d}x}+\mathrm{e}^{-\int P(x)\mathrm{d}x}\int Q(x)\mathrm{e}^{\int P(x)\mathrm{d}x}\mathrm{d}x. \tag{8.19}$$

(8.19)右端的第一项是方程(8.13)对应的齐次线性微分方程(8.14)的通解，第二项是非齐次线性微分方程(8.13)的一个特解(在(8.18)中令 $C=0$ 便得到这个特解). 由此可知，一阶线性非齐次微分方程的通解等于对应的齐次方程的通解与非齐次方程的一个特解之和. 对于高阶线性微分方程，其通解结构也有类似的结论.

例 8.12 求 $xy'+y=\sin x$ 的通解.

解 方程可化为 $y'+\frac{1}{x}y=\frac{\sin x}{x}$ $(x\neq 0)$，即 $P(x)=\frac{1}{x}$，$Q(x)=\frac{\sin x}{x}$. 代入(8.18)得

$$\begin{aligned}
y&=e^{-\int P(x)dx}\left(\int Q(x)e^{\int P(x)dx}dx+C\right)\\
&=e^{-\int\frac{1}{x}dx}\left(\int\frac{\sin x}{x}e^{\int\frac{1}{x}dx}dx+C\right)\\
&=e^{-\ln x}\left(\int\frac{\sin x}{x}e^{\ln x}dx+C\right)\\
&=\frac{1}{x}\left(\int\sin x\ dx+C\right)\\
&=\frac{1}{x}(-\cos x+C).
\end{aligned}$$

故，当 $x=0$ 时，$y=0$；当 $x\neq 0$ 时，通解为 $y=\frac{1}{x}(-\cos x+C)$.

例 8.13 求 $y-(3x+y^4)\frac{dy}{dx}=0$ 的通解.

解 把 y 看成自变量，原方程可写成 $x'-\frac{3}{y}x=y^3$，即 $P(y)=-\frac{3}{y}$，$Q(y)=y^3$. 代入(8.18)得

$$\begin{aligned}
x&=e^{-\int P(y)dy}\left(\int Q(y)e^{\int P(y)dy}dy+C\right)\\
&=e^{-\int-\frac{3}{y}dy}\left(\int y^3e^{\int-\frac{3}{y}dy}dy+C\right)\\
&=e^{3\ln y}\left(\int y^3e^{-3\ln y}dy+C\right)\\
&=y^3\left(\int y^3\cdot\frac{1}{y^3}dy+C\right)=y^3(y+C),
\end{aligned}$$

故原方程的通解为 $x=y^3(y+C)$.

例 8.14 求解初值问题

$$\begin{cases}y'-y\tan x=x,\\ y(0)=1.\end{cases}$$

解 $$\begin{aligned}
y&=e^{-\int P(x)dx}\left(\int Q(x)e^{\int P(x)dx}dx+C\right)\\
&=e^{\int\tan x\ dx}\left(\int x\ e^{-\int\tan x\ dx}dx+C\right)\\
&=\frac{1}{\cos x}\left(\int x\cos x\ dx+C\right)
\end{aligned}$$

$$=\frac{1}{\cos x}(x\sin x+\cos x+C).$$

将 $y(0)=1$ 代入上式得 $C=0$. 所以初值问题的解为

$$y=\frac{x\sin x+\cos x}{\cos x}.$$

例 8.15（运动方程） 降落伞张开后下降，设开始时（$t=0$）速度为 0，已知空气阻力与其当时的速度成正比，比例系数为 $k>0$. 求降落伞下落时的速度 v 与下落时间 t 的函数关系.

解 如图 8-1 所示，由牛顿第二定律

$$f=ma,$$

其中 f 是物体所受到的外力，m 是物体的质量，a 为物体的加速度. 又 $a=\frac{\mathrm{d}v}{\mathrm{d}t}$，外力有两个：一个是重力 mg，另一个为阻力 kv. 代入 $f=ma$ 得

$$m\frac{\mathrm{d}v}{\mathrm{d}t}=mg-kv$$

（其中 kv 前的负号是因为阻力方向与速度方向相反）. 简化为

$$v'+\frac{k}{m}v=g$$

及初始条件 $v(0)=0$，即求解初值问题

$$\begin{cases}v'+\dfrac{k}{m}v=g,\\ v(0)=0.\end{cases}$$

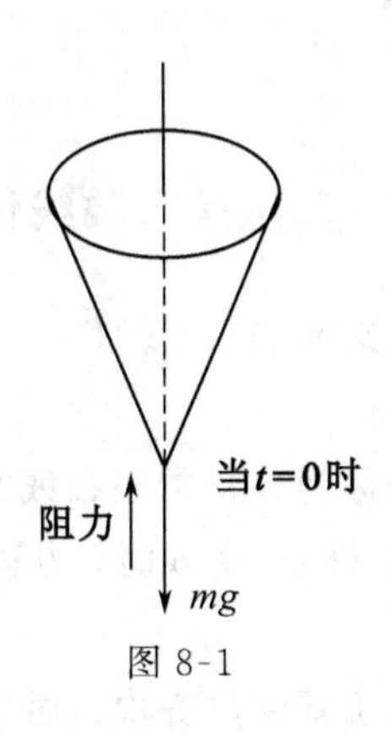

图 8-1

由(8.18)知，

$$v=\mathrm{e}^{-\int\frac{k}{m}\mathrm{d}t}\left(\int g\,\mathrm{e}^{\int\frac{k}{m}\mathrm{d}t}\mathrm{d}t+C\right)=\mathrm{e}^{-\frac{k}{m}t}\left(\int g\,\mathrm{e}^{\frac{k}{m}t}\mathrm{d}t+C\right)$$

$$=\mathrm{e}^{-\frac{k}{m}t}\left(\frac{mg}{k}\mathrm{e}^{\frac{k}{m}t}+C\right)=\frac{mg}{k}+C\mathrm{e}^{-\frac{k}{m}t}.$$

将 $v(0)=0$ 代入上式，得 $C=-\frac{mg}{k}$. 故初值问题的解为

$$v=\frac{mg}{k}-\frac{mg}{k}\mathrm{e}^{-\frac{k}{m}t}=\frac{mg}{k}(1-\mathrm{e}^{-\frac{k}{m}t}).$$

习 题 8.4

1. 求下列微分方程的通解：

1) $\mathrm{d}y=2y\cos x\,\mathrm{d}x$； 2) $xy'+x^2\mathrm{e}^x y=0$.

2. 求下列微分方程的通解：

1）$y' + 2xy = x\mathrm{e}^{-x^2}$；　　2）$y' + y\tan x = \sin 2x$；

3）$xy' - y - x\ln x = 0$；　　4）$xy' + (1+x)y = 3x^2\mathrm{e}^{-x}$；

5）$(y^2 - 6x)y' + 2y = 0$.

3. 求下列微分方程满足所给初值条件的特解：

1）$y' + y\tan x = \sec x \quad \left(y\Big|_{x=0} = 2\right)$；

2）$y' - y\cos x = \dfrac{1}{2}\sin 2x \quad \left(y\Big|_{x=0} = 1\right)$.

4. 已知函数 $y(x)$ 满足方程 $y = \mathrm{e}^x + \int_0^x y(t)\mathrm{d}t$，求 $y(x)$.

8.5 二阶常系数线性微分方程

8.5.1 二阶常系数线性微分方程解的结构

定义 8.13 形如

$$y'' + py' + qy = f(x) \tag{8.20}$$

的方程称为**二阶常系数线性微分方程**(其中 p, q 为常数).

当 $f(x) \equiv 0$ 时，方程

$$y'' + py' + qy = 0 \tag{8.21}$$

称为**二阶常系数齐次线性微分方程**.

若 $f(x) \not\equiv 0$，则方程(8.20) 称为**二阶常系数非齐次线性微分方程**.

定理 8.1 如果函数 y_1 与 y_2 是齐次线性微分方程(8.21) 的解，则 $y = C_1y_1 + C_2y_2$ 仍为该方程的解(其中 C_1, C_2 为任意常数).

证 因为 y_1 与 y_2 均为方程 $y'' + py' + qy = 0$ 的解，即

$$y_1'' + py_1' + qy_1 = 0, \quad y_2'' + py_2' + qy_2 = 0.$$

又因为 $y' = C_1y_1' + C_2y_2'$，$y'' = C_1y_1'' + C_2y_2''$，于是

$$\begin{aligned} y'' + py' + qy &= (C_1y_1'' + C_2y_2'') + p(C_1y_1' + C_2y_2') + q(C_1y_1 + C_2y_2) \\ &= C_1(y_1'' + py_1' + qy_1) + C_2(y_2'' + py_2' + qy_2) \\ &= 0. \end{aligned}$$

所以 $y = C_1y_1 + C_2y_2$ 是 $y'' + py' + qy = 0$ 的解. □

由定理 8.1 知，$C_1y_1+C_2y_2$ 是方程(8.21) 的解，但是否为其通解？ 从形式上看，有两个任意常数且微分方程是二阶的，所以易被错误认为是二阶微分方程的通解. 其实，如果当 $y_1=ky_2$(k 为常数) 时，

$$C_1y_1+C_2y_2=C_1ky_2+C_2y_2=(C_1k+C_2)y_2,$$

C_1k+C_2 可看成是一个任意常数，所以只有一个任意常数. 因此，在 $C_1y_1+C_2y_2$ 中，若 $\frac{y_1}{y_2}=k$（常数），则 $C_1y_1+C_2y_2$ 不是通解；若 $\frac{y_1}{y_2}\neq k$（常数），此时 $C_1y_1+C_2y_2$ 才是方程的通解.

当 $\frac{y_1}{y_2}\neq k$（常数）时，称 y_1 与 y_2 **线性无关**，否则称为**线性相关**.

由以上讨论可得如下定理：

定理 8.2　如果 y_1 与 y_2 是齐次方程(8.21) 的两个线性无关的解，则 $C_1y_1+C_2y_2$ 为该方程的通解(其中 C_1,C_2 为任意常数).

下面讨论二阶常系数非齐次线性微分方程(8.20) 解的结构. 方程(8.21) 称为与非齐次方程(8.20) 对应的齐次方程.

在 8.4 节中我们已经得到以下结论：一阶线性非齐次微分方程的通解由两部分构成，一部分是对应的齐次方程的通解；另一部分是非齐次方程本身的一个特解. 事实上，不仅一阶线性非齐次微分方程的通解具有这样的结构，而且二阶及更高阶非齐次线性微分方程的通解也具有同样的结构.

定理 8.3　设 y^* 是二阶常系数非齐次线性微分方程(8.20) 的一个特解，Y 是其对应的齐次方程(8.21) 的通解，则

$$y=Y+y^* \tag{8.22}$$

是二阶常系数非齐次线性微分方程(8.20) 的通解.

证　因为$Y+y^*$ 中已含有两个任意常数，且两个任意常数不能合并，所以只需证 $y=Y+y^*$ 是 $y''+py'+qy=f(x)$ 的解. 由于

$$Y''+pY'+qY=0,\quad (y^*)''+p(y^*)'+qy^*=f(x),$$

故

$$\begin{aligned}&(Y+y^*)''+p(Y+y^*)'+q(Y+y^*)\\&=(Y''+pY'+qY)+(y^*)''+p(y^*)'+qy^*\\&=f(x).\end{aligned}$$

因此，$y=Y+y^*$ 为方程(8.20) 的通解.　□

8.5.2 二阶常系数齐次线性微分方程的求解

下面只讨论齐次方程(8.21) 的解法.

由定理 8.2 知，要求微分方程(8.21) 的通解，可以先求出它的两个线性无关的解 y_1 与 y_2，则 $y=C_1y_1+C_2y_2$ 就是其通解.

当 r 为常数时，指数函数 $y=e^{rx}$ 和它的各阶导数都只相差一个常数因子. 由于指数函数的这个特点，因此我们用 $y=e^{rx}$ 来尝试，看能否选取适当的常数 r，使 $y=e^{rx}$ 满足方程(8.21).

若 $y=e^{rx}$，则 $y'=re^{rx}$，$y''=r^2e^{rx}$，将其代入方程(8.21)，得

$$(r^2+pr+q)e^{rx}=0.$$

由于 $e^{rx}\neq 0$，所以

$$r^2+pr+q=0. \tag{8.23}$$

由此可见，只要 r 满足方程(8.23)，则 $y=e^{rx}$ 即为方程(8.21) 的解. 方程(8.23) 称为方程(8.21) 的**特征方程**.

下面根据特征方程(8.23) 的解的情况来讨论(8.21) 的通解.

1） 若 $p^2-4q>0$，则特征方程(8.23) 有两个不相等的实根 r_1,r_2. $y_1=e^{r_1x}$，$y_2=e^{r_2x}$ 是微分方程(8.21) 的两个解，且 $\frac{y_1}{y_2}=e^{(r_1-r_2)x}$ 不是常数，因此，微分方程(8.21) 的通解为

$$y=C_1e^{r_1x}+C_2e^{r_2x}.$$

2） 若 $p^2-4q=0$，则特征方程(8.23) 有两个相等的实根 $r_1=r_2$. $y_1=e^{r_1x}$ 是微分方程(8.21) 的一个解. 易验证 $y_2=x\,e^{r_1x}$ 也是(8.21) 的解，且 $\frac{y_2}{y_1}=x$ 不是常数，因此，微分方程(8.21) 的通解为

$$y=C_1e^{r_1x}+C_2x\,e^{r_1x}=(C_1+C_2x)e^{r_1x}.$$

3） 若 $p^2-4q<0$，则特征方程(8.23) 有一对共轭复根 $r_1=\alpha+i\beta$，$r_2=\alpha-i\beta$.（利用欧拉公式）我们可以把方程(8.21) 的两个线性无关的解取为 $y_1=e^{\alpha x}\cos\beta x$，$y_2=e^{\alpha x}\sin\beta x$，且 $\frac{y_1}{y_2}=\cot\beta x$ 不是常数，因此，微分方程(8.21) 的通解为

$$y=e^{\alpha x}(C_1\cos\beta x+C_2\sin\beta x).$$

综上所述，求解微分方程(8.21) 的通解步骤如下：

第一步　写出 $y''+py'+qy=0$ 的特征方程 $r^2+pr+q=0$.

第二步　求出特征根 r_1,r_2.

第三步 根据特征根的不同情况，按照下表写出微分方程(8.21)的通解：

特征方程 $r^2+pr+q=0$ 的根	微分方程 $y''+py'+qy=0$ 的通解
两个不相等的实根 r_1,r_2	$y=C_1e^{r_1x}+C_2e^{r_2x}$
两个相等的实根 $r_1=r_2$	$y=(C_1+C_2x)e^{r_1x}$
一对共轭复根 $r_{1,2}=\alpha\pm i\beta$	$y=e^{\alpha x}(C_1\cos\beta x+C_2\sin\beta x)$

例 8.16 求 $y''+3y'+2y=0$ 的通解.

解 特征方程为 $r^2+3r+2=0$，解得两个实根 $r_1=-2$，$r_2=-1$，则微分方程的两个线性无关的解为 $y_1=e^{-x}$，$y_2=e^{-2x}$. 故微分方程的通解为

$$y=C_1e^{-x}+C_2e^{-2x}\quad(C_1,C_2\in\mathbf{R}).$$

例 8.17 求 $25y''-20y'+4y=0$ 的通解.

解 特征方程为 $25r^2-20r+4=0$，解得 $r_1=r_2=\frac{2}{5}$，则微分方程的两个线性无关的解为 $y_1=e^{\frac{2}{5}x}$，$y_2=xe^{\frac{2}{5}x}$. 故微分方程的通解为

$$y=(C_1+C_2x)e^{\frac{2}{5}x}.$$

例 8.18 求 $2y''+2y'+3y=0$ 的通解.

解 特征方程为 $2r^2+2r+3=0$，解得 $r_{1,2}=-\frac{1}{2}\pm\frac{\sqrt{5}}{2}i$，则 $\alpha=-\frac{1}{2}$，$\beta=\frac{\sqrt{5}}{2}$，故微分方程的通解为

$$y=\left(C_1\cos\frac{\sqrt{5}}{2}x+C_2\sin\frac{\sqrt{5}}{2}x\right)e^{-\frac{1}{2}x}.$$

例 8.19 求解初值问题

$$\begin{cases}y''+4y=0,\\ y(0)=0,\ y'(0)=1.\end{cases}$$

解 特征方程为 $r^2+4=0$，解得 $r_{1,2}=\pm 2i$，则 $\alpha=0$，$\beta=2$，故微分方程的通解为

$$y=(C_1\cos 2x+C_2\sin 2x)e^{0x}=C_1\cos 2x+C_2\sin 2x.$$

于是

$$y'=2C_2\cos 2x-2C_1\sin 2x.$$

将 $y(0)=0$，$y'(0)=1$ 代入 $y=C_1\cos 2x+C_2\sin 2x$ 及 $y'=2C_2\cos 2x-2C_1\sin 2x$，得

$$C_1=0,\quad C_2=\frac{1}{2}.$$

所以初值问题的解为 $y=\frac{1}{2}\sin 2x$.

习 题 8.5

1. 求下列微分方程的通解：

1) $y''+y'-2y=0$；　　2) $y''-9y=0$；

3) $y''+y=0$；　　4) $y''+6y'+13y=0$.

2. 求下列微分方程满足所给初始条件的特解：

1) $\begin{cases} y''-4y'+3y=0, \\ y\big|_{x=0}=6,\ y'\big|_{x=0}=10; \end{cases}$

2) $\begin{cases} y''+25y=0, \\ y\big|_{x=0}=2,\ y'\big|_{x=0}=5; \end{cases}$

3) $\begin{cases} y''-4y'+13y=0, \\ y\big|_{x=0}=0,\ y'\big|_{x=0}=3; \end{cases}$

4) $\begin{cases} 4y''+4y'+y=0, \\ y\big|_{x=0}=2,\ y'\big|_{x=0}=0. \end{cases}$

总 习 题 八

1. 填空题

1) 已知 $y=e^x$，$y=e^{2x}$ 是某个二阶常系数齐次线性微分方程的解，则该方程为________.

2) 微分方程 $y'''-x^2y'+y=1$ 的通解中含有________个任意常数.

3) 设 $y_1(x),y_2(x)$ 是二阶常系数齐次线性微分方程的解，则 $C_1y_1(x)+C_2y_2(x)$ 是该方程的通解的充要条件是________.

2. 选择题

1) 下列微分方程中可分离变量的是(　　).

A. $(x+y)dx+x\,dy=0$　　B. $xy'+y-y^2\ln x=0$

C. $x^2dx+y\sin x\ dy=0$　　D. $e^x dx+\sin xy\ dy=0$

2） 设 $y_1(x),y_2(x)$ 是某个二阶常系数非齐次线性微分方程 $y''+py'+qy=f(x)$ 的两个解，则下列正确的是(　　).

A. $C_1y_1(x),C_2y_2(x)$ (C_1,C_2 为常数) 一定是该非齐次方程的解

B. 当$\dfrac{y_1(x)}{y_2(x)}\neq$ 常数时，$C_1y_1(x)+C_2y_2(x)$ 是该非齐次方程的通解

C. $y_1(x)+y_2(x)$ 是对应齐次方程 $y''+py'+qy=0$ 的解

D. $y_1(x)-y_2(x)$ 是对应齐次方程 $y''+py'+qy=0$ 的解

3. 求下列微分方程的通解：

1） $\sqrt{1-x^2}\,y'=\sqrt{1-y^2}$；　　2） $\dfrac{dy}{dx}=10^{x+y}$；

3） $xy'+y=x^2+3x+2$；　　4） $\dfrac{dy}{dx}+2xy=4x$；

5） $y''-6y'+9y=0$；　　6） $y''-4y'+5y=0$.

4. 求下列微分方程满足所给初始条件的特解：

1） $y'=e^{2x-y}$，$y\big|_{x=0}=0$；

2） $\dfrac{dy}{dx}+\dfrac{y}{x}=\dfrac{\sin x}{x}$，$y\big|_{x=\pi}=1$；

3） $4y''+9y=0$，$y\big|_{x=0}=2$，$y'\big|_{x=0}=-1$.

5. 设曲线过点(1,1)，且其上任一点的切线在 y 轴上的截距是切点纵坐标的 3 倍. 求此曲线.

6. 设函数 $f(x)$ 连续，且满足 $f(x)=\cos 2x+\int_0^x f(t)\sin t\,dt$. 求 $f(x)$.

第九章

无穷级数

无穷级数是微积分理论的一个重要组成部分，是表示函数以及计算函数近似值的有力工具. 本章先讨论数项级数及其敛散性的判别，然后讨论一种特殊的函数项级数 —— 幂级数. 重点讨论如何将函数展开成幂级数的问题.

9.1 数项级数的概念和性质

9.1.1 数项级数的基本概念

定义 9.1 给定一个数列 $u_1, u_2, \cdots, u_n, \cdots$，则表达式

$$u_1 + u_2 + \cdots + u_n + \cdots = \sum_{n=1}^{\infty} u_n \tag{9.1}$$

称为**数项级数**或**无穷级数**(简称**级数**)，其中 u_n 称为级数(9.1) 的**通项**(或**一般项**).

定义 9.2 设

$$S_n = u_1 + u_2 + \cdots + u_n \quad (n = 1, 2, \cdots), \tag{9.2}$$

则 S_n 称为级数 $\sum\limits_{n=1}^{\infty} u_n$ 的**前 n 项部分和**.

定义 9.3 若级数 $\sum\limits_{n=1}^{\infty} u_n$ 的部分和数列 $\{S_n\}$ 收敛，即当 $n \to \infty$时存在极限

$$\lim_{n \to \infty} S_n = S,$$

则称级数 $\sum\limits_{n=1}^{\infty} u_n$ **收敛**，并称极限 S 为该级数的**和**，记为

$$S = \sum_{n=1}^{\infty} u_n.$$

若$\{S_n\}$没有极限，即部分和数列$\{S_n\}$发散，则称级数$\sum_{n=1}^{\infty} u_n$ **发散**.

例 9.1 讨论级数

$$\sum_{n=1}^{\infty} ar^{n-1} = a + ar + ar^2 + \cdots + ar^{n-1} + \cdots \quad (a \neq 0) \tag{9.3}$$

的敛散性.

解 $S_n = a + ar + ar^2 + \cdots + ar^{n-1} = a\dfrac{1-r^n}{1-r}$.

当$|r|<1$时，

$$\lim_{n\to\infty} S_n = \lim_{n\to\infty} a\frac{1-r^n}{1-r} = \frac{a}{1-r}.$$

此时级数收敛，且其和为$\dfrac{a}{1-r}$. 当$|r|>1$时，$\lim\limits_{n\to\infty} S_n = \lim\limits_{n\to\infty} a\dfrac{1-r^n}{1-r}$不存在，此时级数发散.

当$r=1$时，$S_n = a + a + \cdots + a = na$，$\lim\limits_{n\to\infty} S_n$不存在；当$r=-1$时，$S_n = a - a + \cdots + (-1)^{n-1}a$，$\lim\limits_{n\to\infty} S_n$不存在. 故当$r=\pm 1$时，级数发散.

综上可知，当$|r|<1$时，级数(9.3)收敛且$\sum\limits_{n=1}^{\infty} ar^{n-1} = \dfrac{a}{1-r}$；当$|r|\geqslant 1$时，级数(9.3)发散.

注 例 9.1 中的级数称为**等比级数**或**几何级数**.

例 9.2 讨论级数$\sum\limits_{n=1}^{\infty} \ln\left(1+\dfrac{1}{n}\right)$的敛散性.

解
$$\begin{aligned} S_n &= \ln\left(1+\frac{1}{1}\right) + \ln\left(1+\frac{1}{2}\right) + \cdots + \ln\left(1+\frac{1}{n}\right) \\ &= \ln 2 + \ln\frac{3}{2} + \cdots + \ln\frac{n+1}{n} \\ &= \ln\left(2\cdot\frac{3}{2}\cdot\cdots\cdot\frac{n+1}{n}\right) = \ln(1+n), \end{aligned}$$

于是$\lim\limits_{n\to\infty} S_n = \lim\limits_{n\to\infty} \ln(1+n) = +\infty$，故级数$\sum\limits_{n=1}^{\infty} \ln\left(1+\dfrac{1}{n}\right)$发散.

例 9.3 讨论级数$\sum\limits_{n=1}^{\infty} \dfrac{1}{n(n+1)}$的敛散性.

解
$$\begin{aligned} S_n &= \frac{1}{1\cdot 2} + \frac{1}{2\cdot 3} + \cdots + \frac{1}{n(n+1)} \\ &= \left(1-\frac{1}{2}\right) + \left(\frac{1}{2}-\frac{1}{3}\right) + \cdots + \left(\frac{1}{n}-\frac{1}{n+1}\right) = 1 - \frac{1}{n+1}, \end{aligned}$$

$$\lim_{n\to\infty}S_n=\lim_{n\to\infty}\left(1-\frac{1}{n+1}\right)=1,$$

故级数$\sum_{n=1}^{\infty}\frac{1}{n(n+1)}$收敛，且其和为1，即$\sum_{n=1}^{\infty}\frac{1}{n(n+1)}=1$.

9.1.2 数项级数的性质

性质1 级数$\sum_{n=1}^{\infty}u_n$与级数$\sum_{n=1}^{\infty}ku_n(k\neq 0)$有相同的敛散性，并且当$\sum_{n=1}^{\infty}u_n$收敛时，$\sum_{n=1}^{\infty}ku_n=k\sum_{n=1}^{\infty}u_n$.

证 设$S_n=u_1+u_2+\cdots+u_n$，$T_n=ku_1+ku_2+\cdots+ku_n$，显然$T_n=kS_n$. 因$k\neq 0$，故当$\lim_{n\to\infty}S_n$存在时，$\lim_{n\to\infty}T_n$也存在；当$\lim_{n\to\infty}S_n$不存在时，$\lim_{n\to\infty}T_n$也不存在，即$\sum_{n=1}^{\infty}u_n$与$\sum_{n=1}^{\infty}ku_n$有相同的敛散性.

又当$\sum_{n=1}^{\infty}u_n$收敛时，即$\lim_{n\to\infty}S_n$存在，$\lim_{n\to\infty}T_n=\lim_{n\to\infty}kS_n=k\lim_{n\to\infty}S_n$也存在，且$\sum_{n=1}^{\infty}ku_n=k\sum_{n=1}^{\infty}u_n$. □

性质2 若级数$\sum_{n=1}^{\infty}u_n$与$\sum_{n=1}^{\infty}v_n$均收敛，其和分别为S与T，则级数$\sum_{n=1}^{\infty}(u_n\pm v_n)$也收敛，且其和为$S\pm T$.

证 设$\sum_{n=1}^{\infty}u_n$，$\sum_{n=1}^{\infty}v_n$，$\sum_{n=1}^{\infty}(u_n\pm v_n)$的部分和分别为$S_n$，$T_n$，$\Sigma_n$，则

$$\begin{aligned}\lim_{n\to\infty}\Sigma_n&=\lim_{n\to\infty}\sum_{i=1}^{n}(u_i\pm v_i)=\lim_{n\to\infty}\left(\sum_{i=1}^{n}u_i\pm\sum_{i=1}^{n}v_i\right)=\lim_{n\to\infty}(S_n\pm T_n)\\&=\lim_{n\to\infty}S_n\pm\lim_{n\to\infty}T_n=S\pm T,\end{aligned}$$

即$\sum_{n=1}^{\infty}(u_n\pm v_n)$收敛，其和为$S\pm T$. □

性质3 如果在级数$\sum_{n=1}^{\infty}u_n$中去掉或加上有限项，级数的敛散性不变.

证明从略.

性质 4　设级数$\sum\limits_{n=1}^{\infty}u_n$收敛，则在它的求和表达式中任意加括号所得级数仍然收敛，且其和不变.

证明从略.

注　该命题的逆命题不成立，即加括号后的级数收敛不能断言原级数一定收敛. 例如，

$$\sum_{n=1}^{\infty}(-1)^{n-1}=1-1+1-1+\cdots,$$

易知加括号后$(1-1)+(1-1)+\cdots$收敛，但$\sum\limits_{n=1}^{\infty}(-1)^{n-1}=1-1+1-1+\cdots$发散.

性质 5（级数收敛的必要条件）　若级数$\sum\limits_{n=1}^{\infty}u_n$收敛，则$\lim\limits_{n\to\infty}u_n=0$.

证　设$\sum\limits_{n=1}^{\infty}u_n$的部分和为$S_n$，$\lim\limits_{n\to\infty}S_n=S$. 于是

$$\lim_{n\to\infty}u_n=\lim_{n\to\infty}(S_n-S_{n-1})=S-S=0. \qquad \square$$

注　1）若$\lim\limits_{n\to\infty}u_n=0$，则级数$\sum\limits_{n=1}^{\infty}u_n$不一定收敛(如例 9.2 及下面的例 9.5).

2）若$\lim\limits_{n\to\infty}u_n\neq 0$，则级数$\sum\limits_{n=1}^{\infty}u_n$一定发散(性质 5 的逆否命题).

例 9.4　讨论级数$\sum\limits_{n=1}^{\infty}\dfrac{n}{n+1}$的敛散性.

解　因为$\lim\limits_{n\to\infty}u_n=\lim\limits_{n\to\infty}\dfrac{n}{n+1}=1\neq 0$，故级数$\sum\limits_{n=1}^{\infty}\dfrac{n}{n+1}$发散.

例 9.5　证明调和级数$\sum\limits_{n=1}^{\infty}\dfrac{1}{n}$是发散的.

证　假设级数$\sum\limits_{n=1}^{\infty}\dfrac{1}{n}$收敛，其和为$S$，则$\lim\limits_{n\to\infty}(S_{2n}-S_n)=S-S=0$. 而

$$\begin{aligned}S_{2n}-S_n&=\frac{1}{n+1}+\frac{1}{n+2}+\cdots+\frac{1}{2n}\\&>\frac{1}{2n}+\frac{1}{2n}+\cdots+\frac{1}{2n}=\frac{n}{2n}=\frac{1}{2},\end{aligned}$$

故$\lim\limits_{n\to\infty}(S_{2n}-S_n)>\dfrac{1}{2}$，矛盾. 所以假设不成立，级数$\sum\limits_{n=1}^{\infty}\dfrac{1}{n}$是发散的.

习 题 9.1

1. 已知级数$\sum\limits_{n=1}^{\infty}\frac{(-1)^{n-1}}{3^n}$，完成下列问题：

1） 写出前 5 项 u_1,u_2,u_3,u_4,u_5；

2） 计算部分和 S_1,S_2,S_3,S_4,S_5；

3） 计算前 n 项部分和 S_n；

4） 验证级数收敛，并求其和 S.

2. 判断下列级数的敛散性：

1） $\sum\limits_{n=1}^{\infty}\frac{1}{(2n-1)(2n+1)}$；

2） $\sum\limits_{n=1}^{\infty}(\sqrt{n+1}-\sqrt{n})$；

3） $\sum\limits_{n=1}^{\infty}\frac{1}{\sqrt[n]{0.01}}$；

4） $\sum\limits_{n=1}^{\infty}\left(\frac{1}{2^n}+\frac{1}{3^n}\right)$.

9.2 正项级数的审敛法

定义 9.4 若级数$\sum\limits_{n=1}^{\infty}u_n$的通项$u_n\geqslant 0\ (n=1,2,\cdots)$，则称级数$\sum\limits_{n=1}^{\infty}u_n$为**正项级数**.

注 因$u_n\geqslant 0\ (n=1,2,\cdots)$，所以正项级数$\sum\limits_{n=1}^{\infty}u_n$的部分和数列$\{S_n\}$是单调增加数列，即$S_1\leqslant S_2\leqslant\cdots\leqslant S_n\leqslant\cdots$.

定理 9.1（正项级数收敛的充分必要条件） 正项级数$\sum\limits_{n=1}^{\infty}u_n$收敛的充分必要条件是，其部分和数列$\{S_n\}$有上界，即存在常数 M，使得

$$S_n\leqslant M\quad(n=1,2,\cdots).$$

证 充分性. 若$S_n\leqslant M\ (n=1,2,\cdots)$，因数列$\{S_n\}$单调增加，所以数列$\{S_n\}$是单调增加且有上界的数列. 由单调有界数列必收敛可得$\lim\limits_{n\to\infty}S_n$存在，故级数$\sum\limits_{n=1}^{\infty}u_n$收敛.

必要性. 利用反证法. 设$\sum\limits_{n=1}^{\infty} u_n$收敛. 若$\{S_n\}$没有上界，则由于数列$\{S_n\}$单调增加，故$S_n \to +\infty (n \to +\infty)$，级数$\sum\limits_{n=1}^{\infty} u_n$发散，这与条件矛盾，所以$\{S_n\}$必有上界. □

例 9.6 讨论级数$\sum\limits_{n=1}^{\infty} \dfrac{1}{n(n+1)(n+2)}$的敛散性.

解 级数$\sum\limits_{n=1}^{\infty} \dfrac{1}{n(n+1)(n+2)}$是正项级数，且

$$\frac{1}{n(n+1)(n+2)} < \frac{1}{n(n+1)} = \frac{1}{n} - \frac{1}{n+1},$$

因此，前 n 项部分和

$$\begin{aligned} S_n &= \frac{1}{1 \cdot 2 \cdot 3} + \frac{1}{2 \cdot 3 \cdot 4} + \cdots + \frac{1}{n(n+1)(n+2)} \\ &< \left(\frac{1}{1} - \frac{1}{2}\right) + \left(\frac{1}{2} - \frac{1}{3}\right) + \cdots + \left(\frac{1}{n} - \frac{1}{n+1}\right) \\ &= 1 - \frac{1}{n+1} < 1 \quad (n = 1, 2, \cdots). \end{aligned}$$

故级数收敛.

根据定理 9.1，可得正项级数的一个基本审敛法.

定理 9.2 (比较审敛法) 设$\sum\limits_{n=1}^{\infty} u_n$和$\sum\limits_{n=1}^{\infty} v_n$均为正项级数，且$u_n \leqslant v_n$ $(n = 1, 2, \cdots)$，则当$\sum\limits_{n=1}^{\infty} v_n$收敛时，$\sum\limits_{n=1}^{\infty} u_n$必收敛；当$\sum\limits_{n=1}^{\infty} u_n$发散时，$\sum\limits_{n=1}^{\infty} v_n$必发散.

证 由$u_n \leqslant v_n (n = 1, 2, \cdots)$可知，$\sum\limits_{n=1}^{\infty} u_n$的部分和$S_n$和$\sum\limits_{n=1}^{\infty} v_n$的部分和$T_n$必满足

$$S_n \leqslant T_n \quad (n = 1, 2, \cdots).$$

由定理 9.1，若$\sum\limits_{n=1}^{\infty} v_n$收敛，则存在常数$M$，使得$T_n \leqslant M$ $(n = 1, 2, \cdots)$，于是

$$S_n \leqslant T_n \leqslant M \quad (n = 1, 2, \cdots).$$

因此，$\sum\limits_{n=1}^{\infty} u_n$收敛.

不难用反证法证明：当$\sum\limits_{n=1}^{\infty}u_n$发散时$\sum\limits_{n=1}^{\infty}v_n$发散. □

例 9.7 讨论 p- 级数$\sum\limits_{n=1}^{\infty}\frac{1}{n^p}$（$p$ 为实数）的敛散性.

解 当 $p \leqslant 1$ 时，有

$$\frac{1}{n^p} \geqslant \frac{1}{n}.$$

由例 9.5 知$\sum\limits_{n=1}^{\infty}\frac{1}{n}$发散，故由定理 9.2，级数$\sum\limits_{n=1}^{\infty}\frac{1}{n^p}$（$p \leqslant 1$）发散.

当 $p > 1$ 时，因为当 $k-1 \leqslant x \leqslant k$ 时，有$\frac{1}{k^p} \leqslant \frac{1}{x^p}$，所以

$$\frac{1}{k^p} = \int_{k-1}^{k}\frac{1}{k^p}\mathrm{d}x \leqslant \int_{k-1}^{k}\frac{1}{x^p}\mathrm{d}x \quad (k=2,3,\cdots).$$

从而级数$\sum\limits_{n=1}^{\infty}\frac{1}{n^p}$的部分和

$$\begin{aligned}S_n &= 1+\sum_{k=2}^{n}\frac{1}{k^p} \leqslant 1+\sum_{k=2}^{n}\int_{k-1}^{k}\frac{1}{x^p}\mathrm{d}x = 1+\int_{1}^{n}\frac{1}{x^p}\mathrm{d}x \\ &= 1+\frac{1}{p-1}\left(1-\frac{1}{n^{p-1}}\right) < 1+\frac{1}{p-1} \quad (n=2,3,\cdots).\end{aligned}$$

这表明部分和数列$\{S_n\}$有界，故级数$\sum\limits_{n=1}^{\infty}\frac{1}{n^p}$（$p > 1$）收敛.

综上可知，当 $p > 1$ 时，级数$\sum\limits_{n=1}^{\infty}\frac{1}{n^p}$收敛；当 $p \leqslant 1$ 时，级数$\sum\limits_{n=1}^{\infty}\frac{1}{n^p}$发散.

例 9.8 讨论级数$\sum\limits_{n=1}^{\infty}\sin\frac{\pi}{2^n}$的敛散性.

解 级数$\sum\limits_{n=1}^{\infty}\sin\frac{\pi}{2^n}$为正项级数，又$\sin\frac{\pi}{2^n} \leqslant \frac{\pi}{2^n}$，而$\sum\limits_{n=1}^{\infty}\frac{\pi}{2^n}$是公比为 $r=\frac{1}{2} < 1$ 的等比级数，由例 9.1 知$\sum\limits_{n=1}^{\infty}\frac{\pi}{2^n}$收敛，故由比较审敛法知$\sum\limits_{n=1}^{\infty}\sin\frac{\pi}{2^n}$收敛.

例 9.9 证明级数$\sum\limits_{n=1}^{\infty}\frac{1}{\sqrt{n(n+1)}}$是发散的.

证 因为 $n(n+1) < (n+1)^2$，故$\frac{1}{\sqrt{n(n+1)}} > \frac{1}{n+1}$. 而级数$\sum\limits_{n=1}^{\infty}\frac{1}{n+1}$发散，故由比较审敛法知$\sum\limits_{n=1}^{\infty}\frac{1}{\sqrt{n(n+1)}}$发散.

比较审敛法还有如下的极限形式.

定理 9.3（比较审敛法的极限形式） 设$\sum\limits_{n=1}^{\infty}u_n$和$\sum\limits_{n=1}^{\infty}v_n$均为正项级数.

1） 若$\lim\limits_{n\to\infty}\frac{u_n}{v_n}=l\ (0\leqslant l<+\infty)$，且$\sum\limits_{n=1}^{\infty}v_n$收敛，则$\sum\limits_{n=1}^{\infty}u_n$收敛.

2） 若$\lim\limits_{n\to\infty}\frac{u_n}{v_n}=l\ (0<l<+\infty)$，且$\sum\limits_{n=1}^{\infty}v_n$发散，则$\sum\limits_{n=1}^{\infty}u_n$发散.

证明从略.

例 9.10 讨论级数$\sum\limits_{n=1}^{\infty}\sin\frac{1}{n}$的敛散性.

解 因为$\lim\limits_{n\to\infty}\frac{\sin\frac{1}{n}}{\frac{1}{n}}=1>0$，且$\sum\limits_{n=1}^{\infty}\frac{1}{n}$发散，由定理 9.3 知，级数$\sum\limits_{n=1}^{\infty}\sin\frac{1}{n}$发散.

例 9.11 讨论级数$\sum\limits_{n=1}^{\infty}\left(1-\cos\frac{\pi}{n}\right)$的敛散性.

解 因为

$$\lim_{n\to\infty}\frac{1-\cos\frac{\pi}{n}}{\frac{1}{n^2}}=\lim_{n\to\infty}\frac{2\sin^2\frac{\pi}{2n}}{\frac{1}{n^2}}=\lim_{n\to\infty}\frac{\pi^2}{2}\cdot\frac{\sin^2\frac{\pi}{2n}}{\left(\frac{\pi}{2n}\right)^2}=\frac{\pi^2}{2},$$

又级数$\sum\limits_{n=1}^{\infty}\frac{1}{n^2}$收敛，故由定理 9.3 知$\sum\limits_{n=1}^{\infty}\left(1-\cos\frac{\pi}{n}\right)$收敛.

注 用比较审敛法时，需要适当地选取一个已知其敛散性的级数$\sum\limits_{n=1}^{\infty}v_n$作为比较的标准. 作为标准最常选用的级数是等比级数和 p- 级数.

定理 9.4（比值审敛法，或称达朗贝尔判别法） 设$\sum\limits_{n=1}^{\infty}u_n$为正项级数，且$\lim\limits_{n\to\infty}\frac{u_{n+1}}{u_n}=\rho$，则

1） $\rho<1$ 时，级数收敛；

2） $\rho>1$ 时，级数发散；

3） $\rho=1$ 时，级数可能收敛也可能发散.

证明从略.

例 9.12 讨论级数 $\sum\limits_{n=1}^{\infty}\frac{n^n}{n!}$ 的敛散性.

解 因为

$$\lim_{n\to\infty}\frac{u_{n+1}}{u_n}=\lim_{n\to\infty}\frac{(n+1)^{n+1}}{(n+1)!}\Big/\frac{n^n}{n!}=\lim_{n\to\infty}\frac{(n+1)^{n+1}}{(n+1)n^n}$$
$$=\lim_{n\to\infty}\left(\frac{n+1}{n}\right)^n=\lim_{n\to\infty}\left(1+\frac{1}{n}\right)^n=\mathrm{e}>1,$$

故级数 $\sum\limits_{n=1}^{\infty}\frac{n^n}{n!}$ 发散.

例 9.13 讨论级数 $\sum\limits_{n=1}^{\infty}2^n\tan\frac{\pi}{3^n}$ 的敛散性.

解 因为

$$\lim_{n\to\infty}\frac{u_{n+1}}{u_n}=\lim_{n\to\infty}\frac{2^{n+1}\tan\dfrac{\pi}{3^{n+1}}}{2^n\tan\dfrac{\pi}{3^n}}=\lim_{n\to\infty}\frac{2\cdot\dfrac{\pi}{3^{n+1}}}{\dfrac{\pi}{3^n}}=\frac{2}{3}<1,$$

故级数 $\sum\limits_{n=1}^{\infty}2^n\tan\frac{\pi}{3^n}$ 收敛.

注 1) 比值审敛法由级数本身即可判断其敛散性($\rho=1$ 时除外). 不需要找另一个级数作为比较标准.

2) $\rho=1$ 时, $\sum\limits_{n=1}^{\infty}u_n$ 可能收敛, 也可能发散. 例如, $\sum\limits_{n=1}^{\infty}\frac{1}{n}$ 发散, 但

$$\lim_{n\to\infty}\frac{u_{n+1}}{u_n}=\lim_{n\to\infty}\frac{1}{n+1}\Big/\frac{1}{n}=1;$$

$\sum\limits_{n=1}^{\infty}\frac{1}{n^2}$ 收敛, 但也有 $\lim\limits_{n\to\infty}\frac{u_{n+1}}{u_n}=\lim\limits_{n\to\infty}\frac{1}{(n+1)^2}\Big/\frac{1}{n^2}=1.$

定理 9.5 (根值审敛法, 或称柯西判别法) 设 $\sum\limits_{n=1}^{\infty}u_n$ 为正项级数. 若 $\lim\limits_{n\to\infty}\sqrt[n]{u_n}=\rho$, 则

1) $\rho<1$ 时, 级数收敛;

2) $\rho>1$ 时, 级数发散;

3) $\rho=1$ 时, 级数可能收敛也可能发散.

证明从略.

例 9.14　讨论级数$\sum_{n=1}^{\infty}\frac{n}{3^n}$的敛散性.

解　因为

$$\lim_{n\to\infty}\sqrt[n]{\frac{n}{3^n}}=\lim_{n\to\infty}\frac{\sqrt[n]{n}}{3}=\frac{1}{3}<1,$$

故级数$\sum_{n=1}^{\infty}\frac{n}{3^n}$收敛.

以上是正项级数的几种审敛法，今后可根据级数本身的特点选取适当的方法判别其敛散性.

习　题　9.2

1. 用比较审敛法判别下列级数的敛散性：

1) $\sum_{n=1}^{\infty}\frac{2}{5n+3}$;　　2) $\sum_{n=2}^{\infty}\frac{1}{\ln n}$;

3) $\sum_{n=1}^{\infty}\frac{n}{n^2+2}$;　　4) $\sum_{n=1}^{\infty}\frac{1}{(n+2)(n+3)}$;

5) $\sum_{n=1}^{\infty}\sin\frac{1}{2^n}$;　　6) $\sum_{n=1}^{\infty}\frac{n+1}{n^3+1}$.

2. 用比值审敛法判别下列级数的敛散性：

1) $\sum_{n=1}^{\infty}\frac{2^n}{n!}$;　　2) $\sum_{n=1}^{\infty}\frac{2^n}{n^n}$;

3) $\sum_{n=1}^{\infty}\frac{3^n}{n\cdot 2^n}$;　　4) $\sum_{n=1}^{\infty}n^n\sin\frac{\pi}{3^n}$;

5) $\sum_{n=1}^{\infty}\frac{n^n}{2^n n!}$.

3. 用根值审敛法判别下列级数的敛散性：

1) $\sum_{n=1}^{\infty}\left(\frac{n}{2n+1}\right)^n$;　　2) $\sum_{n=1}^{\infty}\frac{1}{(\ln(1+n))^n}$.

4. 判别下列级数的敛散性：

1) $\sum_{n=1}^{\infty}\frac{1}{n}(\sqrt{n+1}-\sqrt{n-1})$;　　2) $\sum_{n=1}^{\infty}\frac{1}{1+\frac{1}{n}}$;

3) $\sum_{n=1}^{\infty}\frac{1}{n}\ln\left(1+\frac{1}{n}\right)$;　　4) $\sum_{n=1}^{\infty}\frac{n^2}{e^n}$.

9.3 任意项级数

定义 9.5 既有无穷多个正项又有无穷多个负项的级数称为**任意项级数**.

例如,

$$\sum_{n=1}^{\infty}\frac{(-1)^{\frac{n(n+1)}{2}}}{n}=-1-\frac{1}{2}+\frac{1}{3}+\frac{1}{4}-\cdots+\frac{(-1)^{\frac{n(n+1)}{2}}}{n}+\cdots,$$

$$\sum_{n=1}^{\infty}\frac{(-1)^n}{n}=-1+\frac{1}{2}-\frac{1}{3}+\cdots+\frac{(-1)^n}{n}+\cdots$$

均为任意项级数.

9.3.1 交错级数

定义 9.6 设 $u_n>0\ (n=1,2,\cdots)$, 则称级数 $\sum\limits_{n=1}^{\infty}(-1)^{n-1}u_n$ 为**交错级数**.

注 交错级数是最简单的任意项级数, 其特点是正、负项交替出现.

对于交错级数的敛散性有如下判别法.

定理 9.6 (莱布尼茨审敛法) 若交错级数 $\sum\limits_{n=1}^{\infty}(-1)^{n-1}u_n$ 满足:

1) $u_n\geqslant u_{n+1}\ (n=1,2,\cdots)$;

2) $\lim\limits_{n\to\infty}u_n=0$,

则级数收敛, 且其和 $S\leqslant u_1$.

证明从略.

例 9.15 讨论级数 $\sum\limits_{n=1}^{\infty}\frac{(-1)^n}{n}$ 的敛散性.

解 该级数是交错级数, 且

$$u_{n+1}=\frac{1}{n+1}<u_n=\frac{1}{n},$$

又 $\lim\limits_{n\to\infty}u_n=\lim\limits_{n\to\infty}\frac{1}{n}=0$, 由定理 9.6 知 $\sum\limits_{n=1}^{\infty}\frac{(-1)^n}{n}$ 收敛.

例 9.16 讨论级数 $\sum\limits_{n=1}^{\infty}\frac{(-1)^n(2n+1)}{n(n+1)}$ 的敛散性.

解 该级数为交错级数，且

$$u_{n+1}-u_n=\frac{2n+3}{(n+1)(n+2)}-\frac{2n+1}{n(n+1)}=\frac{1}{n+2}-\frac{1}{n}<0,$$

即 $u_{n+1}<u_n$，又 $\lim\limits_{n\to\infty}u_n=\lim\limits_{n\to\infty}\frac{2n+1}{n(n+1)}=0$，故级数收敛.

注 莱布尼茨审敛法所给的条件只是交错级数收敛的充分条件，而非必要条件.

9.3.2 绝对收敛与条件收敛

当任意项级数不是交错级数时，常取每项绝对值成为正项级数来研究.

定义 9.7 对给定的任意项级数 $\sum\limits_{n=1}^{\infty}u_n$，若 $\sum\limits_{n=1}^{\infty}|u_n|$ 收敛，则称级数 $\sum\limits_{n=1}^{\infty}u_n$ **绝对收敛**；若 $\sum\limits_{n=1}^{\infty}|u_n|$ 发散，但 $\sum\limits_{n=1}^{\infty}u_n$ 收敛，则称级数 $\sum\limits_{n=1}^{\infty}u_n$ **条件收敛**.

定理 9.7 若级数 $\sum\limits_{n=1}^{\infty}u_n$ 绝对收敛，则级数 $\sum\limits_{n=1}^{\infty}u_n$ 必收敛，其逆不真.

证 因为 $0\leqslant u_n+|u_n|\leqslant 2|u_n|$，又由 $\sum\limits_{n=1}^{\infty}|u_n|$ 收敛知 $\sum\limits_{n=1}^{\infty}2|u_n|$ 收敛，于是根据正项级数的比较审敛法得 $\sum\limits_{n=1}^{\infty}(u_n+|u_n|)$ 收敛. 而

$$u_n=(u_n+|u_n|)-|u_n|,$$

由级数的性质 2 知 $\sum\limits_{n=1}^{\infty}u_n$ 收敛.

反之，由 $\sum\limits_{n=1}^{\infty}u_n$ 收敛，不一定能得到 $\sum\limits_{n=1}^{\infty}|u_n|$ 收敛. 例如，$\sum\limits_{n=1}^{\infty}\frac{(-1)^{n-1}}{n}$ 收敛，但 $\sum\limits_{n=1}^{\infty}\left|\frac{(-1)^{n-1}}{n}\right|=\sum\limits_{n=1}^{\infty}\frac{1}{n}$ 发散. □

例 9.17 讨论级数 $\sum\limits_{n=1}^{\infty}\frac{\sin 2n}{3^n}$ 的敛散性.

解 $\sum\limits_{n=1}^{\infty}\frac{\sin 2n}{3^n}$ 是任意项级数. 因为 $\left|\frac{\sin 2n}{3^n}\right|\leqslant\frac{1}{3^n}$，而级数 $\sum\limits_{n=1}^{\infty}\frac{1}{3^n}$ 收敛，由比较审敛法知 $\sum\limits_{n=1}^{\infty}\left|\frac{\sin 2n}{3^n}\right|$ 收敛，故 $\sum\limits_{n=1}^{\infty}\frac{\sin 2n}{3^n}$ 绝对收敛.

例 9.18 讨论级数$\sum_{n=1}^{\infty}\frac{(-1)^n}{\sqrt{n(n+1)}}$的敛散性.

解 因为

$$\left|\frac{(-1)^n}{\sqrt{n(n+1)}}\right|=\frac{1}{\sqrt{n(n+1)}}>\frac{1}{n+1},$$

而级数$\sum_{n=1}^{\infty}\frac{1}{n+1}$发散，由比较审敛法知$\sum_{n=1}^{\infty}\left|\frac{(-1)^n}{\sqrt{n(n+1)}}\right|$发散，所以$\sum_{n=1}^{\infty}\frac{(-1)^n}{\sqrt{n(n+1)}}$不绝对收敛. 但是

$$u_n=\frac{1}{\sqrt{n(n+1)}}>\frac{1}{\sqrt{(n+1)(n+2)}}=u_{n+1},$$

且$\lim\limits_{n\to\infty}u_n=\lim\limits_{n\to\infty}\frac{1}{\sqrt{n(n+1)}}=0$，由定理 9.6 知$\sum_{n=1}^{\infty}\frac{(-1)^n}{\sqrt{n(n+1)}}$收敛.

综上可知，$\sum_{n=1}^{\infty}\frac{(-1)^n}{\sqrt{n(n+1)}}$条件收敛.

习　题　9.3

1. 讨论下列级数的敛散性：

1）$\sum_{n=1}^{\infty}\frac{(-1)^n}{\ln(1+n)}$；　　2）$\sum_{n=1}^{\infty}\frac{(-1)^n n}{1+n}$；

3）$\sum_{n=1}^{\infty}\frac{(-1)^n}{n+\sqrt{n}}$；　　4）$\sum_{n=1}^{\infty}\frac{(-1)^n\cdot 3^n}{n^n}$.

2. 讨论下列级数的敛散性，若收敛，判断是条件收敛还是绝对收敛：

1）$\sum_{n=1}^{\infty}(-1)^n\frac{1}{\sqrt{n}}$；　　2）$\sum_{n=1}^{\infty}(-1)^{n-1}\frac{n}{3^{n-1}}$；

3）$\sum_{n=1}^{\infty}(-1)^n(e^{\frac{1}{n}}-1)$；　　4）$\sum_{n=1}^{\infty}(-1)^n\ln\left(1+\frac{1}{n^2}\right)$.

9.4 幂　级　数

前面几节介绍了每一项均为常数的常数项级数，下面介绍一种特殊的函数项级数 —— 幂级数.

9.4.1 幂级数的一般概念

定义 9.8 形如

$$\sum_{n=0}^{\infty} a_n x^n = a_0 + a_1 x + a_2 x^2 + \cdots + a_n x^n + \cdots \tag{9.4}$$

或

$$\sum_{n=0}^{\infty} a_n (x - x_0)^n = a_0 + a_1 (x - x_0) + a_2 (x - x_0)^2 + \cdots + a_n (x - x_0)^n + \cdots \tag{9.5}$$

的级数称为**幂级数**，其中常数 $a_0, a_1, a_2, \cdots, a_n, \cdots$ 称为幂级数的**系数**. (9.4) 称为关于 x 的幂级数，(9.5) 称为关于 $x - x_0$ 的幂级数.

用变换 $x - x_0 = t$ 可把关于 $x - x_0$ 的幂级数(9.5) 转化为关于 t 的幂级数如(9.4) 来研究. 因此，以下主要讨论幂级数(9.4).

9.4.2 幂级数的收敛性

当自变量 $x = x_0$ 时幂级数 $\sum\limits_{n=0}^{\infty} a_n x^n$ 变成数项级数 $\sum\limits_{n=0}^{\infty} a_n x_0^n$. 若数项级数 $\sum\limits_{n=0}^{\infty} a_n x_0^n$ 收敛，则称幂级数 $\sum\limits_{n=0}^{\infty} a_n x^n$ **在点** $x = x_0$ **处收敛**，并称点 $x = x_0$ 为幂级数 $\sum\limits_{n=0}^{\infty} a_n x^n$ 的**收敛点**. 幂级数的收敛点的全体称为**收敛域**. 通常幂级数的收敛域是一个区间.

如何求幂级数的收敛域？ 下面先看一个定理.

定理 9.8 (阿贝尔(Abel) 定理) 如果幂级数 $\sum\limits_{n=0}^{\infty} a_n x^n$ 在点 $x = x_0$ 处收敛，则当 $|x| < |x_0|$ 时幂级数 $\sum\limits_{n=0}^{\infty} a_n x^n$ 绝对收敛；如果幂级数 $\sum\limits_{n=0}^{\infty} a_n x^n$ 在点 $x = x_0$ 处发散，则当 $|x| > |x_0|$ 时幂级数 $\sum\limits_{n=0}^{\infty} a_n x^n$ 发散.

证明从略.

注 定理 9.8 表明，如果幂级数在 $x = x_0$ 处收敛，则对开区间$(-|x_0|, |x_0|)$ 内的任何 x，幂级数都收敛；如果幂级数在 $x = x_0$ 处发散，则对开区

间$(-\infty,-|x_0|)\cup(|x_0|,+\infty)$内的任何$x$，幂级数都发散.

从定理9.8可得出，幂级数$\sum\limits_{n=0}^{\infty}a_nx^n$的收敛域只有下列三种情形：

1）若对任何x幂级数$\sum\limits_{n=0}^{\infty}a_nx^n$都绝对收敛，则幂级数的收敛域

$$D=(-\infty,+\infty);$$

2）若对任何$x\neq 0$幂级数$\sum\limits_{n=0}^{\infty}a_nx^n$都发散，则幂级数的收敛域

$$D=\{x\,|\,x=0\};$$

3）若存在常数$R>0$使得当$|x|<R$时幂级数$\sum\limits_{n=0}^{\infty}a_nx^n$绝对收敛，而当$|x|>R$时幂级数$\sum\limits_{n=0}^{\infty}a_nx^n$发散，则称幂级数$\sum\limits_{n=0}^{\infty}a_nx^n$的**收敛半径为**$R$，并把开区间$(-R,R)$称为幂级数$\sum\limits_{n=0}^{\infty}a_nx^n$的**收敛区间**，幂级数$\sum\limits_{n=0}^{\infty}a_nx^n$的**收敛域**$D$就是它的收敛区间$(-R,R)$加上使幂级数收敛的端点$x=R$或$x=-R$所组成的集合.

为了统一起见，当幂级数$\sum\limits_{n=0}^{\infty}a_nx^n$对任何$x$都绝对收敛时，规定它的收敛半径$R=+\infty$；当幂级数$\sum\limits_{n=0}^{\infty}a_nx^n$对任何$x\neq 0$都发散时，规定它的收敛半径$R=0$.

关于幂级数的收敛半径的求法，有如下定理.

定理9.9 若幂级数$\sum\limits_{n=0}^{\infty}a_nx^n$的系数$a_n\neq 0\ (n=1,2,\cdots)$，且

$$\lim_{n\to\infty}\left|\frac{a_{n+1}}{a_n}\right|=\rho,$$

则幂级数的收敛半径

$$R=\begin{cases}\dfrac{1}{\rho}, & \rho\neq 0,\\ +\infty, & \rho=0,\\ 0, & \rho=+\infty.\end{cases}$$

证明从略.

注 当$\rho\neq 0$也不是正无穷大时，幂级数在开区间$(-R,R)$内收敛，在

$x=R$ 或$x=-R$ 处尚不知其敛散性. 需将 $x=R$，$x=-R$ 代入幂级数中，判定出其敛散性，从而得到收敛域.

例 9.19 求幂级数$\sum_{n=1}^{\infty}(-1)^n\frac{x^n}{n}$的收敛域.

解 因为

$$\rho=\lim_{n\to\infty}\left|\frac{a_{n+1}}{a_n}\right|=\lim_{n\to\infty}\frac{\frac{1}{n+1}}{\frac{1}{n}}=1,$$

故收敛半径 $R=\frac{1}{\rho}=1$，收敛区间为$(-1,1)$.

对于区间端点 $x=-1$，代入$\sum_{n=1}^{\infty}(-1)^n\frac{x^n}{n}$，得级数$\sum_{n=1}^{\infty}\frac{(-1)^n(-1)^n}{n}=\sum_{n=1}^{\infty}\frac{1}{n}$，为调和级数，它是发散的.

对于区间端点$x=1$，代入$\sum_{n=1}^{\infty}(-1)^n\frac{x^n}{n}$，得级数$\sum_{n=1}^{\infty}(-1)^n\frac{1}{n}$，为交错级数，由莱布尼茨审敛法知其收敛.

故级数$\sum_{n=1}^{\infty}(-1)^n\frac{x^n}{n}$的收敛域为$(-1,1]$.

例 9.20 求幂级数$\sum_{n=0}^{\infty}n!\,x^n$的收敛半径$(0!=1)$.

解 因为

$$\rho=\lim_{n\to\infty}\left|\frac{a_{n+1}}{a_n}\right|=\lim_{n\to\infty}\frac{(n+1)!}{n!}=+\infty,$$

故收敛半径 $R=0$，即级数仅在点 $x=0$ 处收敛.

例 9.21 求幂级数$\sum_{n=1}^{\infty}\frac{(x-1)^n}{2^n n}$的收敛域.

解 令 $t=x-1$，则$\sum_{n=1}^{\infty}\frac{(x-1)^n}{2^n n}=\sum_{n=1}^{\infty}\frac{t^n}{2^n n}$. 因为

$$\rho=\lim_{n\to\infty}\left|\frac{a_{n+1}}{a_n}\right|=\lim_{n\to\infty}\frac{2^n n}{2^{n+1}(n+1)}=\frac{1}{2},$$

故收敛半径 $R=2$，收敛区间为$|t|<2$，即$-1<x<3$.

当 $x=3$ 时，级数为$\sum_{n=1}^{\infty}\frac{1}{n}$，发散.

当 $x=-1$ 时，级数为 $\sum\limits_{n=1}^{\infty}(-1)^n\dfrac{1}{n}$，收敛.

故级数 $\sum\limits_{n=1}^{\infty}\dfrac{(x-1)^n}{2^n n}$ 的收敛域为 $[-1,3)$.

例 9.22 求幂级数 $\sum\limits_{n=0}^{\infty}(-1)^n\dfrac{x^{2n}}{3^n}$ 的收敛域.

解 级数缺少奇次幂的项，不能直接用定理9.9，下面根据比值审敛法来求收敛半径. 由于

$$\lim_{n\to\infty}\left|\frac{u_{n+1}}{u_n}\right|=\lim_{n\to\infty}\left|\frac{(-1)^{n+1}x^{2n+2}}{3^{n+1}}\cdot\frac{3^n}{(-1)^n x^{2n}}\right|=\frac{1}{3}|x|^2,$$

则当 $\dfrac{1}{3}|x|^2<1$ 即 $|x|<\sqrt{3}$ 时，级数收敛；当 $\dfrac{1}{3}|x|^2>1$ 即 $|x|>\sqrt{3}$ 时，级数发散. 故收敛半径 $R=\sqrt{3}$，收敛区间为 $(-\sqrt{3},\sqrt{3})$.

当 $x=\pm\sqrt{3}$ 时，级数为 $\sum\limits_{n=0}^{\infty}(-1)^n$，发散，故收敛域为 $(-\sqrt{3},\sqrt{3})$.

9.4.3 幂级数的运算

设两个幂级数 $\sum\limits_{n=0}^{\infty}a_n x^n$，$\sum\limits_{n=0}^{\infty}b_n x^n$ 的收敛半径分别为 R_1,R_2，记 $R=\min\{R_1,R_2\}$. 对于这两个幂级数可以进行如下运算：

1) $\sum\limits_{n=0}^{\infty}(a_n+b_n)x^n=\sum\limits_{n=0}^{\infty}a_n x^n+\sum\limits_{n=0}^{\infty}b_n x^n$，其中 $x\in(-R,R)$；

2) $\sum\limits_{n=0}^{\infty}a_n x^n\cdot\sum\limits_{n=0}^{\infty}b_n x^n=\sum\limits_{n=0}^{\infty}c_n x^n$，其中 $x\in(-R,R)$，而
$c_0=a_0b_0$，$c_1=a_0b_1+a_1b_0$，$c_2=a_0b_2+a_1b_1+a_2b_0$，…，
$c_n=a_0b_n+a_1b_{n-1}+\cdots+a_nb_0$.

下面重点介绍幂级数的和函数.

定义 9.9 设幂级数 $\sum\limits_{n=0}^{\infty}a_n x^n$ 的收敛域为 D，把幂级数 $\sum\limits_{n=0}^{\infty}a_n x^n$ 在点 $x\in D$ 处的和记为 $S(x)$，即

$$S(x)=\sum_{n=0}^{\infty}a_n x^n\quad(x\in D),$$

则 $S(x)$ 是以 D 为定义域的函数，称为幂级数 $\sum\limits_{n=0}^{\infty}a_n x^n$ 的**和函数**.

例如，等比级数$\sum_{n=0}^{\infty} x^n$在其收敛域$(-1,1)$内的和函数为$\frac{1}{1-x}$，即

$$\sum_{n=0}^{\infty} x^n = \frac{1}{1-x}, \quad x \in (-1,1)\ (9.1\text{ 节例 }9.1).$$

关于幂级数的和函数有下列重要性质(证明从略).

性质 1 幂级数$\sum_{n=0}^{\infty} a_n x^n$的和函数$S(x)$在其收敛域$D$上连续.

性质 2 幂级数$\sum_{n=0}^{\infty} a_n x^n$的和函数$S(x)$在其收敛域$D$上可积，并有逐项积分公式

$$\int_0^x S(x)\mathrm{d}x = \int_0^x \left(\sum_{n=0}^{\infty} a_n x^n\right)\mathrm{d}x = \sum_{n=0}^{\infty}\int_0^x a_n x^n \mathrm{d}x$$

$$= \sum_{n=0}^{\infty} \frac{a_n}{n+1} x^{n+1}, \tag{9.6}$$

逐项积分后所得到的幂级数和原级数有相同的收敛半径.

性质 3 幂级数$\sum_{n=0}^{\infty} a_n x^n$的和函数$S(x)$在其收敛区间$(-R,R)$内可导，且有逐项求导公式

$$S'(x) = \left(\sum_{n=0}^{\infty} a_n x^n\right)' = \sum_{n=0}^{\infty}(a_n x^n)' = \sum_{n=1}^{\infty} n a_n x^{n-1} \quad (|x| < R), \tag{9.7}$$

逐项求导后所得到的幂级数和原级数有相同的收敛半径.

注 性质 2 和性质 3 表明逐项积分与逐项求导都不会改变幂级数的收敛半径. 因而，幂级数可在其收敛区间内无限次地进行逐项积分与逐项求导. 但是，逐项求导所得的幂级数有可能在原幂级数收敛的端点处发散；而逐项积分所得的幂级数却有可能在原幂级数发散的端点处收敛. 利用性质 2、性质 3 可以较容易求得一些幂级数的和函数.

例 9.23 求幂级数$\sum_{n=0}^{\infty} \frac{x^n}{n+1}$的和函数.

解 易求得其收敛域为$[-1,1)$. 设其和函数为$S(x)$，即

$$S(x) = \sum_{n=0}^{\infty} \frac{x^n}{n+1}, \quad x \in [-1,1).$$

于是

$$xS(x)=\sum_{n=0}^{\infty}\frac{x^{n+1}}{n+1},\quad x\in[-1,1).$$

利用性质 3，逐项求导，得

$$(xS(x))'=\sum_{n=0}^{\infty}\left(\frac{x^{n+1}}{n+1}\right)'=\sum_{n=0}^{\infty}x^{n}=\frac{1}{1-x}\quad(|x|<1).$$

对上式从 0 到 x 积分，得

$$xS(x)=\int_{0}^{x}\frac{1}{1-t}\mathrm{d}t=-\ln(1-x)\quad(-1\leqslant x<1).$$

于是，当 $x\neq 0$ 时，有

$$S(x)=-\frac{1}{x}\ln(1-x).$$

$S(0)=a_0=1$. 也可由和函数的连续性得

$$S(0)=\lim_{x\to 0}S(x)=\lim_{x\to 0}\left(-\frac{1}{x}\ln(1-x)\right)=1.$$

故

$$S(x)=\begin{cases}-\dfrac{1}{x}\ln(1-x), & x\in[-1,0)\cup(0,1),\\ 1, & x=0.\end{cases}$$

例 9.24 求幂级数$\sum_{n=0}^{\infty}(n+1)x^{n}$ 的和函数.

解 易求得其收敛域为$(-1,1)$. 设其和函数为 $S(x)$，即

$$S(x)=\sum_{n=0}^{\infty}(n+1)x^{n}\quad(-1<x<1).$$

逐项积分，得

$$\int_{0}^{x}S(t)\mathrm{d}t=\sum_{n=0}^{\infty}(n+1)\int_{0}^{x}t^{n}\,\mathrm{d}t=\sum_{n=0}^{\infty}x^{n+1}=x\sum_{n=0}^{\infty}x^{n}$$
$$=\frac{x}{1-x}\quad(-1<x<1).$$

对上式求导，得

$$S(x)=\left(\frac{x}{1-x}\right)'=\frac{1}{(1-x)^{2}}\quad(-1<x<1).$$

例 9.25 求幂级数$\sum_{n=1}^{\infty}\frac{1}{2n-1}x^{2n-1}$ 在$|x|<1$ 的和函数，并求

$$\sum_{n=1}^{\infty}\frac{1}{(2n-1)\cdot 2^{n}}.$$

解 设所求幂级数的和函数为 $S(x)$，即

$$S(x)=\sum_{n=1}^{\infty}\frac{1}{2n-1}x^{2n-1}\quad(-1<x<1).$$

对上式两端求导，得

$$S'(x)=\left(\sum_{n=1}^{\infty}\frac{x^{2n-1}}{2n-1}\right)'=\sum_{n=1}^{\infty}\left(\frac{x^{2n-1}}{2n-1}\right)'=\sum_{n=1}^{\infty}x^{2n-2}=\frac{1}{1-x^2},$$

所以

$$S(x)=S(0)+\int_0^x S'(t)\mathrm{d}t=\int_0^x\frac{1}{1-t^2}\mathrm{d}t=\frac{1}{2}\ln\frac{1+x}{1-x},$$

即

$$\sum_{n=1}^{\infty}\frac{1}{2n-1}x^{2n-1}=\frac{1}{2}\ln\frac{1+x}{1-x}\quad(-1<x<1).$$

上式两端同乘以 x，有 $\sum_{n=1}^{\infty}\frac{x^{2n}}{2n-1}=\frac{x}{2}\ln\frac{1+x}{1-x}$. 令 $x=\frac{1}{\sqrt{2}}$，得

$$\sum_{n=1}^{\infty}\frac{1}{(2n-1)\cdot 2^n}=\frac{1}{2\sqrt{2}}\ln\frac{\sqrt{2}+1}{\sqrt{2}-1}=\frac{1}{\sqrt{2}}\ln(1+\sqrt{2}).$$

习　题　9.4

1. 求下列幂级数的收敛域：

1) $\sum_{n=1}^{\infty}(-1)^{n-1}\frac{x^n}{n}$;　　2) $\sum_{n=1}^{\infty}\frac{x^n}{\sqrt{n}}$;

3) $\sum_{n=0}^{\infty}\frac{x^n}{n!}$;　　4) $\sum_{n=1}^{\infty}\frac{(x-5)^n}{\sqrt{n}}$;

5) $\sum_{n=1}^{\infty}\frac{x^n}{n\cdot 3^n}$;　　6) $\sum_{n=0}^{\infty}(-1)^n\frac{x^{2n}}{2n!}$.

2. 求下列幂级数的和函数：

1) $\sum_{n=0}^{\infty}\frac{x^n}{2^n}$;　　2) $\sum_{n=1}^{\infty}\frac{x^n}{n}$;

3) $\sum_{n=1}^{\infty}2nx^{n-1}$.

9.5　函数展开成幂级数

前面讨论了幂级数的收敛域及其和函数的性质. 但在实际应用中，我们也会遇到相反的问题：给定函数 $f(x)$，要考虑它是否能在某个区间内“展开

成幂级数"，就是说，是否能找到这样一个幂级数，它在某区间内收敛，且其和恰好就是给定的函数 $f(x)$. 如果能找到这样的幂级数，我们就说函数 $f(x)$ 在该区间内能展开成幂级数，而这个幂级数在该区间内就表达了函数 $f(x)$.

首先介绍泰勒中值定理.

定理 9.10（**泰勒中值定理**） 如果函数 $f(x)$ 在含有 x_0 的某个开区间 (a,b) 内具有直到 $n+1$ 阶的导数，则对任一 $x \in (a,b)$，有

$$f(x)=f(x_0)+f'(x_0)(x-x_0)+\frac{f''(x_0)}{2!}(x-x_0)^2+\cdots$$
$$+\frac{f^{(n)}(x_0)}{n!}(x-x_0)^n+R_n(x), \tag{9.8}$$

其中

$$R_n(x)=\frac{f^{(n+1)}(\xi)}{(n+1)!}(x-x_0)^{n+1}, \tag{9.9}$$

这里 ξ 是 x_0 与 x 之间的某个值.

证明从略.

注 (9.8) 称为**泰勒公式**，(9.9) 称为**拉格朗日型余项**.

假设函数 $f(x)$ 在点 x_0 的某邻域 $U(x_0)$ 内能展开成幂级数，即有

$$f(x)=a_0+a_1(x-x_0)+a_2(x-x_0)^2+\cdots$$
$$+a_n(x-x_0)^n+\cdots,\quad x\in U(x_0), \tag{9.10}$$

则根据和函数的性质可知 $f(x)$ 在 $U(x_0)$ 内应具有任意阶导数，且

$$f^{(n)}(x)=n!\,a_n+(n+1)!\,a_{n+1}(x-x_0)+\frac{(n+2)!}{2!}(x-x_0)^2+\cdots.$$

由此可得 $f^{(n)}(x_0)=n!\,a_n$，于是

$$a_n=\frac{1}{n!}f^{(n)}(x_0)\quad(n=0,1,2,\cdots). \tag{9.11}$$

这表明，如果函数 $f(x)$ 有幂级数展开式(9.10)，则该幂级数的系数 a_n 由 (9.11) 确定，即该幂级数必为

$$f(x_0)+f'(x_0)(x-x_0)+\cdots+\frac{1}{n!}f^{(n)}(x_0)(x-x_0)^n+\cdots$$
$$=\sum_{n=0}^{\infty}\frac{1}{n!}f^{(n)}(x_0)(x-x_0)^n, \tag{9.12}$$

而展开式必为

$$f(x)=\sum_{n=0}^{\infty}\frac{1}{n!}f^{(n)}(x_0)(x-x_0)^n,\quad x\in U(x_0). \tag{9.13}$$

幂级数(9.12)称为函数$f(x)$在点x_0处的**泰勒级数**. 展开式(9.13)称为函数$f(x)$在点x_0处的**泰勒展开式**.

下面讨论泰勒展开式(9.13)成立的条件.

定理 9.11　设函数$f(x)$在点x_0的某一邻域$U(x_0)$内具有各阶导数，则$f(x)$在该邻域内能展开成泰勒级数的充分必要条件是，在该邻域内$f(x)$的泰勒公式中的余项$R_n(x)$当$n\to\infty$时的极限为零，即

$$\lim_{n\to\infty}R_n(x)=0,\quad x\in U(x_0).$$

证明从略.

下面着重讨论$x_0=0$的情形. 在(9.12)中取$x_0=0$，得

$$f(0)+f'(0)x+\cdots+\frac{1}{n!}f^{(n)}(0)x^n+\cdots=\sum_{n=0}^{\infty}\frac{1}{n!}f^{(n)}(0)x^n,\tag{9.14}$$

级数(9.14)称为$f(x)$的**麦克劳林级数**. 如果$f(x)$能在$(-R,R)$内展开成x的幂级数，则有

$$f(x)=\sum_{n=0}^{\infty}\frac{1}{n!}f^{(n)}(0)x^n\quad(|x|<R),\tag{9.15}$$

(9.15)称为函数$f(x)$的**麦克劳林展开式**.

从上面的讨论可知，把函数$f(x)$展开成幂级数$\sum\limits_{n=0}^{\infty}\frac{f^{(n)}(0)}{n!}x^n$的步骤如下：

1)　求出$f(x)$的各阶导数$f'(x),f''(x),\cdots,f^{(n)}(x),\cdots$.

2)　求出$f(x)$及其各阶导数在$x=0$处的值：

$$f(0),\ f'(0),\ f''(0),\ \cdots,\ f^{(n)}(0),\ \cdots.$$

3)　写出幂级数

$$f(0)+f'(0)x+\frac{f''(0)}{2!}x^2+\cdots+\frac{f^{(n)}(0)}{n!}x^n+\cdots,$$

并求出收敛域D.

4)　检验$\lim\limits_{n\to\infty}R_n(x)=0$在收敛域$D$上是否成立. 如果$\lim\limits_{n\to\infty}R_n(x)=0$在$D$上成立，则$f(x)$在$D$上有幂级数展开式

$$f(x)=\sum_{n=0}^{\infty}\frac{f^{(n)}(0)}{n!}x^n\quad(x\in D).$$

例 9.26　将函数$f(x)=\sin x$展开成x的幂级数.

解　$f(x)=\sin x$的各阶导数为

$$f^{(n)}(x)=\sin\left(x+n\cdot\frac{\pi}{2}\right)\quad(n=1,2,\cdots).$$

$f^{(n)}(0)$ 顺序循环地取 0,1,0,-1,$\cdots$ $(n=0,1,2,\cdots)$，于是得到级数

$$x-\frac{x^3}{3!}+\frac{x^5}{5!}-\cdots+(-1)^n\frac{x^{2n+1}}{(2n+1)!}+\cdots,$$

它的收敛域 $D=(-\infty,+\infty)$.

对于任何有限的数 x,ξ (ξ 在 0 与 x 之间)，当 $n\to\infty$时，余项的绝对值

$$|R_n(x)|=\left|\frac{\sin\left(\xi+\frac{(n+1)\pi}{2}\right)}{(n+1)!}x^{n+1}\right|\leqslant\frac{|x|^{n+1}}{(n+1)!}\to 0\quad(n\to\infty),$$

故得展开式

$$\sin x=x-\frac{x^3}{3!}+\frac{x^5}{5!}+\cdots+(-1)^n\frac{x^{2n+1}}{(2n+1)!}+\cdots$$
$$(-\infty<x<+\infty).\qquad(9.16)$$

用同样的方法可求得

$$\mathrm{e}^x=1+\frac{x}{1!}+\frac{x^2}{2!}+\cdots+\frac{x^n}{n!}+\cdots\quad(-\infty<x<+\infty).\qquad(9.17)$$

直接利用上面的步骤对 $f(x)$ 进行展开，计算量大. 下面介绍间接展开的方法，就是利用一些已知的函数展开式，通过幂级数的运算(如四则运算，逐项求导，逐项积分)以及变量代换等，将所给的函数展开成幂级数. 这样做不但简单，而且可以避免研究余项.

易知

$$\frac{1}{1+x}=1-x+x^2-x^3+\cdots+(-1)^n x^n+\cdots$$
$$(-1<x<1).\qquad(9.18)$$

利用(9.16),(9.17),(9.18) 这三个展开式，可以求得很多函数的幂级数展开式. 例如，对(9.16) 两边求导，得

$$\cos x=1-\frac{x^2}{2!}+\frac{x^4}{4!}+\cdots+(-1)^n\frac{x^{2n}}{(2n)!}+\cdots$$
$$(-\infty<x<+\infty);\qquad(9.19)$$

把(9.18) 的 x 换成 x^2，得

$$\frac{1}{1+x^2}=1-x^2+x^4+\cdots+(-1)^n x^{2n}+\cdots\quad(-1<x<1);\quad(9.20)$$

对(9.18) 两边从 0 到 x 积分，得

$$\ln(1+x)=x-\frac{1}{2}x^2+\frac{1}{3}x^3+\cdots+(-1)^{n-1}\frac{x^n}{n}+\cdots$$
$$(-1<x\leqslant 1);\qquad(9.21)$$

对(9.20)两边从0到x积分，得

$$\arctan x = x - \frac{x^3}{3} + \frac{x^5}{5} + \cdots + (-1)^n \frac{x^{2n+1}}{2n+1} + \cdots \quad (-1 < x < 1). \qquad (9.22)$$

例 9.27 将$f(x)=e^{-x^2}$展开成x的幂级数.

解 将e^x的展开式中的x换成$-x^2$即得

$$\begin{aligned} f(x) &= e^{-x^2} \\ &= 1 - x^2 + \frac{1}{2!}x^4 + \cdots + \frac{(-1)^n}{n!}x^{2n} + \cdots \quad (-\infty < x < +\infty). \end{aligned}$$

例 9.28 将$f(x)=\ln(2+3x)$展开成x的幂级数.

解 $f(x)=\ln(2+3x)=\ln\left(2\left(1+\frac{3}{2}x\right)\right)=\ln 2+\ln\left(1+\frac{3}{2}x\right)$，而$\ln\left(1+\frac{3}{2}x\right)$可将$\ln(1+x)$的幂级数展开式中的$x$换为$\frac{3}{2}x$即可.

$$\begin{aligned} \ln\left(1+\frac{3}{2}x\right) &= \frac{3}{2}x - \frac{1}{2}\left(\frac{3}{2}x\right)^2 + \frac{1}{3}\left(\frac{3}{2}x\right)^3 + \cdots \\ &\quad + \frac{(-1)^{n-1}}{n}\left(\frac{3}{2}x\right)^n + \cdots \\ &= \frac{3}{2}x - \frac{1}{2}\left(\frac{3}{2}\right)^2 x^2 + \frac{1}{3}\left(\frac{3}{2}\right)^3 x^3 + \cdots \\ &\quad + \frac{(-1)^{n-1}}{n}\left(\frac{3}{2}\right)^n x^n + \cdots, \end{aligned}$$

收敛域为$-1 < \frac{3}{2}x \leqslant 1$，即$-\frac{2}{3} < x \leqslant \frac{2}{3}$. 故

$$\begin{aligned} \ln(2+3x) &= \ln 2 + \frac{3}{2}x - \frac{1}{2}\left(\frac{3}{2}\right)^2 x^2 + \frac{1}{3}\left(\frac{3}{2}\right)^3 x^3 + \cdots \\ &\quad + \frac{(-1)^{n-1}}{n}\left(\frac{3}{2}\right)^n x^n + \cdots, \quad x \in \left(-\frac{2}{3}, \frac{2}{3}\right]. \end{aligned}$$

习 题 9.5

1. 将下列函数展开成幂级数：

1) $f(x)=\sin\frac{x}{2}$；　　2) $f(x)=\frac{1}{2+x}$；

3) $f(x)=\frac{1}{(1-x)^2}$.

2. 将函数$f(x)=\frac{1}{2-x-x^2}$展开成x的幂级数.

总习题九

1. 填空题

1） 对级数 $\sum_{n=1}^{\infty} u_n$，$\lim_{n \to \infty} u_n = 0$ 是它收敛的________条件，不是它收敛的________条件.

2） 若级数 $\sum_{n=1}^{\infty} u_n$ 绝对收敛，则级数 $\sum_{n=1}^{\infty} u_n$ 必定________；若级数 $\sum_{n=1}^{\infty} u_n$ 条件收敛，则级数 $\sum_{n=1}^{\infty} |u_n|$ 必定________.

2. 判断下列级数的敛散性：

1） $\sum_{n=1}^{\infty} \frac{1}{n(n+1)(n+2)}$；　　2） $\sum_{n=1}^{\infty} \frac{3^n}{2^n}$；

3） $\sum_{n=1}^{\infty} \frac{1}{\sqrt{n(n+1)}}$；　　4） $\sum_{n=1}^{\infty} \frac{2^n}{2^n + 3^n}$；

5） $\sum_{n=1}^{\infty} \frac{1}{1+a^n}\quad (a > 0)$；　　6） $\sum_{n=1}^{\infty} \frac{1 \cdot 3 \cdot 5 \cdot \cdots \cdot (2n-1)}{3^n n!}$.

3. 判断下列级数的敛散性，若收敛，判断是条件收敛还是绝对收敛：

1） $\sum_{n=1}^{\infty} (-1)^n \ln\left(1 + \frac{1}{n}\right)$；　　2） $\sum_{n=2}^{\infty} (-1)^n \frac{\ln n}{n}$；

3） $\sum_{n=1}^{\infty} (-1)^n \sin \frac{1}{n^2}$；　　4） $\sum_{n=1}^{\infty} (-1)^{n-1} (\sqrt{n+1} - \sqrt{n})$.

4. 求下列幂级数的收敛半径和收敛域：

1） $\sum_{n=1}^{\infty} \frac{2^n}{n^2+1} x^n$；　　2） $\sum_{n=1}^{\infty} \frac{1}{n^n} x^n$；

3） $\sum_{n=1}^{\infty} (-1)^n \frac{2n}{\sqrt{n}} \left(x - \frac{1}{2}\right)^n$；　　4） $\sum_{n=1}^{\infty} \frac{n!}{2^n} x^n$.

5. 求下列幂级数的收敛区间，并在收敛区间内求其和函数：

1） $\sum_{n=1}^{\infty} \frac{n+1}{n} x^n$；　　2） $\sum_{n=0}^{\infty} \frac{n+1}{n!} x^n$.

6. 将下列函数展开成 x 的幂级数，并写出展开式成立的区间：

1） $f(x) = (1+x)e^{-x}$；　　2） $f(x) = \cos \frac{x}{2}$.

7. 求幂级数 $\sum_{n=1}^{\infty}(-1)^{n-1}\frac{x^{2n-1}}{2n-1}$ $(|x|<1)$ 的和函数，并求级数 $\sum_{n=1}^{\infty}\frac{(-1)^{n-1}}{2n-1}\left(\frac{3}{4}\right)^{n}$ 的和.

附录A

基本初等函数的图形

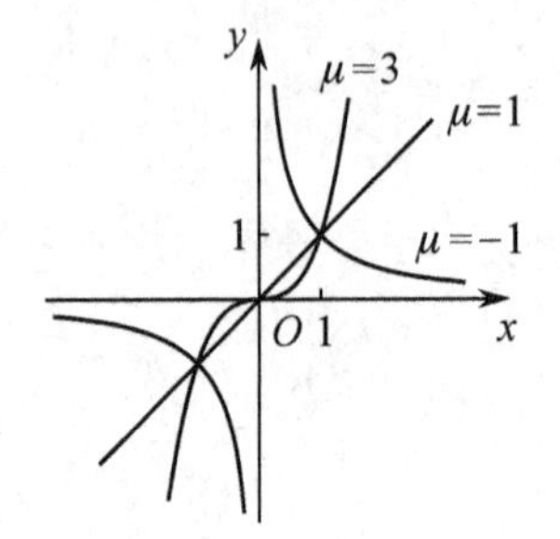

(a) $y = x^{\mu}$（μ 是常数）

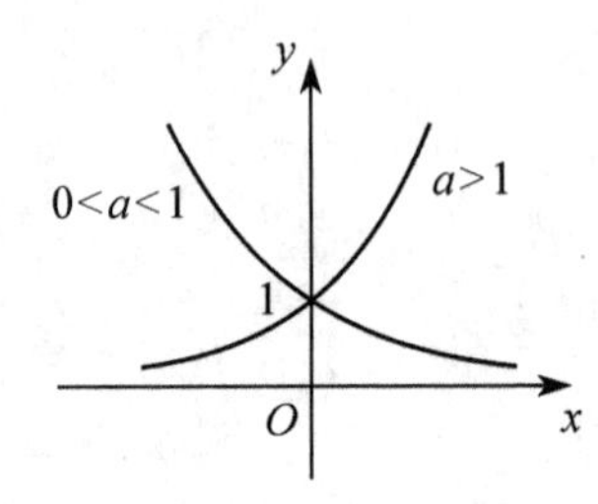

(b) $y = a^{x}$（a 是常数且 $a > 0$，$a \neq 1$）

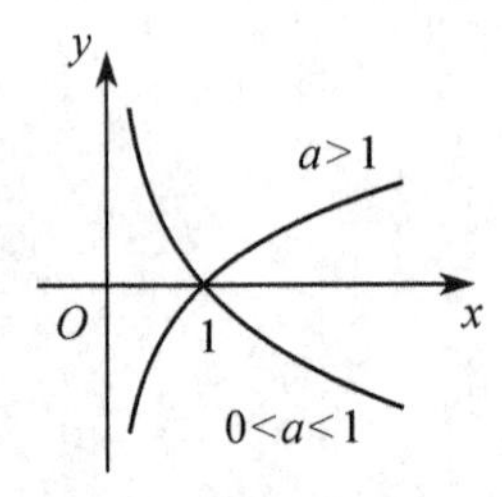

(c) $y = \log_a x$（a 是常数且 $a > 0$，$a \neq 1$）

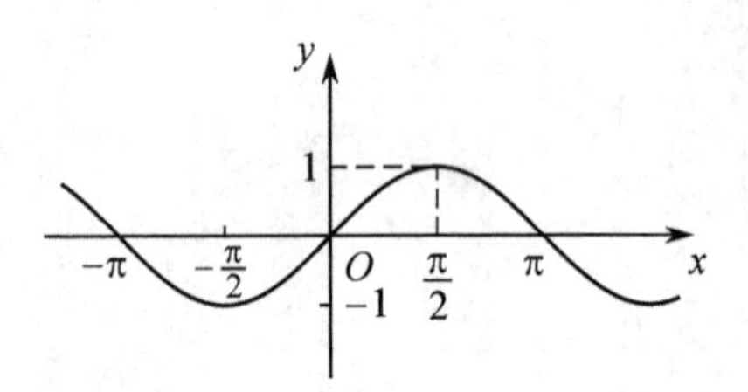

(d) $y = \sin x$

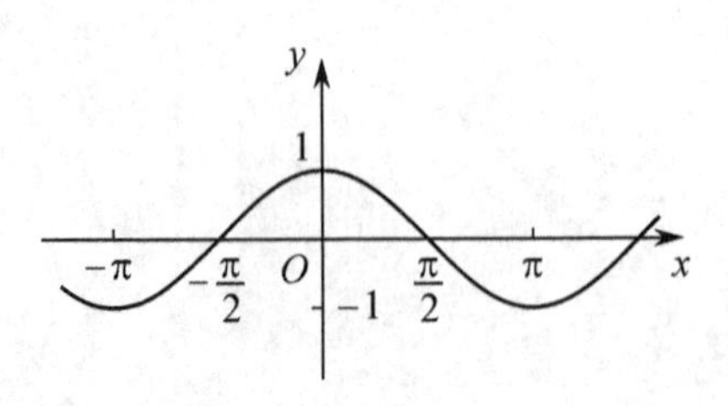

(e) $y = \cos x$

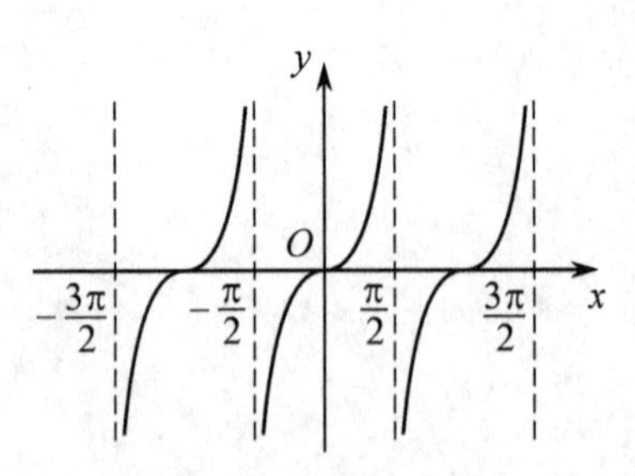

(f) $y = \tan x$

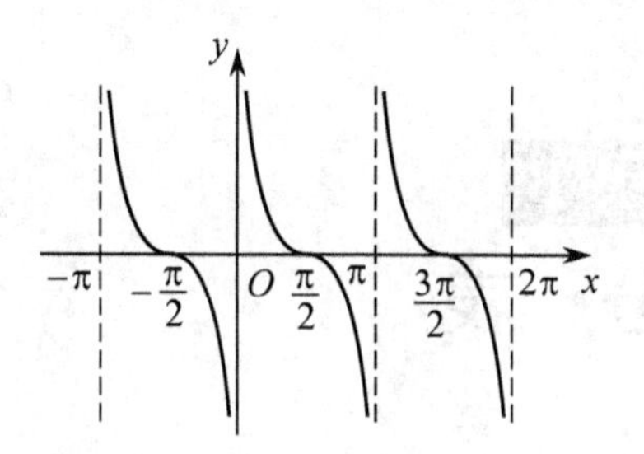

(g)　$y = \cot x$

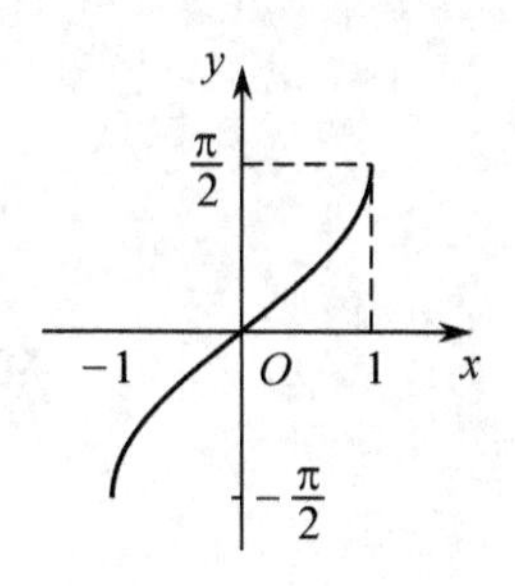

(h)　$y = \arcsin x$

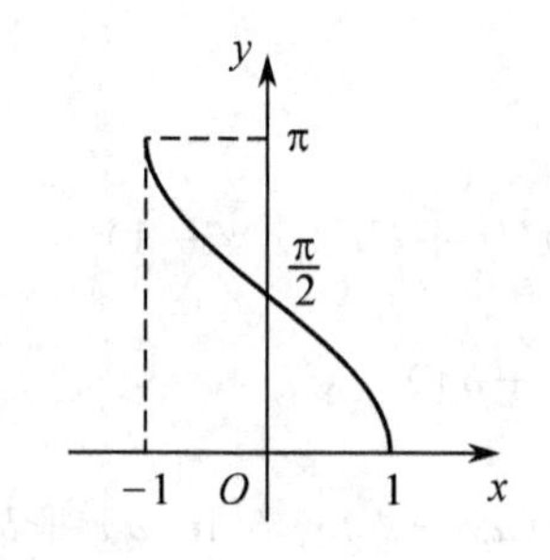

(i)　$y = \arccos x$

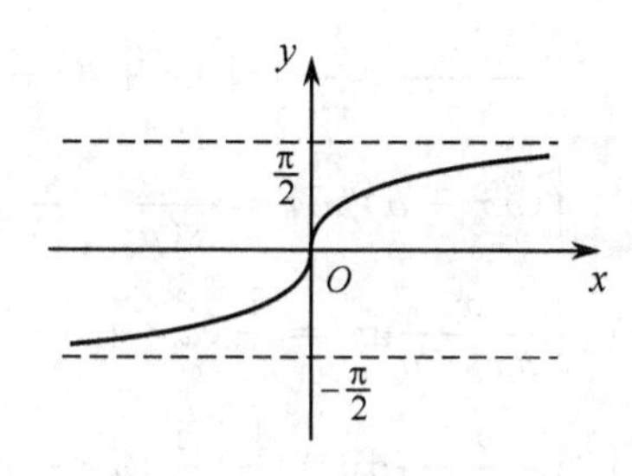

(j)　$y = \arctan x$

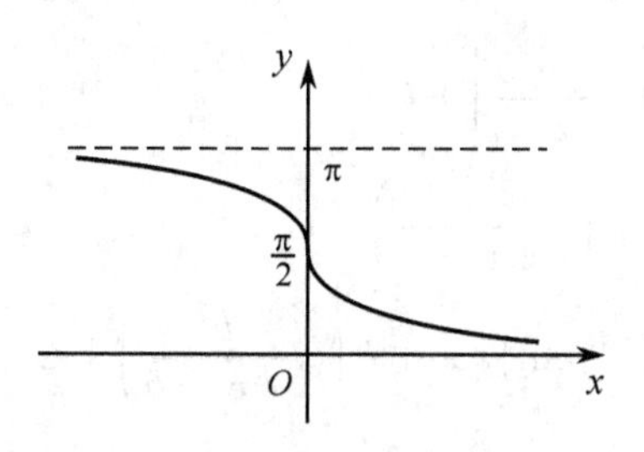

(k)　$y = \text{arccot}\, x$

附录B

积分表

含有 $ax+b$ 的积分

1) $\int \frac{dx}{ax+b} = \frac{1}{a}\ln|ax+b| + C$

2) $\int (ax+b)^{\mu} dx = \frac{1}{a(\mu+1)}(ax+b)^{\mu+1} + C \quad (\mu \neq -1)$

3) $\int \frac{x}{ax+b} dx = \frac{1}{a^2}(ax+b-b\ln|ax+b|) + C$

4) $\int \frac{x^2}{ax+b} dx = \frac{1}{a^3}\left[\frac{1}{2}(ax+b)^2 - 2b(ax+b) + b^2\ln|ax+b|\right] + C$

5) $\int \frac{dx}{x(ax+b)} = -\frac{1}{b}\ln\left|\frac{ax+b}{x}\right| + C$

6) $\int \frac{dx}{x^2(ax+b)} = -\frac{1}{bx} + \frac{a}{b^2}\ln\left|\frac{ax+b}{x}\right| + C$

7) $\int \frac{x}{(ax+b)^2} dx = \frac{1}{a^2}\left(\ln|ax+b| + \frac{b}{ax+b}\right) + C$

8) $\int \frac{x^2}{(ax+b)^2} dx = \frac{1}{a^3}\left(ax+b-2b\ln|ax+b| - \frac{b^2}{ax+b}\right) + C$

9) $\int \frac{dx}{x(ax+b)^2} = \frac{1}{b(ax+b)} - \frac{1}{b^2}\ln\left|\frac{ax+b}{x}\right| + C$

含有 $\sqrt{ax+b}$ 的积分

10) $\int \sqrt{ax+b}\, dx = \frac{2}{3a}\sqrt{(ax+b)^3} + C$

11) $\int x\sqrt{ax+b}\, dx = \frac{2}{15a^2}(3ax-2b)\sqrt{(ax+b)^3} + C$

12) $\int x^2\sqrt{ax+b}\, dx = \frac{2}{105a^3}(5a^2x^2-12abx+8b^2)\sqrt{(ax+b)^3} + C$

13) $\int \frac{x}{\sqrt{ax+b}} dx = \frac{2}{3a^2}(ax-2b)\sqrt{ax+b} + C$

14) $\int \frac{x^2}{\sqrt{ax+b}} dx = \frac{2}{15a^3}(3a^2x^2 - 4abx + 8b^2)\sqrt{ax+b} + C$

15) $\int \frac{dx}{x\sqrt{ax+b}} = \begin{cases} \frac{1}{\sqrt{b}} \ln \left| \frac{\sqrt{ax+b}-\sqrt{b}}{\sqrt{ax+b}+\sqrt{b}} \right| + C & (b>0) \\ \frac{2}{\sqrt{-b}} \arctan \sqrt{\frac{ax+b}{-b}} + C & (b<0) \end{cases}$

16) $\int \frac{dx}{x^2\sqrt{ax+b}} = -\frac{\sqrt{ax+b}}{bx} - \frac{a}{2b}\int \frac{dx}{x\sqrt{ax+b}}$

17) $\int \frac{\sqrt{ax+b}}{x} dx = 2\sqrt{ax+b} + b\int \frac{dx}{x\sqrt{ax+b}}$

18) $\int \frac{\sqrt{ax+b}}{x^2} dx = -\frac{\sqrt{ax+b}}{x} + \frac{a}{2}\int \frac{dx}{x\sqrt{ax+b}}$

含有 $x^2 \pm a^2$ 的积分

19) $\int \frac{dx}{x^2+a^2} = \frac{1}{a} \arctan \frac{x}{a} + C$

20) $\int \frac{dx}{(x^2+a^2)^n} = \frac{x}{2(n-1)a^2(x^2+a^2)^{n-1}} + \frac{2n-3}{2(n-1)a^2}\int \frac{dx}{(x^2+a^2)^{n-1}}$

21) $\int \frac{dx}{x^2-a^2} = \frac{1}{2a} \ln \left| \frac{x-a}{x+a} \right| + C$

含有 ax^2+b $(a>0)$ 的积分

22) $\int \frac{dx}{ax^2+b} = \begin{cases} \frac{1}{\sqrt{ab}} \arctan \sqrt{\frac{a}{b}}x + C & (b>0) \\ \frac{1}{2\sqrt{-ab}} \ln \left| \frac{\sqrt{a}x-\sqrt{-b}}{\sqrt{a}x+\sqrt{-b}} \right| + C & (b<0) \end{cases}$

23) $\int \frac{x}{ax^2+b} dx = \frac{1}{2a} \ln |ax^2+b| + C$

24) $\int \frac{x^2}{ax^2+b} dx = \frac{x}{a} - \frac{b}{a}\int \frac{dx}{ax^2+b}$

25) $\int \frac{dx}{x(ax^2+b)} = \frac{1}{2b} \ln \frac{x^2}{|ax^2+b|} + C$

26) $\int \frac{dx}{x^2(ax^2+b)} = -\frac{1}{bx} - \frac{a}{b}\int \frac{dx}{ax^2+b}$

27) $\int \frac{dx}{x^3(ax^2+b)} = \frac{a}{2b^2} \ln \frac{|ax^2+b|}{x^2} - \frac{1}{2bx^2} + C$

28) $\int \frac{dx}{(ax^2+b)^2} = \frac{x}{2b(ax^2+b)} + \frac{1}{2b}\int \frac{dx}{ax^2+b}$

含有 ax^2+bx+c ($a>0$) 的积分

29) $\int \frac{dx}{ax^2+bx+c} = \begin{cases} \frac{2}{\sqrt{4ac-b^2}} \arctan \frac{2ax+b}{\sqrt{4ac-b^2}} + C & (b^2 < 4ac) \\ \frac{1}{\sqrt{b^2-4ac}} \ln\left|\frac{2ax+b-\sqrt{b^2-4ac}}{2ax+b+\sqrt{b^2-4ac}}\right| + C & (b^2 > 4ac) \end{cases}$

30) $\int \frac{x}{ax^2+bx+c}dx = \frac{1}{2a}\ln|ax^2+bx+c| - \frac{b}{2a}\int \frac{dx}{ax^2+bx+c}$

含有 $\sqrt{x^2+a^2}$ ($a>0$) 的积分

31) $\int \frac{dx}{\sqrt{x^2+a^2}} = \operatorname{arsh}\frac{x}{a} + C_1 = \ln(x+\sqrt{x^2+a^2}) + C$

32) $\int \frac{dx}{\sqrt{(x^2+a^2)^3}} = \frac{x}{a^2\sqrt{x^2+a^2}} + C$

33) $\int \frac{x}{\sqrt{x^2+a^2}}dx = \sqrt{x^2+a^2} + C$

34) $\int \frac{x}{\sqrt{(x^2+a^2)^3}}dx = -\frac{1}{\sqrt{x^2+a^2}} + C$

35) $\int \frac{x^2}{\sqrt{x^2+a^2}}dx = \frac{x}{2}\sqrt{x^2+a^2} - \frac{a^2}{2}\ln(x+\sqrt{x^2+a^2}) + C$

36) $\int \frac{x^2}{\sqrt{(x^2+a^2)^3}}dx = -\frac{x}{\sqrt{x^2+a^2}} + \ln(x+\sqrt{x^2+a^2}) + C$

37) $\int \frac{dx}{x\sqrt{x^2+a^2}} = \frac{1}{a}\ln\frac{\sqrt{x^2+a^2}-a}{|x|} + C$

38) $\int \frac{dx}{x^2\sqrt{x^2+a^2}} = -\frac{\sqrt{x^2+a^2}}{a^2x} + C$

39) $\int \sqrt{x^2+a^2}\,dx = \frac{x}{2}\sqrt{x^2+a^2} + \frac{a^2}{2}\ln(x+\sqrt{x^2+a^2}) + C$

40) $\int \sqrt{(x^2+a^2)^3}\,dx = \frac{x}{8}(2x^2+5a^2)\sqrt{x^2+a^2}$

$$+ \frac{3}{8}a^4\ln(x+\sqrt{x^2+a^2}) + C$$

41) $\int x\sqrt{x^2+a^2}\,dx = \frac{1}{3}\sqrt{(x^2+a^2)^3} + C$

42) $\int x^2\sqrt{x^2+a^2}\,dx = \frac{x}{8}(2x^2+a^2)\sqrt{x^2+a^2}-\frac{a^4}{8}\ln(x+\sqrt{x^2+a^2})+C$

43) $\int \frac{\sqrt{x^2+a^2}}{x}dx=\sqrt{x^2+a^2}+a\ln\frac{\sqrt{x^2+a^2}-a}{|x|}+C$

44) $\int \frac{\sqrt{x^2+a^2}}{x^2}dx=-\frac{\sqrt{x^2+a^2}}{x}+\ln(x+\sqrt{x^2+a^2})+C$

含有$\sqrt{x^2-a^2}$ ($a>0$) 的积分

45) $\int \frac{dx}{\sqrt{x^2-a^2}}=\frac{x}{|x|}\operatorname{arsh}\frac{|x|}{a}+C_1=\ln\left|x+\sqrt{x^2-a^2}\right|+C$

46) $\int \frac{dx}{\sqrt{(x^2-a^2)^3}}=-\frac{x}{a^2\sqrt{x^2-a^2}}+C$

47) $\int \frac{x}{\sqrt{x^2-a^2}}dx=\sqrt{x^2-a^2}+C$

48) $\int \frac{x}{\sqrt{(x^2-a^2)^3}}dx=-\frac{1}{\sqrt{x^2-a^2}}+C$

49) $\int \frac{x^2}{\sqrt{x^2-a^2}}dx=\frac{x}{2}\sqrt{x^2-a^2}+\frac{a^2}{2}\ln\left|x+\sqrt{x^2-a^2}\right|+C$

50) $\int \frac{x^2}{\sqrt{(x^2-a^2)^3}}dx=-\frac{x}{\sqrt{x^2-a^2}}+\ln\left|x+\sqrt{x^2-a^2}\right|+C$

51) $\int \frac{dx}{x\sqrt{x^2-a^2}}=\frac{1}{a}\arccos\frac{a}{|x|}+C$

52) $\int \frac{dx}{x^2\sqrt{x^2-a^2}}=\frac{\sqrt{x^2-a^2}}{a^2x}+C$

53) $\int \sqrt{x^2-a^2}\,dx=\frac{x}{2}\sqrt{x^2-a^2}-\frac{a^2}{2}\ln\left|x+\sqrt{x^2-a^2}\right|+C$

54) $\int \sqrt{(x^2-a^2)^3}\,dx=\frac{x}{8}(2x^2-5a^2)\sqrt{x^2-a^2}$

$+\frac{3}{8}a^4\ln\left|x+\sqrt{x^2-a^2}\right|+C$

55) $\int x\sqrt{x^2-a^2}\,dx=\frac{1}{3}\sqrt{(x^2-a^2)^3}+C$

56) $\int x^2\sqrt{x^2-a^2}\,dx = \frac{x}{8}(2x^2-a^2)\sqrt{x^2-a^2}-\frac{a^4}{8}\ln\left|x+\sqrt{x^2-a^2}\right|+C$

57) $\int \frac{\sqrt{x^2-a^2}}{x}dx=\sqrt{x^2-a^2}-a\arccos\frac{a}{|x|}+C$

58) $\int \frac{\sqrt{x^2-a^2}}{x^2}\mathrm{d}x=-\frac{\sqrt{x^2-a^2}}{x}+\ln\left|x+\sqrt{x^2-a^2}\right|+C$

含有$\sqrt{a^2-x^2}$（$a>0$）的积分

59) $\int \frac{\mathrm{d}x}{\sqrt{a^2-x^2}}=\arcsin\frac{x}{a}+C$

60) $\int \frac{\mathrm{d}x}{\sqrt{(a^2-x^2)^3}}=\frac{x}{a^2\sqrt{a^2-x^2}}+C$

61) $\int \frac{x}{\sqrt{a^2-x^2}}\mathrm{d}x=-\sqrt{a^2-x^2}+C$

62) $\int \frac{x}{\sqrt{(a^2-x^2)^3}}\mathrm{d}x=\frac{1}{\sqrt{a^2-x^2}}+C$

63) $\int \frac{x^2}{\sqrt{a^2-x^2}}\mathrm{d}x=-\frac{x}{2}\sqrt{a^2-x^2}+\frac{a^2}{2}\arcsin\frac{x}{a}+C$

64) $\int \frac{x^2}{\sqrt{(a^2-x^2)^3}}\mathrm{d}x=\frac{x}{\sqrt{a^2-x^2}}-\arcsin\frac{x}{a}+C$

65) $\int \frac{\mathrm{d}x}{x\sqrt{a^2-x^2}}=\frac{1}{a}\ln\frac{a-\sqrt{a^2-x^2}}{|x|}+C$

66) $\int \frac{\mathrm{d}x}{x^2\sqrt{a^2-x^2}}=-\frac{\sqrt{a^2-x^2}}{a^2x}+C$

67) $\int \sqrt{a^2-x^2}\,\mathrm{d}x=\frac{x}{2}\sqrt{a^2-x^2}+\frac{a^2}{2}\arcsin\frac{x}{a}+C$

68) $\int \sqrt{(a^2-x^2)^3}\,\mathrm{d}x=\frac{x}{8}(5a^2-2x^2)\sqrt{a^2-x^2}+\frac{3}{8}a^4\arcsin\frac{x}{a}+C$

69) $\int x\sqrt{a^2-x^2}\,\mathrm{d}x=-\frac{1}{3}\sqrt{(a^2-x^2)^3}+C$

70) $\int x^2\sqrt{a^2-x^2}\,\mathrm{d}x=\frac{x}{8}(2x^2-a^2)\sqrt{a^2-x^2}+\frac{a^4}{8}\arcsin\frac{x}{a}+C$

71) $\int \frac{\sqrt{a^2-x^2}}{x}\mathrm{d}x=\sqrt{a^2-x^2}+a\ln\frac{a-\sqrt{a^2-x^2}}{|x|}+C$

72) $\int \frac{\sqrt{a^2-x^2}}{x^2}\mathrm{d}x=-\frac{\sqrt{a^2-x^2}}{x}-\arcsin\frac{x}{a}+C$

含有$\sqrt{\pm ax^2+bx+c}$（$a>0$）的积分

73) $\int \frac{\mathrm{d}x}{\sqrt{ax^2+bx+c}}=\frac{1}{\sqrt{a}}\ln\left|2ax+b+2\sqrt{a}\sqrt{ax^2+bx+c}\right|+C$

74) $\int \sqrt{ax^2+bx+c}\,dx = \frac{2ax+b}{4a}\sqrt{ax^2+bx+c}$

$+\frac{4ac-b^2}{8\sqrt{a^3}}\ln\left|2ax+b+2\sqrt{a}\sqrt{ax^2+bx+c}\right|+C$

75) $\int \frac{x}{\sqrt{ax^2+bx+c}}\,dx = \frac{1}{a}\sqrt{ax^2+bx+c}$

$-\frac{b}{2\sqrt{a^3}}\ln\left|2ax+b+2\sqrt{a}\sqrt{ax^2+bx+c}\right|+C$

76) $\int \frac{dx}{\sqrt{c+bx-ax^2}} = -\frac{1}{\sqrt{a}}\arcsin\frac{2ax-b}{\sqrt{b^2+4ac}}+C$

77) $\int \sqrt{c+bx-ax^2}\,dx = \frac{2ax-b}{4a}\sqrt{c+bx-ax^2}$

$+\frac{b^2+4ac}{8\sqrt{a^3}}\arcsin\frac{2ax-b}{\sqrt{b^2+4ac}}+C$

78) $\int \frac{x}{\sqrt{c+bx-ax^2}}\,dx = -\frac{1}{a}\sqrt{c+bx-ax^2}$

$+\frac{b}{2\sqrt{a^3}}\arcsin\frac{2ax-b}{\sqrt{b^2+4ac}}+C$

含有$\sqrt{\pm\frac{x-a}{x-b}}$或$\sqrt{(x-a)(b-x)}$的积分

79) $\int \sqrt{\frac{x-a}{x-b}}\,dx = (x-b)\sqrt{\frac{x-a}{x-b}}$

$+(b-a)\ln(\sqrt{|x-a|}+\sqrt{|x-b|})+C$

80) $\int \sqrt{\frac{x-a}{b-x}}\,dx = (x-b)\sqrt{\frac{x-a}{b-x}}+(b-a)\arcsin\sqrt{\frac{x-a}{b-a}}+C$

81) $\int \frac{dx}{\sqrt{(x-a)(b-x)}} = 2\arcsin\sqrt{\frac{x-a}{b-a}}+C \quad (a<b)$

82) $\int \sqrt{(x-a)(b-x)}\,dx = \frac{2x-a-b}{4}\sqrt{(x-a)(b-x)}$

$+\frac{(b-a)^2}{4}\arcsin\sqrt{\frac{x-a}{b-a}}+C \quad (a<b)$

含有三角函数的积分

83) $\int \sin x\,dx = -\cos x+C$

84) $\int \cos x \, dx = \sin x + C$

85) $\int \tan x \, dx = -\ln|\cos x| + C$

86) $\int \cot x \, dx = \ln|\sin x| + C$

87) $\int \sec x \, dx = \ln\left|\tan\left(\frac{\pi}{4} + \frac{x}{2}\right)\right| + C = \ln|\sec x + \tan x| + C$

88) $\int \csc x \, dx = \ln\left|\tan \frac{x}{2}\right| + C = \ln|\csc x - \cot x| + C$

89) $\int \sec^2 x \, dx = \tan x + C$

90) $\int \csc^2 x \, dx = -\cot x + C$

91) $\int \sec x \tan x \, dx = \sec x + C$

92) $\int \csc x \cot x \, dx = -\csc x + C$

93) $\int \sin^2 x \, dx = \frac{x}{2} - \frac{1}{4}\sin 2x + C$

94) $\int \cos^2 x \, dx = \frac{x}{2} + \frac{1}{4}\sin 2x + C$

95) $\int \sin^n x \, dx = -\frac{1}{n}\sin^{n-1} x \cos x + \frac{n-1}{n}\int \sin^{n-2} x \, dx$

96) $\int \cos^n x \, dx = \frac{1}{n}\cos^{n-1} x \sin x + \frac{n-1}{n}\int \cos^{n-2} x \, dx$

97) $\int \frac{dx}{\sin^n x} = -\frac{1}{n-1} \cdot \frac{\cos x}{\sin^{n-1} x} + \frac{n-2}{n-1}\int \frac{dx}{\sin^{n-2} x}$

98) $\int \frac{dx}{\cos^n x} = \frac{1}{n-1} \cdot \frac{\sin x}{\cos^{n-1} x} + \frac{n-2}{n-1}\int \frac{dx}{\cos^{n-2} x}$

99) $$\begin{aligned}\int \cos^m x \sin^n x \, dx &= \frac{1}{m+n}\cos^{m-1} x \sin^{n+1} x + \frac{m-1}{m+n}\int \cos^{m-2} x \sin^n x \, dx \\ &= -\frac{1}{m+n}\cos^{m+1} x \sin^{n-1} x + \frac{n-1}{m+n}\int \cos^m x \sin^{n-2} x \, dx\end{aligned}$$

100) $\int \sin ax \cos bx \, dx = -\frac{1}{2(a+b)}\cos (a+b)x - \frac{1}{2(a-b)}\cos (a-b)x + C$

101) $\int \sin ax \sin bx \, dx = -\frac{1}{2(a+b)}\sin (a+b)x + \frac{1}{2(a-b)}\sin (a-b)x + C$

102) $\int \cos ax \cos bx \, dx = \frac{1}{2(a+b)}\sin (a+b)x + \frac{1}{2(a-b)}\sin (a-b)x + C$

103) $\int \frac{dx}{a+b\sin x}=\frac{2}{\sqrt{a^2-b^2}}\arctan\frac{a\tan\frac{x}{2}+b}{\sqrt{a^2-b^2}}+C\quad (a^2>b^2)$

104) $\int \frac{dx}{a+b\sin x}=\frac{1}{\sqrt{b^2-a^2}}\ln\left|\frac{a\tan\frac{x}{2}+b-\sqrt{b^2-a^2}}{a\tan\frac{x}{2}+b+\sqrt{b^2-a^2}}\right|+C\quad (a^2<b^2)$

105) $\int \frac{dx}{a+b\cos x}=\frac{2}{a+b}\sqrt{\frac{a+b}{a-b}}\arctan\left(\sqrt{\frac{a-b}{a+b}}\tan\frac{x}{2}\right)+C\quad (a^2>b^2)$

106) $\int \frac{dx}{a+b\cos x}=\frac{1}{a+b}\sqrt{\frac{a+b}{b-a}}\ln\left|\frac{\tan\frac{x}{2}+\sqrt{\frac{a+b}{b-a}}}{\tan\frac{x}{2}-\sqrt{\frac{a+b}{b-a}}}\right|+C\quad (a^2<b^2)$

107) $\int \frac{dx}{a^2\cos^2 x+b^2\sin^2 x}=\frac{1}{ab}\arctan\left(\frac{b}{a}\tan x\right)+C$

108) $\int \frac{dx}{a^2\cos^2 x-b^2\sin^2 x}=\frac{1}{2ab}\ln\left|\frac{b\tan x+a}{b\tan x-a}\right|+C$

109) $\int x\sin ax\,dx=\frac{1}{a^2}\sin ax-\frac{1}{a}x\cos ax+C$

110) $\int x^2\sin ax\,dx=-\frac{1}{a}x^2\cos ax+\frac{2}{a^2}x\sin ax+\frac{2}{a^3}\cos ax+C$

111) $\int x\cos ax\,dx=\frac{1}{a^2}\cos ax+\frac{1}{a}x\sin ax+C$

112) $\int x^2\cos ax\,dx=\frac{1}{a}x^2\sin ax+\frac{2}{a^2}x\cos ax-\frac{2}{a^3}\sin ax+C$

含有反三角函数的积分(其中 $a>0$)

113) $\int \arcsin\frac{x}{a}\,dx=x\arcsin\frac{x}{a}+\sqrt{a^2-x^2}+C$

114) $\int x\arcsin\frac{x}{a}\,dx=\left(\frac{x^2}{2}-\frac{a^2}{4}\right)\arcsin\frac{x}{a}+\frac{x}{4}\sqrt{a^2-x^2}+C$

115) $\int x^2\arcsin\frac{x}{a}\,dx=\frac{x^3}{3}\arcsin\frac{x}{a}+\frac{1}{9}(x^2+2a^2)\sqrt{a^2-x^2}+C$

116) $\int \arccos\frac{x}{a}\,dx=x\arccos\frac{x}{a}-\sqrt{a^2-x^2}+C$

117) $\int x\arccos\frac{x}{a}\,dx=\left(\frac{x^2}{2}-\frac{a^2}{4}\right)\arccos\frac{x}{a}-\frac{x}{4}\sqrt{a^2-x^2}+C$

118) $\int x^2\arccos\frac{x}{a}\,dx=\frac{x^3}{3}\arccos\frac{x}{a}-\frac{1}{9}(x^2+2a^2)\sqrt{a^2-x^2}+C$

119) $\int \arctan\frac{x}{a}\,\mathrm{d}x = x\arctan\frac{x}{a} - \frac{a}{2}\ln(a^2+x^2)+C$

120) $\int x\arctan\frac{x}{a}\,\mathrm{d}x = \frac{1}{2}(a^2+x^2)\arctan\frac{x}{a} - \frac{a}{2}x+C$

121) $\int x^2\arctan\frac{x}{a}\,\mathrm{d}x = \frac{x^3}{3}\arctan\frac{x}{a} - \frac{a}{6}x^2+\frac{a^3}{6}\ln(a^2+x^2)+C$

含有指数函数的积分

122) $\int a^x\,\mathrm{d}x = \frac{1}{\ln a}a^x+C$

123) $\int \mathrm{e}^{ax}\,\mathrm{d}x = \frac{1}{a}\mathrm{e}^{ax}+C$

124) $\int x\mathrm{e}^{ax}\,\mathrm{d}x = \frac{1}{a^2}(ax-1)\mathrm{e}^{ax}+C$

125) $\int x^n\mathrm{e}^{ax}\,\mathrm{d}x = \frac{1}{a}x^n\mathrm{e}^{ax} - \frac{n}{a}\int x^{n-1}\mathrm{e}^{ax}\,\mathrm{d}x$

126) $\int xa^x\,\mathrm{d}x = \frac{x}{\ln a}a^x - \frac{1}{(\ln a)^2}a^x+C$

127) $\int x^na^x\,\mathrm{d}x = \frac{1}{\ln a}x^na^x - \frac{n}{\ln a}\int x^{n-1}a^x\,\mathrm{d}x$

128) $\int \mathrm{e}^{ax}\sin bx\,\mathrm{d}x = \frac{1}{a^2+b^2}\mathrm{e}^{ax}(a\sin bx - b\cos bx)+C$

129) $\int \mathrm{e}^{ax}\cos bx\,\mathrm{d}x = \frac{1}{a^2+b^2}\mathrm{e}^{ax}(b\sin bx + a\cos bx)+C$

130) $$\int \mathrm{e}^{ax}\sin^n bx\,\mathrm{d}x = \frac{1}{a^2+b^2n^2}\mathrm{e}^{ax}\sin^{n-1}bx\,(a\sin bx - nb\cos bx) + \frac{n(n-1)b^2}{a^2+b^2n^2}\int \mathrm{e}^{ax}\sin^{n-2}bx\,\mathrm{d}x$$

131) $$\int \mathrm{e}^{ax}\cos^n bx\,\mathrm{d}x = \frac{1}{a^2+b^2n^2}\mathrm{e}^{ax}\cos^{n-1}bx\,(a\cos bx + nb\sin bx) + \frac{n(n-1)b^2}{a^2+b^2n^2}\int \mathrm{e}^{ax}\cos^{n-2}bx\,\mathrm{d}x$$

含有对数函数的积分

132) $\int \ln x\,\mathrm{d}x = x\ln x - x+C$

133) $\int \frac{\mathrm{d}x}{x\ln x} = \ln|\ln x|+C$

134) $\int x^n \ln x \, dx = \frac{1}{n+1} x^{n+1} \left(\ln x - \frac{1}{n+1} \right) + C$

135) $\int (\ln x)^n dx = x(\ln x)^n - n\int (\ln x)^{n-1} dx$

136) $\int x^m (\ln x)^n dx = \frac{1}{m+1} x^{m+1} (\ln x)^n - \frac{n}{m+1} \int x^m (\ln x)^{n-1} dx$

含有双曲函数的积分

137) $\int \mathrm{sh}\, x \, dx = \mathrm{ch}\, x + C$

138) $\int \mathrm{ch}\, x \, dx = \mathrm{sh}\, x + C$

139) $\int \mathrm{th}\, x \, dx = \ln \mathrm{ch}\, x + C$

140) $\int \mathrm{sh}^2 x \, dx = -\frac{x}{2} + \frac{1}{4} \mathrm{sh}\, 2x + C$

141) $\int \mathrm{ch}^2 x \, dx = \frac{x}{2} + \frac{1}{4} \mathrm{sh}\, 2x + C$

定积分

142) $\int_{-\pi}^{\pi} \cos nx \, dx = \int_{-\pi}^{\pi} \sin nx \, dx = 0$

143) $\int_{-\pi}^{\pi} \cos mx \sin nx \, dx = 0$

144) $\int_{-\pi}^{\pi} \cos mx \cos nx \, dx = \begin{cases} 0, & m \neq n \\ \pi, & m = n \end{cases}$

145) $\int_{-\pi}^{\pi} \sin mx \sin nx \, dx = \begin{cases} 0, & m \neq n \\ \pi, & m = n \end{cases}$

146) $\int_{0}^{\pi} \sin mx \sin nx \, dx = \int_{0}^{\pi} \cos mx \cos nx \, dx = \begin{cases} 0, & m \neq n \\ \frac{\pi}{2}, & m = n \end{cases}$

147) 设 $I_n = \int_0^{\frac{\pi}{2}} \sin^n x \, dx = \int_0^{\frac{\pi}{2}} \cos^n x \, dx$，则 $I_0 = \frac{\pi}{2}$，$I_1 = 1$，

$$I_n = \frac{n-1}{n} I_{n-2}$$

$$= \begin{cases} \frac{n-1}{n} \cdot \frac{n-3}{n-2} \cdot \cdots \cdot \frac{4}{5} \cdot \frac{2}{3}, & n \text{ 为大于 1 的正奇数} \\ \frac{n-1}{n} \cdot \frac{n-3}{n-2} \cdot \cdots \cdot \frac{3}{4} \cdot \frac{1}{2} \cdot \frac{\pi}{2}, & n \text{ 为正偶数} \end{cases}$$

参考答案

习题 1.1

1. 1) $(-\infty,-2)\cup(-2,3)\cup(3,+\infty)$；　2) $\left[-\dfrac{1}{3},1\right]$；

3) $\left(\dfrac{3}{2},2\right)\cup(2,+\infty)$；　4) $(-\infty,0)\cup(0,3)$.

2. $2k\pi<x<2k\pi+\pi$, $x\neq 2k\pi+\dfrac{\pi}{2}$, $k=0,\pm1,\pm2,\cdots$；$1<x<10$；除去所有正整数以外的一切正数.

3. $f(0)=1$；$f(-x)=\dfrac{1+x}{1-x}$；$f(x+1)=\dfrac{-x}{2+x}$；$f(x)+1=\dfrac{2}{1+x}$；$f\left(\dfrac{1}{x}\right)=\dfrac{x-1}{x+1}$；$\dfrac{1}{f(x)}=\dfrac{1+x}{1-x}$.

4. $\varphi\left(\dfrac{\pi}{6}\right)=\dfrac{1}{2}$；$\varphi\left(\dfrac{\pi}{4}\right)=\dfrac{\sqrt{2}}{2}$；$\varphi\left(-\dfrac{\pi}{4}\right)=\dfrac{\sqrt{2}}{2}$；$\varphi(-2)=0$.

5. 略.

6. $f(g(x))=\begin{cases}1, & x<0,\\ 0, & x=0,\\ -1, & x>0;\end{cases}$ $g(f(x))=\begin{cases}10, & |x|<1,\\ 1, & |x|=1,\\ 10^{-1}, & |x|>1.\end{cases}$

7. $f(f(x))=\dfrac{x}{1-2x}$；$f(f(f(x)))=\dfrac{x}{1-3x}$.

8. 略.　**9.** 略.　**10.** 略.

习题 1.2

1. 1) 收敛，1；　2) 收敛，0；　3) 收敛，1；　4) 发散.

2. 略.　**3.** 略.　**4.** 略.　**5.** 略.

习题 1.3

1. 1) 0；　2) 0；　3) 0；　4) 极限不存在；　5) 0；　6) $+\infty$.

2. 1) 错； 2) 对； 3) 错； 4) 错； 5) 对；
6) 对.

3. $\lim\limits_{x\to 0^-} f(x)=\lim\limits_{x\to 0^+} f(x)=1$，$\lim\limits_{x\to 0} f(x)=1$；
$\lim\limits_{x\to 0^-} \varphi(x)=-1$，$\lim\limits_{x\to 0^+} \varphi(x)=1$，$\lim\limits_{x\to 0}\varphi(x)$ 不存在.

4. 略. **5.** 略.

习题 1.4

1. 1) 3； 2) -1； 3) $\frac{2}{3}$； 4) -6； 5) $\frac{1}{3}$；
6) 0； 7) $\left(\frac{3}{2}\right)^{20}$； 8) 1； 9) $\frac{1}{2}$； 10) 1.

2. $a=1$，$b=-1$.

3. 1) 对. 因为假设 $\lim\limits_{x\to x_0}(f(x)+g(x))$ 存在，则

$$\lim_{x\to x_0} g(x)=\lim_{x\to x_0}(f(x)+g(x))-\lim_{x\to x_0} f(x)$$

也存在，与已知条件矛盾.

2) 错. 例如 $f(x)=\mathrm{sgn}x$，$g(x)=-\mathrm{sgn}x$ 当 $x\to 0$ 时的极限都不存在，但 $f(x)+g(x)\equiv 0$ 当 $x\to 0$ 时的极限存在.

3) 错. 例如 $f(x)=0$，$\lim\limits_{x\to 0} f(x)=0$，$g(x)=\sin\frac{1}{x}$，$\lim\limits_{x\to 0} g(x)$ 不存在，但 $\lim\limits_{x\to 0}(f(x)g(x))=\lim\limits_{x\to 0} 0=0$.

习题 1.5

1. 1) 3； 2) 2； 3) $\sqrt{2}$； 4) 2； 5) 1； 6) x.

2. 1) e^{10}； 2) e^{-1}； 3) e； 4) e^{-1}.

3. ln 3. **4.** 3. **5.** $\frac{3}{2}$. **6.** 略.

7. 6 640. **8.** 746.

习题 1.6

1. 1) $x\to\infty$，无穷小量；$x\to 0$，无穷大量；
2) $x\to\infty$，无穷小量；$x\to -1$，无穷大量；
3) $x\to-\infty$，无穷小量；$x\to+\infty$，无穷大量.
4) $x\to 1$，无穷小量；$x\to 0^+$，$x\to+\infty$，无穷大量.

2. $\begin{cases} \dfrac{a_n}{b_m}, & m=n, \\ 0, & m>n, \\ \infty, & m<n. \end{cases}$

3. 1) 0; 2) ∞; 3) ∞; 4) ∞.

4. 无界，但不是无穷大.

5. $x \to 0$ 时，$x^2 - x^3$ 是比 $2x - x^2$ 高阶的无穷小.

6. 略. **7.** 略.

8. 1) $\dfrac{3}{5}$; 2) 3; 3) -1; 4) 2;

5) 0（当 $m<n$ 时）；1（当 $m=n$ 时）；∞（当 $m>n$ 时）；

6) 1.

9. 略.

习题 1.7

1. 不连续. **2.** 不连续. **3.** $a=1$. **4.** $a=b=2$.

5. 1) $x=1$ 为可去间断点，令 $f(1)=-2$，则函数 $y=f(x)$ 在 $x=1$ 处连续；$x=2$ 为第二类的无穷间断点.

2) $x=0$ 为可去间断点，令 $f(1)=-1$，则函数 $y=f(x)$ 在 $x=0$ 处连续.

3) $x=0$ 为第二类的震荡间断点.

4) $x=1$ 为第一类的跳跃间断点.

6. 1) 0; 2) 1.

7. 略. **8.** 略. **9.** 略.

总习题一

1. 1) $\dfrac{x-1}{x+1}$; 2) $\dfrac{2x}{(1+x)^2}$; 3) $2+a-2a^2$; 4) 1;

5) $\dfrac{1}{2\,011}$, 2 011; 6) $x=0, \pm 1$; $x=1$; $x=0$;

7) 0, 1, 1.

2. 1) D; 2) C; 3) A; 4) A; 5) C; 6) A.

3. 1) ∞; 2) $\dfrac{1}{2}$; 3) $\dfrac{2}{3}\sqrt{2}$; 4) -1; 5) 1;

6) 0; 7) $\dfrac{1}{3}$; 8) $\dfrac{\sin x}{x}$.

4. $a=\frac{\sqrt{2}}{2}$，$b=-1$.

5. 右连续，左不连续.

6. 略.　　**7.** 略.

习题 2.1

1. 1) -20；　2) $\frac{1}{e}$；　3) $2x_0+3$；　4) $3\cos(3x_0+1)$.

2. 1) $2f'(x_0)$；　2) $-f'(x_0)$；　3) $\frac{1}{3f'(x_0)}$.

3. 切线方程为 $x-y+1=0$；法线方程为 $x+y-1=0$.

4. $a=\frac{3}{2}$；$b=-\frac{3}{2}$.

5. $f'_+(0)=0$；$f'_-(0)=-1$；$f'(0)$ 不存在.

6. 可导，$f'(0)=1$.

7. 1) 连续，不可导；　2) 连续，可导.

8. 略.

习题 2.2

1. 1) $15x^2-2^x\ln 2+3e^x$；　2) $-\frac{20}{x^6}-\frac{28}{x^5}+\frac{2}{x^2}$；

3) $-\frac{x+1}{2x\sqrt{x}}$；　4) $3x^2+12x+11$；

5) $\frac{1-\ln x}{x^2}$；　6) $-\frac{2x+\sin 2x}{(x\sin x-\cos x)^2}$.

2. 切线方程为 $2x-y=0$；法线方程为 $x+2y=0$.

3. 1) $8(2x+5)^3$；　2) $\frac{2x}{1+x^2}$；

3) $2x\sec^2 x^2$；　4) $\frac{2}{\sqrt{4-x^2}}\arcsin\frac{x}{2}$；

5) $-6x\,e^{-3x^2}$；　6) $\frac{1}{2x}\left(1+\frac{1}{\sqrt{\ln x}}\right)$；

7) $\frac{x}{\sqrt{1+x^2}}e^{\sqrt{1+x^2}}$；　8) $n\sin^{n-1}x\,(\cos x\cos nx-\sin x\sin nx)$；

9) $\frac{2x^4-3a^2x^2+a^4+a^2}{(a^2-x^2)\sqrt{a^2-x^2}}$；　10) $-\frac{1}{(1+x)\sqrt{2x-2x^2}}$；

11) $2x\arctan\dfrac{2x}{1-x^2}+\dfrac{2x^2}{1+x^2}$;

12) $10^{x\tan 2x}\ln 10\,(\tan 2x+2x\sec^2 2x)$.

4. 1) $2xf'(x^2)$;　　2) $f'(f(x))f'(x)$;

3) $\dfrac{f'(x)}{1+f^2(x)}$;　　4) $f'(\arctan x)\dfrac{1}{1+x^2}$;

5) $\dfrac{f'(x)(1+2f(x))}{2\sqrt{f(x)+f^2(x)}}$;　　6) $(e^x f'(e^x)+f'(x)f(e^x))e^{f(x)}$.

5. $f'(x+3)=5x^4$, $f'(x)=5(x-3)^4$.

习题 2.3

1. 1) $-\dfrac{2x+y}{x+2y}$;　　2) $-\dfrac{\sin(x+y)}{1+\sin(x+y)}$;

3) $\dfrac{e^{x+y}-y}{x-e^{x+y}}$;　　4) $\dfrac{a^2y-x^2}{y^2-a^2x}$.

2. 1.

3. 1) $(\sin x)^{\ln x}\left(\dfrac{\ln\sin x}{x}+\ln x\cdot\cot x\right)$;

2) $\dfrac{1}{2}\sqrt{x\sin x\sqrt{1-e^x}}\left[\dfrac{1}{x}+\cot x-\dfrac{e^x}{2(1-e^x)}\right]$;

3) $x^{x^x}x^{x-1}(x\ln^2 x+x\ln x+1)$;

4) $\dfrac{(x+1)^2\sqrt[3]{3x-2}}{\sqrt[3]{(x-3)^2}}\left[\dfrac{2}{x+1}+\dfrac{1}{3x-2}-\dfrac{2}{3(x-3)}\right]$.

4. 1) $-\dfrac{1}{2}e^{-2t}$;　　2) $\dfrac{\cos\theta-\theta\sin\theta}{1-\sin\theta-\theta\cos\theta}$;

3) $\dfrac{t}{2}$;　　4) $\left.\dfrac{dy}{dx}\right|_{t=\frac{\pi}{4}}=\left.-\dfrac{b}{a}\tan t\right|_{t=\frac{\pi}{4}}=-\dfrac{b}{a}$.

5. $(-5,6)$, $\left(-\dfrac{208}{27},\dfrac{32}{3}\right)$.

习题 2.4

1. 1) $12x-\dfrac{1}{x^2}$;　　2) $2\sec^2 x\tan x$;　　3) $2\arctan x+\dfrac{2x}{1+x^2}$;

4) $2xe^x(3+2x^2)$;　　5) $-\dfrac{x}{(x^2+1)^{\frac{3}{2}}}$;

6) $\dfrac{2x}{(1-x^2)^2}+\dfrac{(1+2x^2)\arcsin x+x\sqrt{1-x^2}}{(1-x^2)^{\frac{5}{2}}}$.

2. 1) $2f'(x^2)+4x^2f''(x^2)$； 2) $e^{-x}f'(e^{-x})+e^{-2x}f''(e^{-x})$；

3) $\dfrac{f''(\ln x)}{x^2}-\dfrac{f'(\ln x)}{x^2}$； 4) $\dfrac{f''(x)f(x)-(f'(x))^2}{f^2(x)}$.

3. 1) $-\dfrac{1}{y^3}$； 2) $\dfrac{2y}{x^2}$； 3) $\dfrac{e^{2y}(3-y)}{(2-y)^3}$； 4) $\dfrac{2(x^2+y^2)}{(x-y)^3}$.

4. 1) $\dfrac{1}{t^3}$； 2) $-\dfrac{1}{4a\sin^4\dfrac{t}{2}}$.

5. 略.

6. 1) 6； 2) $\dfrac{93}{4}$；

3) $\dfrac{6!\cdot 2^6}{(1+2x)^7}$； 4) $e^x(x^2+48x+551)$.

7. 1) ne^x+xe^x； 2) $2^{n-1}\sin\left(2x+\dfrac{\pi}{2}(n-1)\right)$；

3) $(-1)^{n-1}\dfrac{1}{3}(n-1)!\ [(1+x)^{-n}-(x-2)^{-n}]$；

4) $\dfrac{(a-b)^n}{2}\cos\left((a-b)x+\dfrac{n}{2}\pi\right)-\dfrac{(a+b)^n}{2}\cos\left((a+b)x+\dfrac{n}{2}\pi\right)$.

习题 2.5

1. 1) $\dfrac{1}{2}\sin 2x$； 2) $\dfrac{3}{2}x^2$； 3) $-\dfrac{1}{2}e^{-2x}$；

4) $\dfrac{1}{2}\ln(1+2x)$； 5) $\dfrac{1}{3}\tan 3x$； 6) $\dfrac{1}{2}\arcsin 2x$.

2. 1) $(15x^2+3)dx$； 2) $\left(-\dfrac{1}{x^2}+\dfrac{1}{\sqrt{x}}\right)dx$；

3) $(\sin 2x+2x\cos 2x)dx$； 4) $\left(\dfrac{4}{x}\ln x+1\right)dx$；

5) $2xe^{2x}(1+x)dx$； 6) $\left[\dfrac{-2\sin 2x}{1+\sin x}-\dfrac{\cos x\cos 2x}{(1+\sin x)^2}\right]dx$.

3. 1) $-\dfrac{1}{2}dx$； 2) $\dfrac{2e^2}{e^2+1}dx$； 3) $-\dfrac{89\sqrt{2}}{192}dx$； 4) 0.

4. 1) $dy=\dfrac{3x^2y^2dx}{4y^3\cos y^4-2x^3y}$； 2) $dy=\dfrac{1}{(x+y)^2}dx$；

3） $\mathrm{d}y=\frac{x+y}{x-y}\mathrm{d}x$；　4） $\mathrm{d}y=\frac{x\ln y-y}{y\ln x-x}\cdot\frac{y}{x}\mathrm{d}x$.

5. 1） 0.01；　2） 0.98.

6. 39.27 cm^3.

总习题二

1. 1） 一定，不一定；　2） 充分必要；　3） 5；　4） $m^n e^{mx}$；

5） $\arctan x+\frac{1}{2}\sin 2x+\frac{1}{3}e^{3x}+C$；　6） $a=2,b=-1$.

2. 1） D；　2） B；　3） D；　4） C；　5） B；　6） B.

3. 100！.

4. $\pi^x\ln\pi+\pi x^{\pi-1}+x^x(1+\ln x)$.

5. $\begin{cases}-(x-1)(x+1)^2(5x-1), & x\leqslant -1,\\ (x-1)(x+1)^2(5x-1), & x>-1.\end{cases}$

6. $3f'(x_0)$.

7. 1） 切线方程为 $3x-y-5=0$；法线方程为 $x+3y+5=0$；

2） 0.

8. $-\frac{\sqrt{1-x^4}}{1+x^2}$.

9. 大约减少 43.6 cm^2；大约增加 104.7 cm^2.

习题 3.1

1. 1） 满足，$\xi=\frac{1}{4}$；　2） 满足，$\xi=0$.

2. 1） 满足，$\xi=\frac{5-\sqrt{43}}{3}$；　2） 满足，$\xi=e-1$.

3. 满足，$\xi=\frac{14}{9}$.

4. 略.　**5.** 略.　**6.** 略.　**7.** 略.

习题 3.2

1. 1） 2；　2） $-\frac{1}{8}$；　3） $\cos a$；　4） $\frac{\alpha}{\beta}$；

5） $\frac{9}{2}$；　6） 1；　7） 1；　8） $\frac{2}{3}$；

9） $-\frac{1}{2}$；　10） $\frac{1}{2}$；　11） $\frac{1}{2}$；　12） $+\infty$；

13） 1；　14） 1；　15） e；　16） $e^{-\frac{1}{3}}$.

2. 略.

3. $a=-3$, $b=\frac{9}{2}$.

习题 3.3

1. 1） 在区间$(-\infty,-1]$,$[3,+\infty)$内单调增加，在$[-1,3]$内单调减少，极大值 $f(-1)=17$，极小值 $f(3)=-47$.

2） 在区间$(0,2]$内单调减少，在区间$[2,+\infty)$内单调增加，极小值 $f(2)=8$.

3） 在区间$\left(-\infty,\frac{3}{4}\right]$内单调增加，在区间$\left[\frac{3}{4},1\right]$内单调减少，极大值 $f\left(\frac{3}{4}\right)=\frac{5}{4}$.

4） 在区间$\left(0,\frac{1}{2}\right]$内单调减少，在区间$\left[\frac{1}{2},+\infty\right)$内单调增加，极小值 $f\left(\frac{1}{2}\right)=\frac{1}{2}+\ln 2$.

2. 略.　**3.** 略.

4. 1） $y_{\max}=13$；　2） $y_{\min}=4$；　3） $y_{\max}=\frac{5}{2}$；　4） $y_{\min}=2$.

5. 长为 3 m，宽为 2 m 时，所用材料最省.

6. 2 小时.

总习题三

1. 1） $f(x)$在$(-1,1)$内不可导；　2） $\frac{e^b-e^a}{b^2-a^2}=\frac{e^\xi}{2\xi}$；

3） $a=1$, $b=-25$；　4） $[1,+\infty)$；$(-\infty,0)$, $(0,1]$；

5） $f(a)$；　6） 2，2.

2. 1） C；　2） D；　3） B；　4） C；　5） D.

3. 略.　**4.** 略.　**5.** 略.　**6.** 略.　**7.** 1

8. 1） $\frac{1}{2}$；　2） $\frac{1}{2}$；　3） 1；　4） $e^{-\frac{2}{\pi}}$.

9. 1） $x\in(-\infty,0)$，y 单调增加；$x\in(0,+\infty)$，y 单调减少；

2) $x\in(0,\mathrm{e})$，y 单调增加；$x\in(\mathrm{e},+\infty)$，y 单调减少.

10. 1) 极大值 $y\left(\frac{1}{3}\right)=\frac{\sqrt[3]{4}}{3}$，极小值 $y(1)=0$；

2) 极小值 $y\left(\frac{1}{2}\right)=\frac{1}{4}\mathrm{e}^2$，无极大值.

11. 1) 最小值 $y(0)=0$，最大值 $y\left(-\frac{1}{2}\right)=y(1)=\frac{1}{2}$；

2) 最大值 $y(\mathrm{e})=\mathrm{e}^{\frac{1}{\mathrm{e}}}$，无最小值.

12. $\varphi=\frac{2\sqrt{6}}{3}\pi$.

习题 4.1

1. 1) $\frac{4}{7}x^{\frac{7}{4}}+C$；　2) $8x-6x^2+2x^3-\frac{1}{4}x^4+C$；

3) $\frac{2}{3}x^{\frac{3}{2}}-\ln|x|-2x^{-\frac{1}{2}}+C$；　4) $\frac{2}{5}x^{\frac{5}{2}}+x-\frac{1}{2}x^2-2\sqrt{x}+C$；

5) $-\cot x-\frac{1}{x}+C$；　6) $-\frac{1}{x}-\arctan x+C$；

7) $2\arcsin x+C$；　8) $3\arctan x-2\arcsin x+C$；

9) $\frac{2^{2x}\cdot 3^x}{2\ln 2+\ln 3}+C$；　10) $2x-\frac{5\cdot\left(\frac{2}{3}\right)^x}{\ln 2-\ln 3}+C$；

11) e^x+x+C；　12) $-\cot x-x+C$；

13) $\frac{1}{2}\tan x+C$；　14) $\sin x+\cos x+C$；

15) $-\tan x-\cot x+C$；　16) $\tan x-\sec x+C$.

2. $y=\sqrt{x}+1$.

3. 1) 27 m；　2 $\sqrt[3]{360}$ 秒.

习题 4.2

1. 1) $-\frac{1}{2}$；　2) $\frac{1}{6}$；　3) $\frac{1}{12}$；　4) -1；

5) -2；　6) $-\frac{1}{5}$；　7) $\frac{1}{2}$；　8) $-\frac{1}{4}$；

9) -2；　10) $\frac{1}{2}$；　11) $\frac{1}{3}$；　12) $-\frac{1}{9}$.

2. 1) $\frac{1}{2}\ln(1+x^2)+C$；　2) $\frac{1}{5}e^{5t}+C$；

3) $-e^{\frac{1}{x}}+C$；　4) $-\frac{1}{2}(2-3x)^{\frac{2}{3}}+C$；

5) $\frac{1}{2}\ln^2 x+C$；　6) $2\sin\sqrt{x}+C$；

7) $-\sqrt{3+2x-x^2}+C$；　8) $\ln|\ln\ln x|+C$；

9) $\arctan e^x+C$；　10) $\frac{1}{2\cos^2 x}+C$；

11) $\sin x-\frac{\sin^3 x}{3}+C$；　12) $\ln|\cos x|+\frac{1}{2}\sec^2 x+C$.

3. 1) $\sqrt{x^2-9}-3\arccos\frac{3}{|x|}+C$；　2) $\arcsin x+\frac{\sqrt{1-x^2}-1}{x}+C$；

3) $\frac{x}{\sqrt{1+x^2}}+C$；　4) $\frac{1}{3}\ln\left|3x+\sqrt{9x^2-4}\right|+C$；

5) $\frac{2}{5}(x-2)^{\frac{5}{2}}+\frac{4}{3}(x-2)^{\frac{3}{2}}+C$；

6) $2\sqrt{x}-4\sqrt[4]{x}+4\ln(\sqrt[4]{x}+1)+C$；

7) $x-4\sqrt{x+1}+4\ln(\sqrt{x+1}+1)+C$；

8) $\sqrt{2x}-\ln(1+\sqrt{2x})+C$.

习题 4.3

1. 1) $-\frac{1}{2}x\cos 2x+\frac{1}{4}\sin 2x+C$；

2) $x^2\sin x+2x\cos x-2\sin x+C$；

3) $\frac{1}{3}x^3\ln x+x\ln x-\frac{1}{9}x^3-x+C$；

4) $x\ln^2 x-2x\ln x+2x+C$；

5) $-e^{-x}(x+1)+C$；

6) $x\arcsin x+\sqrt{1-x^2}+C$；

7) $\frac{1}{3}x^3\arctan x-\frac{1}{6}x^2+\frac{1}{6}\ln(1+x^2)+C$；

8) $x(\arcsin x)^2+2\sqrt{1-x^2}\cdot\arcsin x-2x+C$；

9) $-\frac{2}{17}e^{-2x}\left(\cos\frac{x}{2}+4\sin\frac{x}{2}\right)+C$；

10) $\frac{1}{2}(\sec x\ \tan x+\ln|\sec x+\tan x|)+C$；

11) $3e^{\sqrt[3]{x}}(\sqrt[3]{x^2}-2\sqrt[3]{x}+2)+C$；

12) $\frac{x}{2}(\cos\ln x+\sin\ln x)+C$.

总习题四

1. 1) $f(x)\mathrm{d}x$，$f(x)+C$，$f(x)$，$f(x)+C$；　2) C；

3) $-\sin x+C_1x+C_2$；　4) $2\sqrt{x}+C$；

5) $e^x(\cos 2x-2\sin 2x)$；　6) $-\frac{1}{3}(1-x^2)^{\frac{3}{2}}+C$.

2. 1) $x-5\ln|x+5|+C$；　2) $x-2\ln|x|-\frac{1}{x}+C$；

3) $\frac{1}{2}e^{2x}+e^x+x+C$；　4) $-\frac{1}{6\ln 3}3^{-x}+\frac{1}{18\ln 2}2^{-x}+C$；

5) $\frac{2^{5x+1}}{5\ln 2}+C$；　6) $2\sqrt{x}\arcsin\sqrt{x}+2\sqrt{1-x}+C$；

7) $\ln(1+x^2)+C$；　8) $\arctan x^2+C$；

9) $\frac{1}{24}\arctan\frac{3x^4}{2}+C$；　10) $\frac{1}{3}\arctan\frac{e^x}{3}+C$；

11) $\tan x+\frac{1}{3}\tan^3 x+C$；　12) $-\ln|\csc x+1|+C$；

13) $\frac{1}{8}\cos^8 x-\frac{1}{6}\cos^6 x+C$；　14) $-2\sqrt{x}\cos\sqrt{x}+2\sin\sqrt{x}+C$；

15) $\ln\frac{x}{(\sqrt[6]{x}+1)^6}+C$；　16) $\frac{1}{2}\arcsin^2 x+C$；

17) $x(\ln 9x-1)+C$；　18) $\frac{x^4}{4}\left(\ln x-\frac{1}{4}\right)+C$；

19) $-\frac{1}{\ln x}+C$；　20) $\ln x\ \ln(\ln x)-\ln x+C$；

21) $-\frac{\arcsin x}{x}+\ln\left|\frac{1-\sqrt{1-x^2}}{x}\right|+C$；

22) $-\cos x\ \ln\tan x+\ln|\csc x-\cot x|+C$；

23) $e^{\sqrt{2x+1}}(\sqrt{2x+1}-1)+C$；

24) $\frac{1}{8}(2-\cos 2x-\sin 2x)e^{2x}+C$.

习题 5.1

1. $\frac{1}{2}(b^2-a^2)$.　　**2.** 略.

3. 1）6；　2）-2；　3）-3；　4）5.

4. 1）$\int_0^1 x^2\mathrm{d}x \geqslant \int_0^1 x^3\mathrm{d}x$；　2）$\int_1^2 x^2\mathrm{d}x \leqslant \int_1^2 x^3\mathrm{d}x$；

3）$\int_1^2 \ln x\,\mathrm{d}x \geqslant \int_1^2 \ln^2 x\,\mathrm{d}x$；　4）$\int_0^{\frac{\pi}{2}} x\,\mathrm{d}x \geqslant \int_0^{\frac{\pi}{2}} \sin x\,\mathrm{d}x$.

5. 1）$6 \leqslant \int_1^4 (x^2+1)\mathrm{d}x \leqslant 51$；　2）$\frac{1}{2} \leqslant \int_1^4 \frac{1}{2+x}\mathrm{d}x \leqslant 1$；

3）$\frac{2}{5} \leqslant \int_1^2 \frac{x}{1+x^2}\mathrm{d}x \leqslant \frac{1}{2}$；　4）$\pi \leqslant \int_{\frac{\pi}{4}}^{\frac{5}{4}\pi} (1+\sin^2 x)\mathrm{d}x \leqslant 2\pi$.

习题 5.2

1. 1）$\arctan x^2$；　2）$-x\mathrm{e}^{-x}$；　3）$\frac{2x}{\sqrt{1+x^4}}$；　4）$3x^2\mathrm{e}^{x^3}-2x\mathrm{e}^{x^2}$.

2. -2.

3. 1）6；　2）$\frac{21}{8}$；　3）$\frac{271}{6}$；　4）$1+\frac{\pi}{4}$；

5）$\frac{\pi}{3}$；　6）$\frac{\pi}{3a}$；　7）$1-\frac{\pi}{4}$；　8）4.

4. $\frac{2}{3}+\mathrm{e}^3-\mathrm{e}$.

5. 1）$\frac{1}{2}$；　2）1；　3）1；　4）12.

6. $f(x)$.

习题 5.3

1. 1）$\frac{1}{10}$；　2）$1-\mathrm{e}^{-\frac{1}{2}}$；　3）$\frac{1}{3}$；

4）$\frac{\pi}{6}-\frac{\sqrt{3}}{8}$；　5）$7+2\ln 2$；　6）$\frac{1}{5}$；

7）$\arctan \mathrm{e}-\frac{\pi}{4}$；　8）$\frac{4}{3}$；　9）$\frac{a^4}{16}\pi$；　10）$\frac{\sqrt{2}}{2a^2}$.

2. 1.　　**3.** 略.

4. 1) 0; 2) $\frac{3}{2}\pi$; 3) 0; 4) $\frac{2}{5}(9\sqrt{3}-4\sqrt{2})$.

5. 1) $\frac{\pi}{8}-\frac{1}{4}$; 2) $e-2$; 3) $\frac{\pi}{4}-\frac{1}{2}$;

4) $\frac{2}{5}(1+e^{-\frac{\pi}{2}})$; 5) $2\left(1-\frac{1}{e}\right)$; 6) 4π.

习题 5.4

1. 1) $\frac{1}{3}$; 2) 1; 3) 2; 4) $\frac{44}{3}$; 5) $\frac{\pi}{2}$; 6) 发散.

2. $\frac{1}{\pi}$.

习题 5.5

1. $\frac{1}{6}$. **2.** 18. **3.** $\frac{3}{2}-\ln 2$. **4.** $\frac{\pi}{2}-1$.

5. πa^2. **6.** $18\pi a^2$.

7. 1) $V_x=\frac{15}{2}\pi, V_y=\frac{124}{5}\pi$; 2) $V_x=\frac{128}{7}\pi, V_y=\frac{64}{5}\pi$.

8. $\frac{4}{3}\sqrt{3}R^3$. **9.** 略.

10. $\frac{27}{7}kc^{\frac{2}{3}}a^{\frac{7}{3}}$ (k 为比例常数).

11. 57 697.5 kJ.

总习题五

1. 1) 被积函数与积分区间; 2) 2 或 -1; 3) $b-a$;

4) $|x|$; 5) -1; 6) $\frac{1}{\pi}$.

2. 1) A; 2) B; 3) A; 4) D; 5) C; 6) D.

3. 1) $\frac{1}{3}\ln\frac{4}{3}$; 2) $\frac{\pi}{2}$; 3) $2(\sqrt{2}-1)$; 4) $\frac{\pi}{2}$;

5) $\frac{2}{3}\pi$; 6) $-\frac{1}{216}$; 7) $10-\frac{8}{3}\sqrt{2}$; 8) $\ln 2$.

4. $\frac{5}{6}$. **5.** 7.

6. 最大值 $F(0)=0$，最小值 $F(4)=-\frac{32}{3}$.

7. 1） 略；　2） $\dfrac{\pi}{4}$.

8. $2\sqrt{2}$.　**9.** $V_x=\dfrac{1}{4}\pi^2$，$V_y=2\pi$.

习题 6.1

1. 1） 5；　2） $3\sqrt{5}$.

2. 1） 椭圆柱面；　2） 双曲柱面；　3） 椭圆抛物面；
4） 二次锥面.

习题 6.2

1. 1） 开集，无界集；　2） 既非开集，又非闭集，有界集；
3） 开集，区域，无界集；　4） 闭集，有界集.

2. 1） $\{(x,y)\mid y^2-2x+1>0\}$；
2） $\{(x,y)\mid -1\leqslant x-y\leqslant 1\}$；
3） $\{(x,y)\mid y\geqslant x^2,\ x^2+y^2\leqslant 1\}$；
4） $\{(x,y)\mid |y|\leqslant |x|,\ x\neq 0\}$.

3. 1） 0；　2） 10；　3） $-\dfrac{1}{6}$；　4） $2+\ln 2$.

习题 6.3

1. 1） $\dfrac{\partial z}{\partial x}=4x^3-8xy^2$，$\dfrac{\partial z}{\partial y}=4y^3-8x^2y$；

2） $\dfrac{\partial z}{\partial x}=4(1+3y)^{4x}\ln(1+3y)$，$\dfrac{\partial z}{\partial y}=12x(1+3y)^{4x-1}$；

3） $\dfrac{\partial z}{\partial x}=\dfrac{2}{y}\csc\dfrac{2x}{y}$，$\dfrac{\partial z}{\partial y}=-\dfrac{2x}{y^2}\csc\dfrac{2x}{y}$；

4） $\dfrac{\partial u}{\partial x}=\dfrac{y}{z}x^{\frac{y}{z}-1}$，$\dfrac{\partial u}{\partial y}=\dfrac{1}{z}x^{\frac{y}{z}}\ln x$，$\dfrac{\partial u}{\partial z}=-\dfrac{y}{z^2}x^{\frac{y}{z}}\ln x$.

2. 1） $\dfrac{\partial^2 z}{\partial x^2}=\dfrac{x+2y}{(x+y)^2}$，$\dfrac{\partial^2 z}{\partial y^2}=\dfrac{-x}{(x+y)^2}$，$\dfrac{\partial^2 z}{\partial x\partial y}=\dfrac{y}{(x+y)^2}$；

2） $\dfrac{\partial^2 z}{\partial x^2}=y^4e^{xy^2}$，$\dfrac{\partial^2 z}{\partial y^2}=2xe^{xy^2}(1+2xy^2)$，$\dfrac{\partial^2 z}{\partial x\partial y}=2ye^{xy^2}(xy^2+1)$；

3） $\dfrac{\partial^2 z}{\partial x^2}=-4x^2\sin(x^2+y^2)+2\cos(x^2+y^2)$，

$$\frac{\partial^2 z}{\partial y^2}=-4y^2\sin(x^2+y^2)+2\cos(x^2+y^2),$$

$$\frac{\partial^2 z}{\partial x\,\partial y}=-4xy\sin(x^2+y^2).$$

习题 6.4

1. 1) $\mathrm{d}z=4xy\mathrm{e}^{2x^2y}\mathrm{d}x+2x^2\mathrm{e}^{2x^2y}\mathrm{d}y$；

2) $\mathrm{d}z=\dfrac{2x}{x^2+y^2}\mathrm{d}x+\dfrac{2y}{x^2+y^2}\mathrm{d}y$；

3) $\mathrm{d}z=-2x\sin(x^2+2y)\,\mathrm{d}x-2\sin(x^2+2y)\,\mathrm{d}y$；

4) $\mathrm{d}u=y\ln z\cdot z^{xy}\mathrm{d}x+x\ln z\cdot z^{xy}\mathrm{d}y+xyz^{xy-1}\mathrm{d}z$.

2. $\mathrm{d}z=-\dfrac{1}{2}\ln 2\,\mathrm{d}x+\dfrac{1}{2}\ln 2\,\mathrm{d}y$.

3. $\Delta z=-0.119$，$\mathrm{d}z=-0.125$.

4. 1.08.

习题 6.5

1. $\dfrac{\mathrm{d}z}{\mathrm{d}t}=\mathrm{e}^{t^2\cos^2 t}(-t^2\sin 2t+2t\cos^2 t)$.

2. $\dfrac{\mathrm{d}z}{\mathrm{d}x}=2\mathrm{e}^{2x}+4x\cos 2x^2$.

3. $\dfrac{\partial z}{\partial x}=\dfrac{1}{\mathrm{e}^{2(x+y^2)}+x^2+y}(2\mathrm{e}^{2(x+y^2)}+2x)$，

$\dfrac{\partial z}{\partial y}=\dfrac{1}{\mathrm{e}^{2(x+y^2)}+x^2+y}(4y\mathrm{e}^{2(x+y^2)}+1)$.

4. $\dfrac{\partial z}{\partial x}=-y\sin 2xy\,(\sin xy+\cos xy)+y(\sin^3 xy+\cos^3 xy)$，

$\dfrac{\partial z}{\partial y}=-x\sin 2xy\,(\sin xy+\cos xy)+x(\sin^3 xy+\cos^3 xy)$.

5. $\dfrac{\mathrm{d}y}{\mathrm{d}x}=-\dfrac{y\mathrm{e}^{xy}+\sin x}{x\mathrm{e}^{xy}+2y}$.

6. $\dfrac{\mathrm{d}y}{\mathrm{d}x}=\dfrac{x+y}{x-y}$.

7. $\dfrac{\partial z}{\partial x}=\dfrac{yz-\sqrt{xyz}}{\sqrt{xyz}-xy}$，$\dfrac{\partial z}{\partial y}=\dfrac{xz-2\sqrt{xyz}}{\sqrt{xyz}-xy}$.

习题 6.6

1. $f(1,1)=1$，$f(-1,-1)=1$ 均为极大值.

2. 极小值 $f(1,0)=-5$，极大值 $f(-3,2)=31$.

3. 极小值 $f(1,1)=-\frac{11}{2}$.

4. 极大值 $f(\pm 1,0)=2$，极小值 $f(0,\pm 1)=1$.

5. $\frac{\sqrt{6}}{36}a^3$.

6. $x=5$ 单位，$y=8$ 单位，最大利润 15 000 元.

总习题六

1. 1) $\{(x,y)\mid -1\leqslant x-y\leqslant 1\}$；

2) 2；　3) 6，$\frac{5}{2}$；　4) 充分，必要.

2. 1) B，D；　2) B；　3) A，D.

3. 1) 0；　2) 1；　3) 0；　4) $-\frac{1}{4}$.

4. 1) $z'_x=y^2a^{xy^2}\ln a+2xy\cos x^2y$，$z'_y=2xya^{xy^2}\ln a+x^2\cos x^2y$；

2) $z'_x=\frac{1}{x\ln y}$，$z'_y=-\frac{\ln x}{y(\ln y)^2}$；

3) $z'_x=-\frac{y}{x^2+y^2}$，$z'_y=\frac{x}{x^2+y^2}$.

5. 1) $z''_{xx}=\frac{1}{x^2}y^{\ln x}\ln y\,(\ln y-1)$，$z''_{xy}=\frac{1}{xy}y^{\ln x}(1+\ln x\,\ln y)$，

$z''_{yy}=\frac{1}{y^2}\ln x\;y^{\ln x}(\ln x-1)$；

2) $z''_{xx}=(2-y)\cos(x+y)-x\sin(x+y)$，
$z''_{xy}=(1-y)\cos(x+y)-(1+x)\sin(x+y)$，
$z''_{yy}=-(x+2)\sin(x+y)-y\cos(x+y)$；

3) $z''_{xx}=-\frac{1}{(x+y^2)^2}$，$z''_{xy}=-\frac{2y}{(x+y^2)^2}$，$z''_{yy}=\frac{2(x-y^2)}{(x+y^2)^2}$.

6. 1) $dz=-\frac{\sqrt{xy}}{2x^2}dx+\frac{\sqrt{xy}}{2xy}dy$；

2) $dz=\left(yx^{y-1}-\sqrt{\frac{y}{x}}\right)dx+\left(x^y\ln x-\sqrt{\frac{x}{y}}\right)dy$.

7. 1) $z'_x=\dfrac{2y^2}{x^3}\left(\dfrac{x^2}{x^2+y^2}-\ln(x^2+y^2)\right)$,

$z'_y=\dfrac{2y}{x^2}\left(\dfrac{y^2}{x^2+y^2}+\ln(x^2+y^2)\right)$;

2) $\dfrac{\mathrm{d}z}{\mathrm{d}x}=\mathrm{e}^{\sin x-2x^3}(\cos x-6x^2)$;

3) $\dfrac{\mathrm{d}z}{\mathrm{d}t}=(\sin t)^{\cos t}(\cos t\cot t-\sin t\ln\sin t)$;

4) 令 $u=x^2-y^2$, $v=\mathrm{e}^{xy}$, 则 $z=f(u,v)$,

$z'_x=2xf'_u+y\mathrm{e}^{xy}f'_v$, $z'_y=-2yf'_u+x\mathrm{e}^{xy}f'_v$.

8. $\dfrac{\mathrm{d}y}{\mathrm{d}x}=-\dfrac{2xy\cos x^2y}{x^2\cos x^2y+2}$.

9. $\dfrac{\partial z}{\partial x}=-\dfrac{1}{x(1+x^2y^2)}-\dfrac{z}{x}$, $\dfrac{\partial z}{\partial y}=-\dfrac{1}{y(1+x^2y^2)}-\dfrac{z}{y}$.

10. 1) 极小值 $f(1,0)=-5$, 极大值 $f(-3,2)=31$;

2) 极小值 $f(1,1)=-1$.

11. $x=5$, $y=3$ 时，利润最大，最大利润为 125 万元.

习题 7.1

1. 1) $\iint\limits_D(x+y)^2\mathrm{d}\sigma\geqslant\iint\limits_D(x+y)^3\mathrm{d}\sigma$;

2) $\iint\limits_D\ln(x+y)\,\mathrm{d}\sigma\geqslant\iint\limits_D(\ln(x+y))^2\mathrm{d}\sigma$.

2. 1) $0\leqslant I\leqslant\pi^2$; 2) $36\pi\leqslant I\leqslant100\pi$.

习题 7.2

1. 1) $\dfrac{45}{2}$; 2) $\mathrm{e}(\mathrm{e}-1)^2$; 3) $\dfrac{45}{8}$.

2. 1) $\dfrac{8}{15}$; 2) $\dfrac{2\pi}{3}R^3$; 3) $\dfrac{\pi}{2}R^3$.

3. 1) $\int_0^2\mathrm{d}x\int_{\frac{x}{2}}^{3-x}f(x,y)\mathrm{d}y$; 2) $\int_0^1\mathrm{d}x\int_{1-x}^{\sqrt{1-x^2}}f(x,y)\mathrm{d}y$;

3) $\int_0^1\mathrm{d}y\int_{\sqrt{y}}^{2-y}f(x,y)\mathrm{d}x$.

4. 1) $\dfrac{3}{4}\pi a^4$; 2) $\dfrac{1}{8}\pi a^4$.

总习题七

1. 1) π； 2) $\sqrt{\pi}$； 3) $\frac{1}{2}(1-e^{-4})$.

2. 1) B； 2) D； 3) B.

3. 1) 4； 2) -2； 3) $\frac{6}{55}$.

4. 1) $-6\pi^2$； 2) $\frac{\pi}{4}(2\ln 2-1)$.

5. 1) $\int_{-1}^{0}dy\int_{0}^{y+1}f(x,y)dx+\int_{0}^{1}dy\int_{0}^{1-y}f(x,y)dx$；

2) $\int_{1}^{2}dx\int_{\frac{1}{x}}^{x}f(x,y)dy$.

6. $\frac{3}{32}\pi a^4$.

7. 提示：交换积分次序即得.

习题 8.1

1. 1) 二阶； 2) 三阶.

2. 略.

3. 1) $x^2-4y^2=-4$； 2) $y=xe^{2x}$； 3) $y=5\cos 2x$.

习题 8.2

1. 1) $y=-\ln(-e^x-C)$； 2) $y=e^{\frac{C}{x}}$；

3) $\sqrt{1-y^2}=\arcsin x+C$； 4) $x^2(y^2+1)=C$.

2. 1) $y=e^{\tan\frac{x}{2}}$； 2) $\sin x=\sqrt{2}\sin y$；

3) $y=(x\ln x-x+1)^2$.

3. $Q=90\cdot 4^{-P}$.

习题 8.3

1. 1) $y+\sqrt{y^2-x^2}=Cx^2$； 2) $\ln\frac{y}{x}=Cx+1$；

3) $x^3-2y^3=Cx$； 4) $\ln|y|=\frac{y}{x}+C$.

2. 1) $y^3=y^2-x^2$； 2) $y^2=2x^2(\ln x+2)$.

习题 8.4

1. 1) $y=Ce^{2\sin x}$； 2) $y=Ce^{-(x-1)e^x}$.

2. 1) $y=e^{-x^2}\left(C+\dfrac{x^2}{2}\right)$； 2) $y=\cos x\ (C-2\cos x)$；

3) $y=\dfrac{x}{2}(\ln x)^2+Cx$； 4) $y=\dfrac{e^{-x}}{x}(C+x^3)$；

5) $x=y^3\left(\dfrac{1}{2y}+C\right)$.

3. 1) $y=\sin x+2\cos x$； 2) $y=2e^{\sin x}-\sin x-1$.

4. $y(x)=e^x(x+1)$.

习题 8.5

1. 1) $y=C_1e^x+C_2e^{-2x}$； 2) $y=C_1e^{3x}+C_2e^{-3x}$；

3) $y=C_1\cos x+C_2\sin x$； 4) $y=e^{-3x}(C_1\cos 2x+C_2\sin 2x)$.

2. 1) $y=4e^x+2e^{3x}$； 2) $y=2\cos 5x+\sin 5x$；

3) $y=e^{2x}\sin 3x$； 4) $y=(2+x)e^{-\frac{x}{2}}$.

总习题八

1. 1) $y''-3y'+2y=0$； 2) 3； 3) $y_1(x),y_2(x)$线性无关.

2. 1) C； 2) D.

3. 1) $\arcsin y=\arcsin x+C$； 2) $10^{-y}+10^x=C$；

3) $y=\dfrac{1}{3}x^2+\dfrac{3}{2}x+2+\dfrac{C}{x}$； 4) $y=2+Ce^{-x^2}$；

5) $y=(C_1+C_2x)e^{3x}$； 6) $y=e^{2x}(C_1\cos x+C_2\sin x)$.

4. 1) $e^y=\dfrac{1}{2}(e^{2x}+1)$； 2) $y=\dfrac{\pi-1-\cos x}{x}$；

3) $y=2\cos\dfrac{3}{2}x-\dfrac{2}{3}\sin\dfrac{3}{2}x$.

5. $y=\dfrac{1}{x^2}$.

6. $f(x)=e^{1-\cos x}+4(\cos x-1)$.

习题 9.1

1. 1) $\dfrac{1}{3},\dfrac{-1}{3^2},\dfrac{1}{3^3},\dfrac{-1}{3^4},\dfrac{1}{3^5}$； 2) $\dfrac{1}{3},\dfrac{2}{9},\dfrac{7}{27},\dfrac{20}{81},\dfrac{61}{243}$；

3）$S_n=\frac{1}{4}\left[1-\left(-\frac{1}{3}\right)^n\right]$；　4）$S=\frac{1}{4}$.

2. 1）收敛；　2）发散；　3）发散；　4）收敛.

习题 9.2

1. 1）发散；　2）发散；　3）发散；　4）收敛；　5）收敛；
6）收敛.

2. 1）收敛；　2）收敛；　3）发散；　4）收敛；　5）发散.

3. 1）收敛；　2）收敛.

4. 1）收敛；　2）发散；　3）收敛；　4）收敛.

习题 9.3

1. 1）收敛；　2）发散；　3）收敛；　4）收敛.

2. 1）条件收敛；　2）绝对收敛；　3）条件收敛；　4）绝对收敛.

习题 9.4

1. 1）$(-1,1]$；　2）$[-1,1)$；　3）$(-\infty,+\infty)$；
4）$[4,6)$；　5）$[-3,3)$；　6）$(-\infty,+\infty)$.

2. 1）$S(x)=\frac{2}{2-x}$，$x\in(-2,2)$；

2）$S(x)=-\ln(1-x)$，$x\in[-1,1)$；

3）$S(x)=\frac{2}{(1-x)^2}$，$x\in(-1,1)$.

习题 9.5

1. 1）$\sum_{n=1}^{\infty}\frac{(-1)^{n-1}}{(2n-1)!}\cdot\frac{x^{2n-1}}{2^{2n-1}}$，$x\in(-\infty,+\infty)$；

2）$\sum_{n=0}^{\infty}\frac{(-1)^n}{2^{n+1}}x^n$，$x\in(-2,2)$；

3）$\sum_{n=1}^{\infty}nx^{n-1}$ $\left(提示：\left(\frac{1}{1-x}\right)'\right)$，$x\in(-1,1)$.

2. $\frac{1}{3}\sum_{n=0}^{\infty}\left[1+\frac{(-1)^n}{2^{n+1}}\right]x^n$，$x\in(-1,1)$.

总习题九

1. 1） 必要，充分； 2） 收敛，发散.

2. 1） 收敛； 2） 发散； 3） 发散； 4） 收敛；

5） $0 < a \leqslant 1$ 时，发散；$a > 1$ 时，收敛； 6） 收敛.

3. 1） 条件收敛； 2） 条件收敛； 3） 绝对收敛； 4） 条件收敛.

4. 1） $R=\frac{1}{2}$，$\left[-\frac{1}{2},\frac{1}{2}\right]$； 2） $R=+\infty$，$(-\infty,+\infty)$；

3） $R=\frac{1}{2}$，$(0,1]$； 4） $R=0$，$\{0\}$.

5. 1） $S(x)=\frac{x}{1-x}-\ln(1-x) \quad (-1<x<1)$；

2） $S(x)=(x+1)\mathrm{e}^{x} \quad (-\infty<x<+\infty)$.

6. 1） $\sum_{n=0}^{\infty}\frac{(-x)^{n}}{n!}+\sum_{n=0}^{\infty}\frac{(-1)^{n}x^{n+1}}{n!}$，$x\in(-\infty,+\infty)$；

2） $\sum_{n=0}^{\infty}\frac{(-1)^{n}}{(2n)!}\left(\frac{x}{2}\right)^{2n}$，$x\in(-\infty,+\infty)$.

7. $S(x)=\arctan x$，$x\in(-1,1)$；$-\frac{\sqrt{3}}{2}\arctan\frac{\sqrt{3}}{2}$.